谨以此书献给中山大学一百周年华诞

(1924 — 2024)

中山大学2024年文化传承创新重点发展项目成果

中山大学
康乐园景观植物彩色图鉴

席嘉宾 编

中山大学出版社
SUN YAT-SEN UNIVERSITY PRESS
·广州·

版权所有　翻印必究

图书在版编目（CIP）数据

中山大学康乐园景观植物彩色图鉴/席嘉宾编. —广州：中山大学出版社，2023.12

ISBN 978-7-306-07902-2

Ⅰ.①中… Ⅱ.①席… Ⅲ.①园林植物—观赏园艺—广州—图谱 Ⅳ.①S68-64

中国国家版本馆CIP数据核字（2023）第255131号

ZHONGSHAN DAXUE KANGLEYUAN JINGGUAN ZHIWU CAISE TUJIAN

出 版 人：	王天琪
策划编辑：	嵇春霞　孔颖琪
责任编辑：	孔颖琪
封面设计：	林绵华
责任校对：	袁双艳
责任技编：	靳晓虹
出版发行：	中山大学出版社
电　　话：	编辑部 020-84110283，84113349，84111997，84110779
	发行部 020-84111998，84111981，84111160
地　　址：	广州市新港西路135号
邮　　编：	510275　　　　　　　传　真：020-84036565
网　　址：	http://www.zsup.com.cn　　E-mail：zdcbs@mail.sysu.edu.cn
印 刷 者：	恒美印务（广州）有限公司
规　　格：	787 mm×1092 mm　1/16　28.375印张　679千字
版次印次：	2023年12月第1版　2023年12月第1次印刷
定　　价：	216.00元

如发现本书因印装质量影响阅读，请与出版社发行部联系调换

作者简介

席嘉宾，男，1970年生，甘肃通渭人。景观生态学博士，硕士生导师，高级心理顾问师。1992—2012年期间主要从事植物资源开发与利用、园林与国土绿化以及环境生物学等方面的教学和科研工作，2012年6月转岗从事中山大学总务后勤方面的相关工作至今。曾主持各类省部级或地市级项目28项，参加22项；主编或参编各类著作9部，在国内外各类学术期刊发表论文90多篇；研究成果曾获教育部科技进步奖一等奖和广东省科技进步奖三等奖。选育草坪草新品种1个，获国家专利1项。曾任中国草学会草坪专业委员会理事、广东省园林学会理事、广东省草业协会常务理事兼副秘书长、广东省奶业协会理事、广东省名牌农产品评审专家组成员、广东省省情调查与对策咨询专家组成员、广东省农业综合项目评估专家组成员、广东省农业农村科技特派员、中国教育管理学会常务委员会委员、广州市科普作家协会会员、《草坪与牧草》杂志编委、《中国素质教育探索》副主编等。

序言

千木竞秀，万卉飘香

《中山大学康乐园景观植物彩色图鉴》是一部融专业性、科普性和校园文化于一体，较为全面地介绍现存康乐园景观植物的专著。作者从管理和专业的角度出发，充分展示了中大康乐园景观植物的多样性，它们的历史溯源，以及它们的鉴赏价值、生态价值、人文价值、实用价值等。作者在中大生活和工作了20多年，对康乐园的一草一木充满了深深的热爱和情怀，并由此对其中的植物进行了深入研究和系统整理，编写完成《中山大学康乐园景观植物彩色图鉴》一书，在中大百年华诞之际，作者以拳拳之心郑重地将它献给中大人和所有喜爱中大景观植物的读者，其精神可嘉，贡献亦伟矣。

中山大学作为国内历史悠久的双一流百年老校，具有丰富的中外植物互融的校园植物资源，不仅和校园各类中西合璧的古建筑兼容并包，而且还成为我国高校校园中由中外景观植物大比例构成的特例。康乐园有非常丰富的乔木植物：有作骨架树种的乡土树种，包括多种榕树（大叶榕、斜叶榕等）、木棉、樟树、阴香、乌桕、朴树、榔榆、野柿树、山牡荆、铁冬青等；也有从海外多处引进的白千层、桉树、银桦、落羽杉、湿地松、南洋杉、印度榕、南洋楹、凤凰木、红花羊蹄甲、腊肠树、荷花玉兰、白兰、柚木、非洲楝，以及各色棕榈科植物如刺葵、大王椰子、鱼尾葵、散尾葵、假槟榔等；还有来自海南的众多植物，如垂叶榕、高山榕、枕果榕、水石榕、饼树、乌墨、降香黄檀、蒲桃，和来自广东省内各地的山牡荆、马尾松、大头茶、岭南黄檀、苹婆、假苹婆等。另外，康乐园还拥有国内最大的竹亚科植物标本园，以及像金花茶、张氏红山茶、苏铁等的国家一级保护植物，还有被誉为"植物活化石"的水杉、水松、银杏等名贵

1

树种。此外，康乐园还拥有众多特色各异、形态多样的灌木和草本类景观植物资源。这些丰富的校园景观植物为教学科研提供了丰富的实验素材，也勾勒出康乐园独有的靓丽景观。像中轴线上宽广的大草坪、高大有特色的行道树，都和其他受保护的中大各类古建筑一样，深深植入每一位曾经在这里学习的莘莘学子的记忆中，让中大成为每一位从这里出去的校友日夜魂牵梦绕的地方。

本书对康乐园的景观植物进行了比较全面的梳理和分类，为专业人士提供了宝贵的参考资料，亦为社会进一步了解中大校园育人环境、美不胜收的植物景观提供了一个独特的视角，体现了作者对中大深沉的热爱和对植物研究、植物造景、植物欣赏、植物文化以及植物生态等领域的执着追求。此书对康乐园百年植物历史做出了回顾和总结，也对康乐园景观植物未来的规划和发展做出了前瞻。

让我们一起为传承中大精神付出不懈的努力，让我们所有人共同珍爱和维护这个美丽的康乐园，成为校园的"护花使者"，让康乐园的明天更加美好！

叶创兴

2023年12月于广州中山大学康乐园

前言

本书是一部集中山大学康乐园景观植物的鉴赏价值、人文价值和实用价值于一体的景观园林植物学术专著，作者通过对中山大学康乐园景观园林植物的生物学特性、来源分布、生态习性、园林应用、药用和其他功用价值、植物文化以及校园分布等方面多角度的介绍，向每一位心系中山大学、热爱景观园林植物的读者系统地展示了中山大学康乐园景观植物丰富多彩的种类、价值和人文历史。

本书基本囊括了康乐园所有的景观植物种类，分为上、下两编。上编包括灌木、草坪、地被、藤本、寄（附）生、水生与竹类景观植物，详细记录了康乐园内种植的灌木类植物34科88种、草坪类植物1科4种、地被类植物19科52种、藤本类植物15科20种、寄（附）生类植物5科6种、水生类植物2科3种、竹类植物1科8种（竹园的竹类植物种未计入本书）。下编为景观乔木，详细记录了康乐园内种植的裸子植物8科18种、单子叶植物5科22种、双子叶植物50科192种。作为一所国内"双一流"的百年老校，中山大学康乐园中的景观植物沉淀了太多的情怀和历史。一代又一代的中山大学教师在这片绿色海洋里传道授业解惑，一批又一批的莘莘学子在这里求学问道、茁壮成长、服务社会、体现自我。

学校多年来一直重视对校园环境和人文景观领域的建设，依托学校自身悠久的历史资源，打造出一个个具有深厚历史底蕴的地标景观及植物文化群落，使之与和谐美丽的世界"双一流"大学的教学科研平台相配套。这座位于珠江河畔的康乐园，自南向北，俯首望江，气势磅礴，春色满园，如一条腾飞巨龙闻名中外，作为绿树成荫、翠色欲流、花开四季、鸟语花香的美丽传奇，与北京大学未名湖、武汉大学珞珈山并称中国三大最美丽大学景观区。

前言

康乐园里拥有许多独具特色、独一无二的物种。这里有国内最大的竹科植物活标本园，有金花茶、苏铁等众多国家一级保护植物，还有被誉为植物活化石的水杉、银杏，更有已被广州市林业和园林局备案进行保护的古树。每一位进入中山大学康乐园的游客都有种突然远离喧闹都市的惬意和进入绿色时空的美感，不知不觉中就有了美好的回忆，对其产生深深的眷恋。这些丰富、宝贵的景观植物资源凝聚了无数老一辈植物学家的无私奉献精神和专业智慧。康乐园里的很多物种来自五湖四海，大江南北。这些优良的景观植物资源不仅造就了康乐园如梦如幻的靓丽景色，还将这片沃土打造成一个在国内高校独一无二的物种保护园和植物文化科普园。康乐园的美丽和厚重不仅培育了一代又一代中大人的博爱、厚德和宽容，更赋予每一个中大人特有的惊念、眷恋、温馨和情怀。

本书是作者用20多年时间锤炼出的心血结晶，比较真实、完美地呈现了康乐园景观植物的历史、文化和人文价值等。为了更加真实地再现这一美好的景观文化，作者无数次走遍康乐园的每一个角落，近距离勘察和记录了每一片草坪绿地、每一棵乔木植株，查阅了大量相关资料文献。这出于工作职责，更出于一生的专业兴趣。值此百年校庆之际，作者虔诚地希望用这份凝聚大半生心血的专业成果为母校的百年华诞献礼，更希望将这份成果分享给每一位中山大学学子和同仁。

《中山大学康乐园景观植物彩色图鉴》一书图文并茂，科普性和文化性较强，对国内高校校园景观建设中植物材料的合理选择和科学利用也有一定的指导意义，也可作为大专院校园林专业、药学专业和其他相关专业师生的课外参考书。

一、康乐园景观植物发展溯源

1. 岭南大学建立前的康乐园景观植物

中山大学康乐园（即广州校区南校园）是晋朝时期著名诗人康乐公谢灵运被贬至广州时的居住之地。康乐公是晋室贵族，是大名士，也是中国山水诗的创始人。他的诗句"野旷沙岸净，天高秋月明""池塘生春草，园柳变鸣禽"等至今仍广为传诵。珠江南岸的康乐村，正是因他而得名。

岭南大学的前身是美国长老会于1888年创立的格致书院，1904年选址康乐园，1927年正式改名为岭南大学。中华人民共和国成立后，1952年全国高等学校进行大规模院系调整时，新组建的中山大学迁入康乐园。早期的康乐村区域，除村民的住宅外，多是荒丘和水田，基本无任何景观植物可言。

2. 岭南大学时期的康乐园景观植物

岭南大学创立之初，学校当局就对校园整体建设进行了系统的设计和规划，尤其对校园建筑类别和造型进行了精心设计。校园规划的基本格局是以从南门到北门的大道为中轴线，中轴线两侧主要是教学楼和各院系的

前记

● 早期岭南大学的牌坊

● 早期岭南大学校园全景图

楼宇，这是主要的教学活动中心。由于当时出北校门走水路上街较为便利，故将北校门定为正校门。然而，随着城市建设的发展，尤其是市政道路的加速发展，后来学校将南校门改作正校门。

整个校园沿中轴线进行区域划分，其中中区为教学科研区，东区主要是学生生活区，西区主要是教职工住宅区，同时附属小学、附属中学、老干部活动中心等也建于西区。早

● 竹种标本园石碑景观

期的校舍地基和楼板均用三合土所筑，墙用红砖，屋盖碧瓦，既求美观，又保留国粹，而工程亦务求坚固。这种建造方式奠定了如今中山大学红砖绿瓦、绿树成荫的大景观基本格局。

岭南大学的建筑风格是典型的南派艺术，以最具代表性的赭红和象征南方植被丰茂多样、四季常

● 竹种标本园园区景观

青的青绿为主色调，再辅以大屋顶设计，配合广阔的大草坪，整个建筑群洋溢着一种自然主义的清新之风。

随着岭南大学这所教会大学建立，校园的景观建设也有了初步的规划和实施。一方面，校方积极将一些优良的乡土植物资源引入校园，当时主要种植榕树、阴香、龙眼、荔枝、橄榄等树种；另一方面，校方还从国外引进一些优良的热带树种进入校园造景。据相关文献记载，早期康乐园引种植物的来源主要是澳洲、美洲、泰国、越南、马来西亚、菲律宾等国家和地区，引种植物的种类主要有目前形成校园主景观的桉树、白千层、木麻黄、南洋杉、王棕、刺葵、第伦桃、人心果、锡兰莓、橄榄、水松、水杉、羊蹄甲、枳椇等。

根据《广州植物志》的统计，当年中山大学康乐园的植物种类占广州市植物种类的一大半，其植物种类的丰富度和多样性在全国高校中是独一无二的。

3. 新中国成立前后的康乐园景观植物

在抗日战争期间，广州被日本侵略军占领，康乐园的植物遭受了严重的破坏。据文献记载，从大钟楼到永芳堂一带的桉树、橄榄树等树种，被大量砍伐，用于烧炭和烧砖。幸运的是，日本侵略军并未进驻康乐园，这使得抗战后康乐园内的植物种类基本保持了原来的风貌。

新中国成立后，为了响应国家院系调整政策，中山大学从石牌迁入康乐园。由于学生扩招、校园基础设施建设加速发展等原因，原有的许多绿化区域被改建成高楼，植物种类也有所减少。然而，与此同时，校方也积极引入了一些新的植物种类，如枕果榕、海南蒲桃、海南红豆、降香黄檀、大叶南洋杉、楝叶吴茱萸、阿江榄仁、团花树等，极大程度地丰富了校园植物的多样性。

值得一提的是，康乐园中分布着大量的竹科植物资源，这些竹科植物从岭南大学时期就开始被引入种植。经过百年的变迁，康乐园中的竹科植物数量之多、分布之广，在国内高校中是独一无二的。虽然改革开放后校园建设速度加快，使得当年建立的五个竹圃现在仅剩两个，但竹科植物资源在校园景观打造中仍然占据非常重要的地位。尤其是目前位于西大球场南侧的竹园，仍然保存了数十个竹种，是康乐园独特景观的一部分。

4. 改革开放后的中山大学康乐园景观植物

中山大学即将迎来它的百年华诞，康乐园也从建校初期的满目荒凉、四下清寂的河岸原野，变成了如今绿树成荫、红墙绿瓦、古色古香、文化深厚的南方第一学府。尤其是近二三十年来，学校引进了几十种新的优良景观植物种类，如合欢玉兰、澳洲火焰木、红花玉蕊、紫玉兰、宫粉紫荆等，使得校园景观植物更加丰富。

作者经过20多年对康乐园的无数次现场查勘并查阅大量文献后，初步认为从植物分类学的角度来看，康乐园植物应该可以达到500种左右。这其中还包括了部分"过客式"的植物种类，比如学校举行重大接待活动与其他各类庆祝活动以及春节、元旦等节日时临时摆放的绿植或时花等，还有被当年的园林中心员工分散种植于校园的部分种类，被特定历史时期的相关植物研究和爱好者统计入历史资料的种类，或是部分教职工种植于校园各区域的短寿型植物种，尤其是花卉类品种，这些都会在有意无意中进入统计数据之列。

从康乐园植物文化的历史变迁角度来看，"过客式"的植物也算是其中的一部分；但如果从园林景观的角度来看，构成康乐园景观的植物应该是400种左右。闻名中外的花城广州的景观植物，单就乔木和灌木品种而言也才600多种。相比之下，作为一所大学，中山大学能够拥有如此丰富的植物种类，是很不容易的，尤其是部分种类因其历史沉淀和珍稀程度在广州也有非常重要的地位。

毫不夸张地说，康乐园完全可以凭植物多样性和文化沉淀，俯瞰无数国内外的大学校园，这是中山大学非常宝贵的独有资源。康乐园的校园景观植物与几十栋拥有厚重历史的建筑以及其他构筑物一起，构成中国华南地区一个独一无二的靓丽校园。

如今，中山大学已经进入一个新的历史发展时期，学校领导对校园景观和环境建设的重视程度也明显提高。大量资金的投入、高素质专业人才的行政化管理、专业化物业养护团队的引入等，让这座美丽的康乐园的人文情怀更厚重、景观文化更优秀。这为中山大学加速迈向世界"双一流"大学提供了坚实的环境基础，更让每一位中山大学学子在校园中流连忘返，对其魂牵梦绕。

二、《中山大学康乐园景观植物彩色图鉴》一书的定位和布局

1. 资料来源

作者的努力和执着让本书最大限度地成为一本集专业、人文、美学、科普等价值于一体的作品。通过查阅大量文献和增加每种景观植物的药用价值等文字表述，以及对植物文化和寓意的专业化呈现，作者的专业素养和人文情怀都得到充分的体现。

每一张景观图片都是作者多年来勘察校园时拍摄的，这些照片不仅展示了美丽的景观植物，也展示了康乐园厚重的文化底蕴，还反映了作者对康乐园的深厚感情。为了达到最佳摄影效果，作者还购买了单反相机等设备，与高像素照相手机结合，共同完成拍摄任务。这些努力都是为了让读者能够更加逼真地感受到康乐园景观植物的美丽和独特之处。

此外，本书还参考了大量的权威资料，如《中国植物志》《广东植物志》《广州植物志》等，使本书具有较高的专业性和可信度。同时，作者在书中也融入了自己对植物的热爱和关注，使得本书不

仅是一本专业的著作，更是对自然和生命的礼赞。

总之，本书不仅是一本专业的景观植物著作，更是对康乐园景观植物的深情呈现，希望通过作者的努力，能够让更多的人了解和关注康乐园景观植物的美丽与价值。

2. 植物种类的布局和内容介绍

考虑到本书的科普性、实用性、阅读性和观赏性等，本书的排版没有完全按照传统植物分类学的方式，即将同一个科的植物——草本、灌木、乔木等放在一起进行介绍的方式，而是按照大部分人日常的认知习惯，从鉴赏者的角度，将专业性和合理性、便捷性和观赏性融于一体逐步展开介绍。

为了提高本书的科普性、实用性和阅读性，同时考虑到观赏性，作者对本书植物种类的排版做了一些特别的设计。首先，将康乐园所有植物分为上、下两编。上编包括灌木、草坪、地被、藤本、寄（附）生、水生与竹类景观植物，下编包括裸子植物、单子叶植物和双子叶植物类景观乔木。其次，对每一种景观植物的介绍主要根据《中国植物志》的描述加以润色修改而成，在力保专业权威性的同时，增强其可阅读性和科普性。再次，在介绍康乐园景观植物时，不仅突出介绍康乐园中东区（主要是教学科研和学生宿舍区）分布的植物，还尽可能覆盖大部分西区教工住宅区的植物，力求介绍全面。

作者希望通过本书让每一位鉴赏者和对康乐园有情怀的同仁都能清晰地了解每一种景观植物在康乐园的分布，并在赏心悦目的阅读中增长与康乐园有关的植物文化、景观价值以及人文价值知识。此外，本书还配有大量精美的校园景观植物现场分布彩色图片，以图文并茂的形式，让读者在阅读的同时，可以身临其境地了解和欣赏到康乐园景观植物丰富多样的美丽形态和独特魅力，享受一场别样的植物之旅，体会康乐园自然之美。

总之，作者旨在通过本书向读者展示康乐园这一国内高校独一无二的物种保护园和植物文化科普园的独特魅力，同时也为国内高校校园景观建设提供一定的参考和指导。

目录

上编
灌木、草坪、地被、藤本、寄（附）生、水生与竹类景观植物

01 第一部分 灌木类景观植物

一、大戟科 /003
  彩霞变叶木 /003
  红背桂 /004
  红桑 /005
  火殃勒 /006
  琴叶珊瑚 /007
  洒金变叶木 /008
  细叶变叶木 /009
  猩猩草 /010
  一品红 /011
二、豆科 /012
  翅荚决明 /012
  红粉扑花 /013
  金凤花 /014
  朱缨花 /015
  紫荆 /016
三、杜鹃花科 /017
  杜鹃花 /017

  毛杜鹃 /018
四、番荔枝科 /019
  鹰爪花 /019
五、海桐花科 /020
  山瑞香 /020
六、夹竹桃科 /021
  狗牙花 /021
  红花夹竹桃 /022
  黄花夹竹桃 /023
  软枝黄蝉 /024
  硬枝黄蝉 /025
七、姜科 /026
  花叶良姜 /026
八、金缕梅科 /027
  红檵木 /027
九、锦葵科 /028
  大红花 /028
  吊灯花 /029

  悬铃花 /030
十、菊科 /031
  扁桃斑鸠菊 /031
十一、爵床科 /032
  金脉爵床 /032
十二、楝科 /033
  米仔兰 /033
十三、龙舌兰科 /034
  红铁 /034
  绿叶朱蕉 /035
十四、马鞭草科 /036
  花叶假连翘 /036
  假连翘 /037
  金叶假连翘 /038
  马缨丹 /039
  牡荆 /040
十五、马钱科 /041
  驳骨丹 /041

灰莉 /042
十六、木樨科 /043
　　花叶女贞 /043
　　尖叶木樨榄 /044
　　金桂 /045
　　毛茉莉 /046
　　茉莉花 /047
　　山指甲 /048
　　四季桂 /049
十七、木兰科 /050
　　含笑 /050
　　夜香木兰 /051
十八、茜草科 /052
　　白蝉 /052
　　粉叶金花 /053
　　龙船花 /054
　　山石榴 /055
　　希美莉 /056
　　小叶龙船花 /057
　　栀子花 /058
十九、千屈菜科 /059
　　萼距花 /059
二十、蔷薇科 /060

玫瑰 /060
二十一、茄科 /061
　　水茄 /061
　　鸳鸯茉莉 /062
二十二、桑科 /063
　　花叶榕 /063
　　黄金榕 /064
　　金钱榕 /065
　　柳叶榕 /066
　　无花果 /067
二十三、山茶科 /068
　　茶花 /068
　　茶树 /069
　　杜鹃茶 /070
　　金花茶 /071
二十四、桃金娘科 /072
　　红果仔 /072
　　红车 /073
　　嘉宝果 /074
二十五、天南星科 /075
　　龟背竹 /075
二十六、五加科 /076
　　花叶鸭脚木 /076

鸭脚木 /077
二十七、仙人掌科 /078
　　昙花 /078
二十八、小檗科 /079
　　南天竹 /079
二十九、玄参科 /080
　　炮仗竹 /080
三十、野牡丹科 /081
　　巴西野牡丹 /081
　　地菍 /082
　　豆蔻年华 /083
　　紫韵 /084
三十一、芸香科 /085
　　胡椒木 /085
　　金橘 /086
　　九里香 /087
三十二、紫草科 /088
　　福建茶 /088
三十三、紫茉莉科 /089
　　勒杜鹃 /089
三十四、棕榈科 /090
　　棕竹 /090

第二部分
草坪类景观植物

一、禾本科 /092
　　地毯草 /092
　　近缘地毯草 /093
　　兰引三号结缕草 /094
　　台湾草 /095

第三部分 地被类景观植物

一、百合科 / 097
    吊兰 / 097
    吉祥草 / 098
    金边麦冬 / 099
    阔叶麦冬 / 100
    芦荟 / 101
    山菅兰 / 102
    天门冬 / 103
    沿阶草 / 104
    一叶兰 / 105
    银边吊兰 / 106
    银边山菅兰 / 107
    玉龙草 / 108
    玉簪 / 109
    中叶麦冬 / 110

二、唇形科 / 111
    彩叶草 / 111

三、禾本科 / 112
    银边草 / 112

四、胡椒科 / 113
    假蒟 / 113

五、姜科 / 114
    姜花 / 114
    姜黄 / 115
    山姜 / 116

六、景天科 / 117
    落地生根 / 117

七、菊科 / 118
    南美蟛蜞菊 / 118

八、爵床科 / 119
    翠芦莉 / 119

九、龙舌兰科 / 120
    短叶虎尾兰 / 120
    虎尾兰 / 121
    金边虎皮兰 / 122
    金边龙舌兰 / 123
    银边龙舌兰 / 124
    柱叶虎尾兰 / 125

十、美人蕉科 / 126
    美人蕉 / 126

十一、肾蕨科 / 127
    肾蕨 / 127
    波士顿蕨 / 128

十二、石蒜科 / 129
    大叶仙茅 / 129
    文殊兰 / 130
    蜘蛛兰 / 131

十三、天南星科 / 132
    白鹤芋 / 132
    白蝴蝶 / 133
    春羽 / 134
    海芋 / 135
    绿萝 / 136
    小天使 / 137

十四、铁角蕨科 / 138
    巢蕨 / 138

十五、苋科 / 139
    红苋草 / 139

十六、荨麻科 / 140
    冷水花 / 140

十七、鸭跖草科 / 141
    蚌花 / 141

吊竹梅　/142
十八、鸢尾科　/143
　巴西鸢尾　/143
日本鸢尾　/144
射干　/145
十九、竹芋科　/146
孔雀竹芋　/146
苹果竹芋　/147
紫背竹芋　/148

第四部分　藤本类景观植物

一、豆科　/150
　常春油麻藤　/150
　禾雀花　/151
　紫藤　/152
二、萝藦科　/153
　球兰　/153
　铁草鞋　/154
三、落葵科　/155
　落葵薯　/155
四、马鞭草科　/156
　龙吐珠　/156
五、木樨科　/157

黄素馨　/157
六、葡萄科　/158
　锦屏藤　/158
　葡萄　/159
七、茜草科　/160
　鸡屎藤　/160
八、忍冬科　/161
　金银花　/161
九、桑科　/162
　薜荔　/162
十、使君子科　/163
　使君子　/163

十一、天南星科　/164
　花叶绿萝　/164
十二、西番莲科　/165
　百香果　/165
十三、仙人掌科　/166
　霸王花　/166
十四、旋花科　/167
　五爪金龙　/167
十五、紫葳科　/168
　炮仗花　/168
　蒜香藤　/169

第五部分　寄（附）生类景观植物

一、兰科　/171
　石斛　/171
　纹瓣兰　/172
二、蕨科　/173
　槲蕨　/173

三、桑寄生科　/174
　广寄生　/174
四、水龙骨科　/175
　石韦　/175

五、天南星科　/176
　麒麟叶　/176

第六部分 水生类景观植物

一、睡莲科 /178
  荷花 /178
  睡莲 /179

二、莎草科 /180
  风车草 /180

第七部分 竹类景观植物

一、禾本科 /182
  粉单竹 /182
  凤尾竹 /183
  佛肚竹 /184
  刚竹 /185
  黄金间碧玉竹 /186
  梨竹 /187
  琴丝竹 /188
  青皮竹 /189

下 编
裸子植物、单子叶植物和双子叶植物类景观乔木

第一部分
裸子植物类景观乔木

一、柏科 /193
  柏树 /193
  侧柏 /194
  龙柏 /195
  水松 /196
二、红豆杉科 /197
  红豆杉 /197
三、罗汉松科 /198
  鸡毛松 /198

罗汉松 /199
竹柏 /200
四、南洋杉科 /201
  南洋杉 /201
  大叶南洋杉 /202
五、杉科 /203
  落羽杉 /203
六、松科 /204
  湿地松 /204

松树 /205
七、苏铁科 /206
  篦齿苏铁 /206
  广东苏铁 /207
  攀枝花苏铁 /208
  苏铁 /209
八、银杏科 /210
  银杏 /210

第二部分
单子叶植物类景观乔木

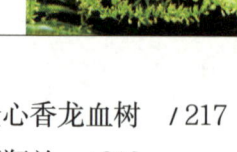

一、芭蕉科 /212
  香蕉树 /212
二、鹤望兰科 /213
  旅人蕉 /213
三、露兜树科 /214
  红刺露兜树 /214
四、天门冬科 /215
  海南龙血树 /215
  剑叶龙血树 /216

金心香龙血树 /217
酒瓶兰 /218
三色千年木 /219
香龙血树 /220
五、棕榈科 /221
  大王椰子 /221
  短穗鱼尾葵 /222
  海枣 /223
  假槟榔 /224

酒瓶椰子 /225
老人葵 /226
美丽针葵 /227
蒲葵 /228
三角椰子 /229
三药槟榔 /230
散尾葵 /231
砂糖椰子 /232
鱼尾葵 /233

第三部分 双子叶植物类景观乔木

一、酢浆草科 /235
 阳桃 /235

二、大戟科 /236
 蝴蝶果 /236
 麻疯树 /237
 石栗 /238
 乌桕 /239
 血桐 /240

三、冬青科 /241
 枸骨 /241
 铁冬青 /242

四、豆科 /243
 白花洋紫荆 /243
 刺桐 /244
 大叶合欢 /245
 凤凰木 /246
 格木 /247
 宫粉紫荆 /248
 海红豆 /249
 合欢花 /250
 红花羊蹄甲 /251
 黄槐 /252
 鸡冠刺桐 /253
 降香黄檀 /254
 阔荚合欢 /255
 腊肠树 /256
 南洋楹 /257
 南岭黄檀 /258
 牛蹄豆 /259
 水黄皮 /260
 酸角 /261
 桫椤豆 /262
 台湾相思 /263
 铁刀木 /264
 无忧树 /265
 秧青 /266
 羊蹄甲 /267
 银叶金合欢 /268
 印度紫檀 /269
 皂荚 /270

五、杜英科 /271
 大叶杜英 /271
 水石榕 /272
 锡兰杜英 /273

六、椴树科 /274
 破布树 /274

七、番木瓜科 /275
 番木瓜 /275

八、番荔枝科 /276
 牛心果 /276

九、橄榄科 /277
 橄榄 /277
 乌榄 /278

十、夹竹桃科 /279
 倒吊笔 /279
 海杧果 /280
 红花鸡蛋花 /281
 黄花鸡蛋花 /282
 玫瑰树 /283
 盆架子 /284
 蕊木 /285

十一、金缕梅科 /286
　　枫香 /286
十二、金丝桃科 /287
　　黄牛木 /287
十三、锦葵科 /288
　　澳洲火焰木 /288
　　黄槿 /289
　　假苹婆 /290
　　胖大海 /291
　　苹婆 /292
　　梧桐 /293
　　银叶树 /294
十四、苦木科 /295
　　臭椿 /295
十五、辣木科 /296
　　辣木 /296
十六、楝科 /297
　　大叶米仔兰 /297
　　非洲楝 /298
　　苦楝树 /299
　　麻楝 /300
　　桃花心木 /301
十七、马鞭草科 /302
　　山牡荆 /302
　　石梓 /303
　　柚木 /304
十八、马钱科 /305
　　印度马钱 /305
十九、木兰科 /306
　　白花含笑 /306
　　白兰 /307
　　荷花玉兰 /308
　　黄兰 /309
　　火力楠 /310
　　乐东拟单性木兰 /311
　　深山含笑 /312
　　云南拟单性木兰 /313

紫玉兰 /314
二十、木樨科 /315
　　白蜡树 /315
二十一、木棉科 /316
　　发财树 /316
　　美丽异木棉 /317
　　木棉 /318
二十二、木麻黄科 /319
　　木麻黄 /319
二十三、漆树科 /320
　　岭南酸枣 /320
　　杧果 /321
　　人面子 /322
二十四、槭树科 /323
　　枫树 /323
　　三角枫 /324
二十五、茜草科 /325
　　团花树 /325
二十六、蔷薇科 /326
　　豆梨 /326
　　福建山樱花 /327
　　广州樱 /328
　　枇杷 /329
　　沙梨 /330
　　石斑木 /331
　　桃树 /332
二十七、千屈菜科 /333
　　大叶紫薇 /333
　　南紫薇 /334
　　小叶紫薇 /335
　　中叶紫薇 /336
二十八、忍冬科 /337
　　珊瑚树 /337
二十九、桑科 /338
　　菠萝蜜 /338
　　垂叶榕 /339
　　大叶榕 /340

对叶榕 /341
高山榕 /342
构树 /343
桂木 /344
菩提榕 /345
琴叶榕 /346
桑树 /347
橡胶榕 /348
小叶榕 /349
斜叶榕 /350
枕果榕 /351
三十、山龙眼科 /352
　　澳洲坚果 /352
　　银桦 /353
三十一、山柑科 /354
　　鱼木 /354
三十二、山榄科 /355
　　人心果 /355
　　香榄 /356
三十三、山茶科 /357
　　猪血树 /357
三十四、使君子科 /358
　　阿江榄仁 /358
　　大叶榄仁 /359
　　小叶榄仁 /360
　　中叶榄仁 /361
三十五、石榴科 /362
　　石榴 /362
三十六、柿科 /363
　　光叶柿 /363
　　柿子树 /364
三十七、鼠李科 /365
　　滇刺枣 /365
　　枣树 /366
　　枳椇 /367
三十八、桃金娘科 /368
　　桉树 /368

澳洲黄花树 /369
白千层 /370
棒花蒲桃 /371
赤桉 /372
垂枝红千层 /373
大叶桉 /374
多花红千层 /375
海南蒲桃 /376
红胶木 /377
红鳞蒲桃 /378
黄金香柳 /379
柳叶桉 /380
美花红千层 /381
柠檬桉 /382
水蒲桃 /383
水翁 /384
卫矛蒲桃 /385
洋蒲桃 /386

三十九、藤黄科 /387
福木 /387
岭南山竹子 /388

四十、无患子科 /389
荔枝 /389
龙眼 /390
栾树 /391
无患子 /392

四十一、五加科 /393
澳洲鸭脚木 /393
幌伞枫 /394

四十二、五桠果科 /395
大花五桠果 /395

四十三、杨柳科 /396
垂柳 /396
长叶柞木 /397
红花天料木 /398

锡兰莓 /399

四十四、叶下珠科 /400
秋枫 /400
土蜜树 /401
五月茶 /402
余甘子 /403

四十五、榆科 /404
榔榆 /404
朴树 /405

四十六、芸香科 /406
黄皮 /406
柠檬 /407
柚子 /408

四十七、玉蕊科 /409
红花玉蕊 /409

四十八、樟科 /410
潺槁树 /410
大叶樟树 /411
鳄梨 /412
假柿树 /413
肉桂 /414
阴香 /415
樟树 /416

四十九、紫草科 /417
厚壳树 /417

五十、紫葳科 /418
菜豆树 /418
吊瓜树 /419
海南菜豆树 /420
红花风铃木 /421
黄花风铃木 /422
火烧花 /423
火焰木 /424
蓝花楹 /425
猫尾木 /426

参考资料 /427　　　　　　**后记** /428

中山大学康乐园景观植物彩色图鉴

上编

灌木、草坪、地被、藤本、寄（附）生、水生与竹类景观植物

第一部分
灌木类景观植物

　　灌木是指那些没有明显主干、呈丛生状态且较为矮小的多年生木本植物，植株通常比较矮小，高度一般不会超过6米，通常被分为观叶、观花、观果、观枝干等类型。阔叶植物是灌木的主要类型，如栀子花、九里香、茶花、月季、连翘、牡丹、夹竹桃、月桂、冬青等。此外，也有一些针叶植物属于灌木，如矮紫杉、刺柏等。

　　我国灌木植物资源非常丰富，有6000余种，但用于园林景观之中的灌木品种所占比重相对较小。

　　据不完全统计，中山大学康乐园拥有各类景观灌木植物80多种，分属于30多个科属。它们是康乐园生态大景观的重要组成部分，对校园生态多样景观的形成起到画龙点睛的作用。这些灌木植物不仅为康乐园的生态环境增添了多样性，也为校园带来了丰富的色彩和蓬勃的生机。

一、大戟科

彩霞变叶木

学名：*Codiaeum variegatum* 'Indian Blanket'
别名：彩霞榕
科属：大戟科变叶木属

● 415栋旧生物楼北侧彩霞变叶木景观

简介 灌木或小乔木，高可达2米。枝条无毛。叶薄革质，叶片大，卵圆形至宽披针形，新叶金黄色，具黄色或紫红色叶脉，叶背呈红色晕彩。折叠。总状花序腋生，雄花白色。蒴果近球形，无毛。花期9~10月。

分布于大洋洲及亚洲热带、亚热带地区，我国南部各省区常见栽培。喜温暖湿润、阳光充足的地方，不耐阴，虽耐干旱，但也易敏感，温度变化大时会导致叶片下垂或枯萎。不择土质，但以肥沃富含有机质的壤土为最佳。彩霞变叶木常作为盆栽观赏，在我国热带、亚热带地区也可于庭园中丛植、孤植等造景，或在草坪上与别的绿色树种相配，还可作插叶材料。

彩霞变叶木有一定的药用价值，具有清热理肺、散瘀消肿之功能。

植物文化 彩霞变叶木的花语是变幻莫测、变色龙。

观赏地点 康乐园中彩霞变叶木的种植数量不是很多，目前仅见松园湖东南角、347栋南草坪餐厅东侧、415栋旧生物楼北侧、留学生宿舍256栋庭院小花园和西区新建怡乐路教师公寓楼中心花园区域有少量种植，观赏性极佳。

● 彩霞变叶木的叶

● 彩霞变叶木的植株

● 松园湖东南角区域彩霞变叶木景观

● 小礼堂门前花坛红背桂绿篱景观

● 红背桂的果实

红背桂

学名：*Excoecaria cochinchinensis* Lour.
别名：红紫木、紫背桂、青紫桂、东洋桂花、金锁玉（云南）
科属：大戟科海漆属

● 红背桂的叶片

简介 常绿小灌木。因其腹面绿色，背面紫红或血红色得名。枝无毛，具多数皮孔。叶对生，稀兼有互生或近3片轮生，纸质。花单性，雌雄异株，聚集成腋生或稀兼有顶生的总状花序。蒴果球形。花期几乎全年。

我国广东、广西、云南等地普遍栽培。不耐干旱，不甚耐寒，耐半阴，忌阳光曝晒，夏季放在庇荫处可长时间保持叶色浓绿。要求肥沃、排水好的沙壤土。是一种实用价值较高的观叶类植物。

红背桂全株可入药，有通经活络、止痛之功效。红背桂会分泌促癌物质，不仅全株上下带毒，连种过此类植物的土壤也会被检测出含有致癌物的激活成分，可诱发鼻咽癌和食管癌。红背桂的这个缺点使得该种目前在广东园林中逐步被淘汰。校园中的少量种植，也是历史遗留下来的，正逐步被淘汰。

植物文化 红背桂的花语是低调、融合。

观赏地点 康乐园中红背桂的种植面积约500平方米，除了304栋北侧、258栋外国语学院楼北侧、507栋政务学院楼北侧、西大球场西侧等个别区域将其以小灌木形式造景外，其他区域主要以绿篱形式种植造景。其中以广寒宫南侧沿线、小礼堂门前两侧花坛、洗为坚堂西侧沿线以及英东田径场东侧沿线等区域的景观最佳。

● 英东田径场东侧区域红背桂绿篱景观

红桑

学名：*Acalypha wilkesiana* Muell. Arg.
别名：铁苋菜、血见愁、海蚌念珠、叶里藏珠
科属：大戟科铁苋菜属

● 红桑的叶　　● 红桑的果实　　● 红桑的花序

简介　常绿小灌木。嫩枝被短毛。叶纸质，阔卵形，古铜绿色或浅红色，常有不规则的红色或紫色斑块，顶端渐尖，基部圆钝，边缘具粗圆锯齿，下面沿叶脉具疏毛。雌雄同株，雄花序各部均被微柔毛，雌花长卵形或三角状卵形，具缘毛。花期几乎全年。蒴果直径具3个分果片，疏生具基的长毛。种子球形，平滑。

分布几乎遍于全国，长江流域尤多。该种是较典型的热带植物，喜高温多湿，抗寒力低，不耐霜冻。喜光，不耐荫蔽。对土壤水肥条件的要求较高，要求疏松、排水良好的土壤。红桑是热带庭园绿化的优良树种。在我国南方地区常作庭院、公园中的绿篱和观叶灌木应用，通常配置在灌木丛中用于点缀色彩。长江流域以盆栽作室内观赏用。

红桑的叶可入药，有清热消肿之功效。

植物文化　红桑花的花语是真爱。

观赏地点　康乐园中红桑非常稀少，目前仅见在英东田径场东侧靠路边区域种植了十几平方米，是校园为数不多的优良观叶类灌木植物资源，叶片红绿相间，极具观赏性。

● 英东田径场东侧区域红桑景观

火殃勒

学名：*Euphorbia antiquorum* L.
别名：霸王鞭、金刚树、龙骨树、肉麒麟、羊不挨、火旺、火巷、火焰
科属：大戟科大戟属

简介 常绿肉质灌木，形态像柱状的仙人掌，具有美丽的斑纹。茎常为三棱状，偶有四棱状并存，上部多分枝。叶互生于齿尖，少而稀疏，常生于嫩枝顶部，倒卵形或倒卵状长圆形。叶脉不明显，肉质。叶柄极短。托叶刺状，宿存。花序单生于叶腋，总苞阔钟状，裂片半圆形，边缘具小齿。雄花多数。蒴果三棱状扁球形，种子近球状，褐黄色，平滑，无种阜。花果期全年。

原产于印度，我国南北方均有栽培，南方常作绿篱，并有逸为野生的现象，北方多于温室栽培。火殃勒对培养土要求不严，但须掺入一定量的河沙，对于干旱有一定的忍耐能力，浇水要适量，长期处于湿润状态会烂根。

火殃勒全株均可入药，具有散瘀消炎、清热解毒之功效。

植物文化 火殃勒的花语是勇猛、坚强。

观赏地点 目前火殃勒在康乐园种植的数量不是很多，但位于中东区游泳池东南角位置的两棵火殃勒经过几十年的生长，高大挺拔，威武雄壮，形成了非常壮观大气的景观。此外，在西区686栋东侧、696栋周边以及768栋北侧等楼宇周边区域也有少量种植。

● 游泳池东南角区域火殃勒景观

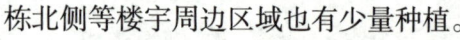

● 火殃勒的花

● 火殃勒的叶片

● 696栋东侧区域火殃勒景观

灌木类景观植物 第一部分

• 测试大楼门前花槽
  琴叶珊瑚景观

琴叶珊瑚

学名：*Jatropha integerrima* Jacq.
别名：变叶珊瑚花、琴叶樱、南洋樱、日日樱
科属：大戟科麻风树属

• 琴叶珊瑚的花

简介 常绿灌木。叶纸质，互生，叶形多样，卵形、倒卵形、长圆形或提琴形，顶端急尖或渐尖，基部钝圆，幼叶下面紫红色。雌雄异株。聚伞花序顶生，红色，单性。植物体有乳汁，乳汁有毒。花期可达四季。

原产于西印度群岛，在我国南方多有栽培。喜高温高湿环境，怕寒冷与干燥，喜充足的光照，稍耐半阴。喜生长于疏松、肥沃、富含有机质的酸性沙质土壤中。琴叶珊瑚作为灌木类植物的一种，在园林绿化中起着非常重要的作用，和其他绿化植物一样，具有净化空气、美化环境、绿化城市的作用。琴叶珊瑚的花朵虽小，但花期极长，基本上一年四季随时随地都可以看到琴叶珊瑚的花朵开放着，具有极高的审美价值。

琴叶珊瑚的乳汁有毒，不可误食。

植物文化 琴叶珊瑚花的花语是静静地热烈，寓意热烈欢迎、喜庆。

观赏地点 琴叶珊瑚在康乐园的数量有近百株，主要分布在573栋配电房北边区域、南草坪餐厅东边区域、386栋管理学院MBA大楼庭院区域、第三教学楼北边区域、测试大楼门前花槽以及东区博士后公寓168栋周边等区域。

• 博士后公寓168栋周边琴叶珊瑚景观

• 第三教学楼北边区域琴叶珊瑚景观

洒金变叶木

学名：*Codiaeum variegtum* 'Aucubaefolium'
别名：洒金榕
科属：大戟科变叶木属

● 东门保安值班室门口人面子树池洒金变叶木景观

简介 常绿灌木，株高1~2米。茎直立，分枝多。叶互生，条形至矩圆形多变，全缘或分裂，扁平，或呈波状、螺旋扭曲。叶绿色，叶面布满大小不等的金黄色斑点。花序总状腋生，单性同株，花小，雄花花冠白色，雌花无花瓣。蒴果近球形，无毛。花期9~10月。

分布于大洋洲及亚洲热带、亚热带地区，现广泛栽培于热带地区，我国南部各省区常见栽培。喜温暖湿润、阳光充足的地方，不耐阴，虽耐干旱，但也易敏感，温度变化大时会引起叶片下垂或枯萎。不择土质，但以肥沃富含有机质的壤土最佳。洒金变叶木枝叶密集，郁郁葱葱，是一种著名的观叶植物，观赏价值极高。我国华南地区常常用它来进行园林应景装饰。除了园林应景，洒金变叶木还适用于道路旁、墙间、石间的丛植，同时也可以作为绿色围篱或者基础绿化种植的材料。

经医学验证，洒金变叶木的乳汁是有毒的，人畜误食其叶或液汁，会导致腹痛、腹泻等中毒症状。其乳汁中含有激活EB病毒的物质，长时间接触有诱发鼻咽癌的可能。

植物文化 洒金变叶木象征事物变幻莫测、难以揣摩，寓意着吉祥、富贵、美好。

观赏地点 康乐园中洒金变叶木的种植数量不是很多，目前仅见东门保安值班室门口人面子树池、学生公寓122栋东南区、生命科学学院曾宪梓堂北院北侧以及西区612栋南侧和670栋北侧等区域有少量种植。这些洒金变叶木以其独特的叶色和形态为康乐园平添一份别样的风采。

● 612栋南侧区域洒金变叶木景观

● 洒金变叶木的叶片

● 洒金变叶木的植株

细叶变叶木

学名：*Codiaeum variegatum* (L.) A. Juss.
别名：变色月桂、细叶洒金榕
科属：大戟科变叶木属

● 细叶变叶木的植株

简介 常绿灌木。枝条无毛。叶薄革质，叶形千变万化，叶色五彩缤纷，是观叶植物中叶色、叶形和叶斑变化最丰富的，也是最具形态美和色彩美的灌木植物之一。叶片中含花青素，单色或绿、黄、白、橙、粉红、红、大红及紫等诸色相杂。总状花序腋生，雄花白色。蒴果近球形，无毛。花期9~10月。

原产于马来西亚及太平洋地区，现广泛栽培于热带地区，我国南部各省区常见栽培。喜高温湿润和阳光充足的环境，不耐寒。土壤以肥沃、保水性强的黏质壤土为宜。该种是热带、亚热带地区常见的庭园或公园观叶植物，目前有很多园艺品种。既可用于园林造景，也可作为绿篱或基础绿化种植材料，还可以盆栽方式点缀案头、布置会场或厅堂等。

细叶变叶木的叶可入药，具有清热理肺、散瘀消肿之功效。

植物文化 细叶变叶木的花语是变幻莫测的爱。

观赏地点 康乐园中细叶变叶木的种植数量非常稀少，目前仅见冼为坚堂内庭小花园区域种植了1棵。

● 细叶变叶木的叶片

● 冼为坚堂内庭小花园细叶变叶木灌木球景观

猩猩草

学名：*Euphorbia cyathophora* Murr.
别名：老来娇、草本象牙红、草本一品红
科属：大戟科大戟属

● 猩猩草的果实

● 猩猩草的花序

简介 常绿或半常绿灌木。茎直立而光滑，单叶互生，卵状椭圆形至阔披针形，具不规则的深缺刻。花小，有蜜腺，排列成密集的伞房花序。总苞形似叶片，又称顶叶，基部大红色，也有半边红色半边绿色的。上面簇生出红色的苞片，向四周放射而出，苞片和叶片相似，只是较狭，是主要观赏部位。雌雄同株异花，雌花单生于花序的中央，雄花多数，均无花被。蒴果扁圆形。种子卵圆形，黑色。花果期5～11月。

原产于美洲热带地区，20世纪90年代初我国引入栽培。喜温暖干燥和阳光充足的环境，不耐寒，耐半阴，怕积水，宜在疏松、肥沃和排水良好的腐质土壤中生长。猩猩草上部叶片红白镶嵌，异常热闹，常用作花境或空隙地的背景材料，也可作盆栽和切花材料。

猩猩草全株可入药，具有抗癌、清热解毒、养血养肝、止咳化痰等功效。

植物文化 猩猩草的花语是充满诱惑。

观赏地点 康乐园中猩猩草的种植数量非常稀少，目前仅见在竹园荫棚东侧区域有少量种植，此外，西区有部分楼宇周边有少量盆栽，增添了康乐园景观植物的多样性。

● 竹园荫棚东侧区域猩猩草景观

● 697栋南侧区域一品红景观

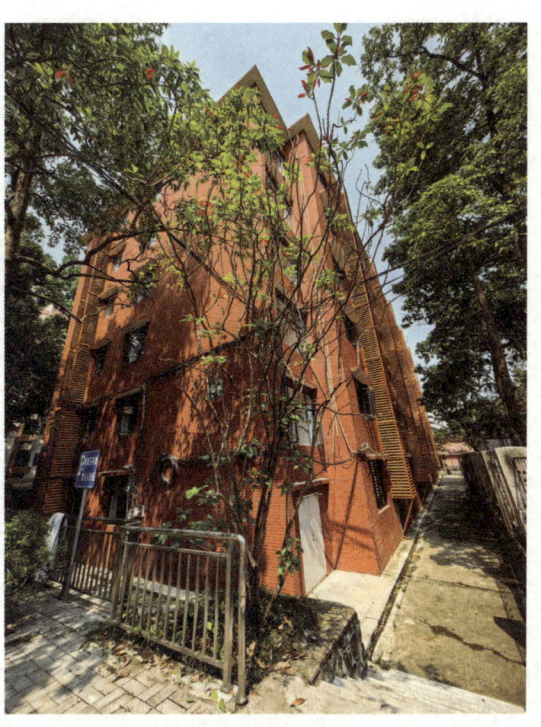
● 117栋东南角区域一品红景观

● 326栋西北角区域一品红景观

一品红

学名：*Euphorbia pulcherrima* Willd.ex Klotzsch
别名：象牙红、老来娇、圣诞花、圣诞红、猩猩木
科属：大戟科大戟属

● 一品红的苞叶

简介 灌木。根圆柱状，极多分枝。茎直立，高1~3米。叶互生，卵状椭圆形、长椭圆形或披针形，绿色，边缘全缘或浅裂或波状浅裂，叶面被短柔毛或无毛，叶背被柔毛。苞叶5~7枚，狭椭圆形，长3~7厘米，宽1~2厘米，通常全缘，极少边缘浅波状分裂，朱红色。花序数个聚伞排列于枝顶。总苞坛状，淡绿色，边缘齿状5裂，裂片三角形，无毛。蒴果，三棱状圆形，平滑无毛。种子卵状，灰色或淡灰色，近平滑。无种阜。花果期为10月至次年4月。

原产于中美洲，现广泛栽培于热带和亚热带地区。我国绝大部分省区市均有引种栽培，常见于公园、植物园及温室中供观赏。喜温暖、喜湿润、喜阳光。土壤以疏松、肥沃、排水良好的沙质土壤为好。

一品红的茎叶可入药，有消肿的功效，可治跌打损伤。

植物文化 一品红的花语是绘出你一片炽热的热情。

观赏地点 康乐园中一品红的种植数量比较稀少，目前仅见在东区学生公寓117栋东南角、326栋西北角以及西区643栋北侧、697栋南侧和749栋东南角区域各有1株种植。此外，校园在重大节日和重要接待摆花时会临时使用一品红盆栽，也有部分单位以盆景形式在室内摆放。

● 一品红的花序

二、豆科

翅荚决明

学名：*Cassia alata* Linn.
别名：翅荚黄槐、翅荚槐、蜡烛花、翅果决明、有翅决明、对叶豆
科属：豆科决明属

 翅荚决明的叶子　 翅荚决明的花序　 翅荚决明的荚果

简介　直立灌木，枝粗壮、绿色。在靠腹面的叶柄和叶轴上有2条纵棱条，有狭翅，托叶三角形。小叶薄革质，倒卵状长圆形或长圆形，顶端圆钝而有小短尖头，基部斜截形，下面叶脉明显凸起。花序顶生和腋生，具长梗，单生或分枝。花瓣黄色，有明显的紫色脉纹。荚果长带状，每果瓣的中央顶部有直贯至基部的翅，翅纸质，具圆钝的齿。种子扁平，三角形。花期11月至次年1月，果期12月至次年2月。

原产于美洲热带地区，现广布于全世界热带地区，在部分地区已经成为入侵种，在我国主要分布在云南南部、湖南、广西与广东。耐干旱，耐贫瘠，适应性强，喜光，耐半阴，喜高温湿润气候，不耐寒，不耐强风，宜栽植于通风良好之地。翅荚决明苞叶和花芽与花瓣具有同样鲜明的黄色，因而整个花序极具观赏价值，同时其花期很长，可达半年，因此是一种优良的绿化植物。可丛植、片植于庭院、林缘、路旁、湖缘，其金黄之花给人以愉悦、亮丽、壮观之美。

翅荚决明的种子可作缓泻剂，有驱蛔虫之效。叶子和枝液含有大黄酚，具杀真菌作用，可用来治疗皮肤病等。

植物文化　翅荚决明的花语是友好、友谊长存。

观赏地点　康乐园中翅荚决明的种植数量非常稀少，目前仅见西区747栋南侧花园的东南角区域有1棵。其独特柔美的株形，极大丰富了校园赏花灌木的资源品种。

● 西区747栋南侧花园翅荚决明景观

● 博士后公寓170栋周边红粉扑花景观

红粉扑花

学名：*Calliandra emarginata* (Humb. & Bonpl. ex Willd.) Benth
别名：凹叶红合欢、小朱缨花
科属：豆科朱缨花属

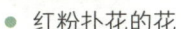

● 红粉扑花的花

简介 半落叶灌木，高1～2米。枝条扩展，小枝圆柱形，褐色，粗糙。托叶卵状披针形，宿存。二回羽状复叶（互生），具有1对羽片，其形状如肾脏形。头状花序腋生，有花25～40朵。花冠管淡紫红色，无毛，管口内有钻状附属体，上部有离生的深红色花丝。盛开的花朵有密集且细长的花丝聚合而成"束状"，颜色为鲜红色。荚果线状倒披针形，暗棕色，成熟时由顶至基部沿缝线开裂，果瓣外反。种子5～6颗，长圆形，棕色。花期在春、夏季，花后结荚果。

原产于墨西哥至危地马拉一带，我国广东、福建、台湾等地均有引种种植。红粉扑花喜高温和强光照，在热带、亚热带地区具有广泛适应性。其株形紧凑丰满，叶形独特美观，花柔美可爱，花期长，景观效果好，适用于庭园美化。

植物文化 红粉扑花的花语是奔放、豪迈、喜庆。每当夜幕降临，叶片会闭合起来，次日早晨再展开，早睡早起，如人类作息般。这种行为被称为睡眠运动。

观赏地点 红粉扑花是近年来逐渐引入康乐园种植的一种优良灌木，种植数量不是很多，目前仅见387栋管理学院楼南边围墙沿线和博士后公寓169栋、170栋和171栋周边有少量种植，丰富了校园赏花灌木资源品种。

● 管理学院楼南边围墙沿线红粉扑花景观

● 博士后公寓171栋南边红粉扑花景观

金凤花

学名：*Caesalpinia pulcherrima* (L.) Sw.
别名：黄金凤、蛱蝶花、黄蝴蝶、洋金凤、红蝴蝶
科属：豆科云实属

● 金凤花的花

● 金凤花的荚果

简介 直立常绿灌木。枝光滑，绿色或粉绿色，散生疏刺。二回羽状复叶，羽片4~8对，对生。小叶长圆形或倒卵形，顶端凹缺，有时具短尖头，基部偏斜。小叶柄短。总状花序近伞房状，顶生或腋生，疏松。花瓣橙红色或黄色，圆形，边缘皱波状，柄与瓣片几乎等长。花丝红色，远伸出于花瓣外，基部粗，被毛。子房无毛，花柱长，橙黄色。荚果狭而薄，倒披针状长圆形，无翅，先端有长喙，无毛，不开裂，成熟时黑褐色。种子6~9颗。花果期几乎全年。

我国云南、广西、广东和台湾均有栽培，为热带地区有价值的观赏树木之一。属热带树种，喜高温高湿气候，耐寒力较低，忌霜冻，喜光，不耐荫蔽，耐烈日高温，宜种植于阳光充足处，对土壤的要求不苛刻，喜酸性土，较耐干旱，亦稍耐水湿。金凤花的花形格外奇巧，花朵宛如飞凤，有头有尾、有翅有足，生动形象，活灵活现，就像一只凤凰在飞翔，令人不得不赞叹大自然造化的神奇绝妙。

金凤花的种子可入药，有活血通经之功效。

植物文化 金凤花的花语是逃亡。金凤花是广东汕头的市花。

观赏地点 在康乐园中，目前仅见西区641栋南侧区域种植有1棵金凤花。开花季节，其飘曳柔美的花朵为校园陡增了一抹灵动。

● 西区641栋南侧区域金凤花景观

● 逸夫楼南边区域朱缨花景观

朱缨花

学名：*Calliandra haematocephala* Hassk.
别名：红合欢、红绒球、美蕊花
科属：豆科朱缨花属

● 朱缨花的花　　● 朱缨花的叶片

简介　常绿灌木。枝条扩展，小枝褐色，粗糙。托叶卵状披针形，宿存。头状花序腋生。花萼绿色。花冠淡紫红色，顶端裂片无毛。荚果线状倒披针形，暗棕色，成熟时由顶至基部沿缝线开裂，果瓣外反。种子长圆形，棕色。花期8~11月，果期10~12月。

　　原产于南美洲，现热带、亚热带地区常有栽培。为代表性阳性植物，性喜温暖湿润和阳光充足的环境，不耐寒，要求土层深厚且排水良好。花美丽而略有香味，花期长，为良好的观赏及蜜源植物。木材坚硬，可作农具。树皮含单宁，煎服可治消化不良。花芽、嫩叶和幼果可食。在园林中主要用于绿篱或单株种植造景。

植物文化　朱缨花的花语是奔放、豪迈和喜庆。

观赏地点　康乐园中朱缨花的种植数量达300多棵，基本上校园各个区域都有种植，主要分布在逸夫楼南边、图书馆西边文化广场、园东路108栋西边、学生宿舍124~181栋等楼宇周边、英东体育场馆周边、565栋陆佑堂西边、571栋哲生堂北边、丰盛堂周边，以及西区住宅楼616栋南边、640栋北边、653栋西边、671栋北边、719栋东边等区域，是校园内非常重要的观花观叶类灌木植物资源。

● 571栋哲生堂北边区域朱缨花景观

紫荆

学名： *Cercis chinensis* Bunge
别名： 裸枝树、紫珠
科属： 豆科紫荆属

● 紫荆的花　　　　　● 紫荆的荚果

简介　丛生或单生灌木，高2~5米。树皮和小枝灰白色。叶纸质，近圆形或三角状圆形，嫩叶绿色，仅叶柄略带紫色，叶缘膜质透明，新鲜时明显可见。花紫红色或粉红色，2~10余朵成束，簇生于老枝和主干上，尤以主干上花束较多，越到上部幼嫩枝条则花越少。花通常先于叶开放，但嫩枝或幼株上的花则与叶同时开放，龙骨瓣基部具深紫色斑纹。荚果扁狭长形，绿色。种子2~6颗，阔长圆形，黑褐色，光亮。花期3~4月，果期8~10月。

原产于我国，在我国南方大部分地区有栽培。萌蘖性强，耐修剪。喜光照，有一定的耐寒性。喜肥沃、排水良好的土壤，不耐淹。紫荆宜栽于庭院、草坪、岩石及建筑物前，用于小区的园林绿化，具有较好的观赏效果。其木材纹理直，结构细，可供家具、建筑等用。

紫荆全株可入药，树皮有清热解毒、活血行气、消肿止痛之功效。木部有活血、通淋之功效。花有清热凉血、祛风解毒之功效。果实可用于咳嗽等的治疗。

植物文化　紫荆的花语是家庭和美、骨肉情深。

观赏地点　康乐园中紫荆的种植数量非常稀少，目前仅见在图书馆西北区域的路边绿化槽种植有12株，是非常优良的观叶观花观果类灌木植物资源。

● 紫荆的叶

● 图书馆西北边绿化槽紫荆景观

三、杜鹃花科

杜鹃花

学名：*Rhododendron* simsii Planch.
别名：映山红、山石榴
科属：杜鹃花科杜鹃属

● 杜鹃花的花

● 杜鹃花的植株

简介 落叶灌木。分枝多而纤细，密被亮棕褐色扁平糙伏毛。叶革质，常集生枝端，卵形或倒卵形，先端短渐尖，基部楔形或宽楔形，边缘微反卷，具细齿，上面深绿色，疏被糙伏毛，下面淡白色，密被褐色糙伏毛。花2~3（~6）朵簇生枝顶。花萼5深裂，裂片三角状长卵形，被糙伏毛，边缘具睫毛。花冠阔漏斗形，玫瑰色、鲜红色或暗红色，上部裂片具深红色斑点。蒴果卵球形，密被糙伏毛。花萼宿存。花期2~5月，果期3~6月。

原产我国江苏、安徽、浙江、江西、福建、湖北、湖南、广东、广西、四川、贵州和云南等地。性喜凉爽、湿润、通风的半阴环境，喜酸性土壤，为酸性土壤的指示植物。既怕酷热又怕严寒，夏季气温超过35℃，则新梢、新叶生长缓慢，处于半休眠状态。又因花冠鲜红色，具有较高的观赏价值，在世界各地公园中均有栽培。

杜鹃花全株可入药，有行气活血、补虚的功效，可治疗内伤咳嗽、月经不调、风湿等疾病。

植物文化 杜鹃花的花语是永远属于你、节制欲望、爱的喜悦。我国江西、安徽、贵州以杜鹃花为省花，长沙、无锡、九江、镇江、大理、嘉兴、赣州等城市定其为市花。1985年5月杜鹃花被评为中国十大名花之六。

观赏地点 康乐园中种植的杜鹃花目前仅见在大钟楼东侧和西侧坡面区域有几十棵。每逢花期，引来很多师生和校友观赏拍照，是康乐园春季主要观花类灌木植物资源。

● 大钟楼东侧绿化区域杜鹃花景观

● 大钟楼西侧边坡区域杜鹃花景观

● 激光楼南边区域毛杜鹃景观

● 毛杜鹃的花

● 毛杜鹃的植株

毛杜鹃

学名：*Rhododendron pulchrum* Sweet
别名：锦绣杜鹃、鲜艳杜鹃
科属：杜鹃花科杜鹃属

简介 半常绿灌木。叶薄革质，椭圆形至椭圆状披针形或矩圆状倒披针形，叶柄密被棕褐色糙伏毛，分枝稀疏，幼枝密生淡棕色扁平伏毛。花多，顶生枝端。蒴果矩圆状卵形。花期3～6月，果期5月至翌年1月。

原产于我国，但至今未见野生。现主要分布于我国江苏、福建、浙江、江西、湖北、湖南、广东和广西。喜凉爽湿润和阳光充足的环境，耐寒，怕热，耐半阴，不耐长时间强光暴晒。土壤以肥沃、疏松、排水良好的酸性沙质壤土为宜。栽培变种和品种繁多。适宜成片栽植，开花时万紫千红，可增添园林的自然景观美观性。也可在岩石旁、池畔、草坪边缘丛栽，增添庭园气氛。盆栽可摆放于宾馆、居室和公共场所，绚丽夺目。

毛杜鹃的叶可入药，具有止咳、祛痰的药用价值。

植物文化 毛杜鹃的花语是浪漫与自信。

观赏地点 康乐园中种植的毛杜鹃有上千丛之多，主要集中在333栋大钟楼周边、激光楼南边、256栋周边、629栋震寰堂南边以及马岗顶一带，每逢花期，引来很多师生和校友观赏拍照，是康乐园春季主要观花类灌木植物资源。

● 333栋大钟楼东边区域毛杜鹃景观

四、番荔枝科

鹰爪花

学名：*Artabotrys hexapetalus* (L.f.) Bhandari
别名：鹰爪、五爪兰、鹰爪兰、莺爪、鸡爪兰、鹰爪桃
科属：番荔枝科鹰爪花属

● 鹰爪花的花

● 鹰爪花的果实

简介 攀缘灌木。叶纸质，长圆形或阔披针形，顶端渐尖或急尖，基部楔形，叶面无毛，叶背沿中脉上被疏柔毛或无毛。花1~2朵，淡绿色或淡黄色，芳香。萼片绿色，卵形，两面被稀疏柔毛。花瓣长圆状披针形，外面基部密被柔毛，其余近无毛或稍被稀疏柔毛，近基部收缩。果卵圆状，顶端尖，数个群集于果托上。花期5~8月，果期5~12月。

分布于我国浙江、台湾、福建、江西、广东、广西和云南等地，在香港、深圳、珠海、中山、广州等地有栽培。性喜光照，耐阴，不耐寒，喜温和气候。适应性强，在全日照、半日照或半阴环境下均能生长茂盛。喜肥，需土质富含腐殖质、肥沃之壤土，且排水良好。树形优美、枝叶繁茂、四季常青、花香艳丽、果实奇特，是观赏价值较高的树种，深受人们喜爱。适用于花墙、花架等处的栽培欣赏，也适用于山石处栽植欣赏。

鹰爪花的根部含有鹰爪甲素、鹰爪乙素、鹰爪丙素、鹰爪丁素等化学成分，具有治疗疟疾的作用。果实具有清热解毒之功效，用于治疗瘰疬。

观赏地点 康乐园中鹰爪花的种植数量没有很多，目前仅见在马岗顶319栋陈序经故居西边区域种植10棵、317栋宾省校屋西边区域种植8棵、318栋韦耶孝实屋西边区域种植4棵、240栋东边区域种植3棵、西翠园种植1棵。

● 240栋东边区域鹰爪花景观

● 318栋西边区域鹰爪花景观

五、海桐花科

● 山瑞香的花

山瑞香

学名：*Pittosporum tobira* (Thunb.) Ait.
别名：海桐花、山矾、七里香、宝珠香
科属：海桐花科海桐花属

简介 常绿灌木。嫩枝被褐色柔毛，有皮孔。叶聚生于枝顶，二年生，革质。伞形花序或伞房状伞形花序顶生或近顶生，花白色，有芳香，后变黄色。蒴果圆球形，有棱或呈三角形，成熟时瓣裂，种子鲜红色。花期3~5月，果熟期9~10月。

产于我国江苏南部、浙江、福建、台湾、广东等地。喜温暖湿润的海洋性气候，喜光，亦较耐阴。对土壤要求不严，萌芽力强，耐修剪。可作路边绿篱栽植，也可孤植造景，盆栽可装饰内室或客厅，对二氧化硫等有毒气体有较强的抗性。

山瑞香的根、叶和种子均可入药。其中，根能祛风活络、散瘀止痛，叶能解毒、止血，种子能涩肠、固精。

植物文化 山瑞香的花语是祥瑞、生机勃勃、希望、吉利。

观赏地点 康乐园目前有170多株山瑞香以灌木球的形式造景，有300多平方米的山瑞香以绿篱形式造景。其中第三教学楼西北侧、324栋白德理屋南侧、278栋谭礼庭屋北侧等区域的山瑞香灌木球，经过几十年的生长，已长成小乔木的形状，极具观赏价值。

● 第三教学楼西北侧区域山瑞香景观

● 山瑞香的果实 ● 山瑞香的叶

● 261栋西南角区域山瑞香景观

灌木类景观植物 第一部分

六、夹竹桃科

狗牙花

学名：*Ervatamia divaricata* (L.) Burk. cv. Gouyahua
别名：白狗花、狮子花、豆腐花、马蹄香、王腐化
科属：夹竹桃科狗牙花属

● 狗牙花的植株

简介 常绿灌木。枝和小枝灰绿色，有皮孔，干时有纵裂条纹。叶坚纸质，椭圆形或椭圆状长圆形，叶面深绿色，背面淡绿色。花冠白色，重瓣，着生在新梢的顶部。蓇葖果。花期6~11月，果期秋季。

原分布于我国南部沿海诸省，园林栽培于我国南部各省区。喜温暖湿润，不耐寒，宜半阴，喜肥沃、排水良好的酸性土壤。在园林绿化中是庭院、景点、街道绿化带种植的最佳选择，有很高的欣赏价值。

狗牙花性凉、味酸，其花瓣、根和叶都可以入药，有清热降压、解毒消肿的功效。

植物文化 狗牙花的花语是单纯善良、天真烂漫、祈求温暖。

观赏地点 康乐园中狗牙花的种植数量达160多株，主要分布在124栋西边、137栋北边、180~181栋东边围墙沿线、广寒宫西侧、205栋南边庭院、岭南三堂周边、西大球场西北三角绿化区、第三教学楼西侧、文科楼周边以及西区住宅楼619栋和667栋等周边区域。每逢花季，洁白色的花朵为校园增添了一份别样的素净和雅致。

● 狗牙花的花

● 第三教学楼北侧绿化区狗牙花景观

● 岭南三堂东侧区域狗牙花景观

红花夹竹桃

学名：*Nerium oleander* L.
别名：柳叶桃、绮丽、半年红、甲子桃、枸那、叫出冬
科属：夹竹桃科夹竹桃属

● 红花夹竹桃的花

简介 常绿直立灌木。枝条灰绿色，嫩枝条具棱，被微毛，老时毛脱落。叶3~4枚轮生，叶面深绿色，叶背浅绿色，中脉在叶面陷入，叶柄扁平。聚伞花序顶生，花冠深红色或粉红色。种子长圆形。花期几乎全年，夏秋为最盛。果期一般在冬春季，栽培很少结果。

原产于印度、伊朗和尼泊尔，现广植于世界热带、亚热带地区。我国各省区均有栽培，尤以南方地区为多。喜温暖湿润的气候，耐寒力不强，不耐水湿，喜光好肥，也能适应较阴的环境，萌蘖力强，树体受害后容易恢复。常在公园、风景区、道路旁或河旁、湖旁栽培。其茎皮纤维为优良混纺原料。种子可榨油供制润滑油。叶、树皮、根、花、种子均含有多种配醣体，毒性极强，人、畜误食能致死。

叶、茎皮可供提制强心剂，但有毒，用时须慎重。

植物文化 红花夹竹桃的花语是咒骂、注意危险。

观赏地点 康乐园中红花夹竹桃的种植数量稀少，目前仅见冼为坚堂东侧围墙沿线有少量种植，这可能与其全身有毒有关。

● 红花夹竹桃的叶

● 冼为坚堂东侧围墙沿线红花夹竹桃景观

● 曾宪梓堂南院东北边黄花夹竹桃景观

● 地环学院大楼西北角黄花夹竹桃景观

黄花夹竹桃

学名：*Thevetia peruviana* (Pers.) K. Schum.
别名：酒杯花、台湾柳、柳木子、相等子、大飞酸子
科属：夹竹桃科黄花夹竹桃属

● 黄花夹竹桃的果实

简介 常绿灌木或小乔木，又名酒杯花。全株光滑无毛，有乳液。树皮棕褐色，皮孔明显。小枝下垂，灰绿色。叶互生，无柄，革质，线形，鲜绿色，光亮，背面较淡，边稍背卷，中肋明显。聚伞花序顶生，有总柄，通常6花成簇，花黄色，芳香。核果扁三角状球形，内果皮木质，生时绿色而亮，干时黑色。种子2~4颗。花期5~12月，果期8月至翌年春季。

原产于美洲热带地区，现全世界热带、亚热带地区均有栽培。我国台湾、福建、广东、广西和云南等地均有栽培，有时野生。喜温暖湿润的气候，耐寒力不强，不耐水湿，喜光好肥，也能适应较阴的环境，但在庇荫处栽植时，花少色淡。萌蘖力强，树体受害后容易恢复。开花近4个月，是不可多得的夏季观花树种。可在建筑物左右、公园、绿地、路旁、池畔等地段种植。黄花夹竹桃抗空气污染的能力较强，对二氧化硫、氯气、烟尘等有毒有害气体具有很强的抵抗力，吸收能力也较强，因此是工矿区美化绿化的优良树种。

黄色夹竹桃的种子可入药，功能是解毒消肿，并有强心作用。

植物文化 黄色夹竹桃的花语是深刻的友情。

观赏地点 康乐园中黄花夹竹桃的种植数量不多，目前仅见地环学院大楼（现改作第二教学楼）地质调查所纪念石雕塑旁边种植1棵、曾宪梓堂南院东北边绿化区种植1棵。

● 黄花夹竹桃的花

● 软枝黄蝉的花

● 软枝黄蝉的蒴果

● 图书馆东南侧区域软枝黄蝉景观

软枝黄蝉

学名：*Allemanda cathartica* L.
别名：黄莺、小黄蝉、重瓣黄蝉、泻黄蝉
科属：夹竹桃科黄蝉属

简介 藤状灌木。枝条软、弯垂，具白色乳汁。因没有"花心"而被称为"好男人花"。叶纸质，有时对生或在枝的上部互生，全缘，倒卵形或倒卵状披针形，无毛或仅在叶背脉上有疏微毛。聚伞花序顶生。花冠橙黄色，大型，内面具红褐色的脉纹，花冠下部长圆筒状，基部不膨大，花冠筒喉部具白色斑点，向上扩大成冠檐。蒴果球形。花期4~12月，果期冬季。

原产于巴西，现我国广西、广东、福建和台湾等地均有引入栽培。软枝黄蝉喜温暖湿润和阳光充足的环境，耐半阴，不耐寒，怕旱，畏烈日。对土壤选择性不严，但以肥沃、排水良好、富含腐殖质之壤土或沙质壤土最佳。园林绿化可用于庭园美化、围篱美化以及花棚、花廊、花架、绿篱等攀爬栽培。

软枝黄蝉为传统的南药植物之一。其枝叶具有消肿、杀虫、灭疟等功效，可治跌打肿痛、疥癣等。此外，其还具有泻下导滞的药效。

植物文化 软枝黄蝉的花语是热爱光明。

观赏地点 康乐园中软枝黄蝉的种植数量不是很多，目前仅见图书馆东南区、253栋庭院小花园以及梁銶琚堂南侧小花园等区域有少量种植。每逢花季，满树艳丽的金黄色花朵，煞是迷人，为校园增添了一份艳丽的华彩。

● 梁銶琚堂南侧小花园软枝黄蝉景观

硬枝黄蝉

学名：*Allemanda neriifolia* L.
别名：黄蝉、黄兰蝉
科属：夹竹桃科黄蝉属

● 硬枝黄蝉的花

● 硬枝黄蝉的花枝

简介 直立灌木，枝条灰白色，具乳汁。叶轮生，全缘，椭圆形或倒卵状长圆形。叶面深绿色，叶背浅绿色，除叶背中脉和侧脉被短柔毛外，其余无毛。聚伞花序顶生，花梗被小柔毛，花冠橙黄色，内面具红褐色条纹，花冠基部膨大，裂片左旋并依次覆盖。蒴果球形，具长刺。花期5～8月，果期10～12月。

原产于巴西，我国广东、福建、广西、台湾等地有引种。喜高温多湿、阳光充足的环境，适于肥沃、排水良好的土壤。适用于园林种植或盆栽，具有抗贫瘠、抗污染特性，适合在工厂、矿区作为绿化植物种植。

硬枝黄蝉全株有毒，其汁液毒性最强，误食会引起呕吐、腹泻、发烧、恶心、心跳加快、循环系统和呼吸系统出现障碍，不适宜室内种植。全草入药，有强心功效。

植物文化 硬枝黄蝉的花语是活泼、快乐、希望。

观赏地点 康乐园中硬枝黄蝉的种植数量不是很多，仅见南草坪餐厅东边、逸仙大道南段道路两侧绿化带沿线等区域有少量分布，是校园为数不多的优良观花类灌木植物资源。

● 逸仙大道南段岐关车站区域硬枝黄蝉景观

● 南草坪餐厅东边区域硬枝黄蝉景观

七、姜科

花叶良姜

学名：*Alpinia vittata* W. Bull
别名：艳山姜、彩叶姜、斑纹月桃、花叶艳山姜
科属：姜科山姜属

● 外国语学院楼北边区域花叶良姜景观

简介 常绿灌木。株高可达1~2米，具根茎。叶片革质，具鞘，长椭圆形，两端渐尖，叶面深绿色，有金黄色富有光泽的纵斑纹。圆锥形花序下垂，花蕾包藏于总苞片中，花白色，边缘黄色，顶端红色，花萼近钟形，花冠白色。花期6~7月。

原产于东南亚等亚热带地区，我国华南及东南地区有栽培。喜高温多湿环境，不耐寒，怕霜雪，喜阳光，稍耐阴。在肥沃、保水性好的壤土中生长良好。花叶良姜多种植于景观山石旁、绿地边缘及庭院一角，观赏效果良好。也可作为室内花园点缀植物。其叶色艳丽，花姿优美，花香清纯，是优良的观花观叶植物。

花叶良姜的根状茎和果实均可入药，具有燥湿祛寒、除痰截疟、健脾暖胃的功效。

植物文化 花叶良姜的花语是羞涩、矜持。

观赏地点 康乐园中花叶良姜的种植面积近2000平方米，遍布校园各个区域，尤以外国语学院楼周边、387栋善衡堂南侧沿线、图书馆周边、梁銶琚堂南北边小花园、第三教学楼周边、松园湖东侧小花园、校医院东边等区域的景观最为大气美观。其叶片颜色独特，形状美观，观赏性极佳。

● 校医院东边区域花叶良姜景观

● 花叶良姜的花序

● 花叶良姜的植株

八、金缕梅科

红檵木

学名：*Loropetalum chinense* var. *rubrum*
别名：红花檵木、红桎木、红桎木、红檵花、红桎花、红桎花
科属：金缕梅科檵木属

● 红檵木的花

● 红檵木的叶

简介 常绿灌木，嫩枝红褐色，密被星状毛。叶革质互生，卵圆形或椭圆形，不对称，两面均有星状毛，暗红色。花瓣紫红色线形生于小枝端。蒴果褐色，近卵形。花期4~5月，花期长，约30~40天。

主要分布于长江中下游及其以南地区。喜光，稍耐阴，但阴时叶色容易变绿。适应性强，耐旱。喜温暖，耐寒冷。耐修剪，耐瘠薄。红檵木常用于制作盆景，花开时节，满树红花，极为壮观。此外，还广泛用于色篱、模纹花坛、灌木球等城市绿化美化。

红檵木的花、根、叶均可入药，有止痛、止血和消炎之功效。

植物文化 红檵木的花语是发财、幸福、相伴一生。红檵木是湖南株洲的市花。我国野生红檵木已濒临灭绝，是湖南省重点保护对象。

观赏地点 康乐园中几乎各个区域都有红檵木分布，其中200多株是以灌木球形式种植造景，主要分布在梁銶琚堂南北边小花园、第三教学楼周边、135栋和136栋北边、外国语学院楼周边、351栋北边、364栋北边、371栋周边、386栋善思堂周边、552栋南边等区域；少部分以绿篱形式种植造景，主要分布在中区大草坪的几个花坛、256栋西边、紫荆园宾馆庭院小花园等区域。红檵木是校园少有的红色基调的景观植物，具有极高的观赏性。

● 梁銶琚堂北边小花园红檵木灌木球景观

● 中区大草坪花坛区域红檵木景观

九、锦葵科

大红花

学名：*Hibiscus rosasinensis* Linn.
别名：朱槿、扶桑、赤槿、日及、佛桑、红木槿、桑槿、红扶桑
科属：锦葵科扶桑属

● 梁銶琚堂南侧庭院大红花灌木球景观

简介　常绿灌木，小枝圆柱形，疏被星状柔毛。叶阔卵形或狭卵形，两面除背面沿脉上有少许疏毛外均无毛。花单生于上部叶腋间，常下垂。花冠漏斗形，玫红色或淡红色、淡黄色等，花瓣倒卵形，先端圆，外面疏被柔毛。蒴果卵形，有喙。花期全年。

原产地为我国，我国热带、亚热带地区多有种植。强阳性植物，性喜温暖湿润，不耐阴、寒、旱。耐修剪，发枝力强。对土壤的适应范围较广。它是布置节日公园、花坛、宾馆、会场及家庭养花的最好花木之一，同时，在园林应用中也作绿篱或孤植造景等。

大红花的根、叶、花均可入药，有清热利水、解毒消肿之功效。

植物文化　大红花的花语是纤细之美、体贴之美、永保清新之美。它是我国广西南宁、广东茂名和广东汕尾的市花。

观赏地点　大红花在康乐园中的种植数量超200株，其中以学生宿舍137～138栋前面、学生宿舍181栋南边、551栋物理楼南边、广寒宫东边、图书馆东南边、英东田径场西边、415栋旧生物楼北边、387栋周边、梁銶琚堂南侧庭院、外国语学院楼周边以及170栋南边围墙沿线等区域的景观效果最好。

● 大红花的花

● 英东田径场西边大红花景观　　● 170栋南边围墙沿线大红花灌木球景观

● 陈寅恪故居西南角吊灯花景观

● 吊灯花的叶

吊灯花

学名：*Hibiscus schizopetalus*
别名：拱手花篮、花篮、吊篮花、风铃扶桑花
科属：锦葵科木槿属

简介 常绿灌木，枝条纤细而呈拱形下垂。叶互生，卵状椭圆形，缘具粗齿，叶端渐尖，叶质较厚，叶脉明显。单花着生于叶腋，花梗细长，花大而下垂，如垂吊之花篮，花冠红色至橙红色，花蕊及花柱很长，伸出花冠之外。温室栽培除冬末至春初外，基本上常年都可开花，但每次着花量很少。

原产于非洲东部。我国华南一带可露地栽培，北方宜在温室盆栽。不耐寒，须在高温温室越冬。不耐阴。喜肥，宜在肥沃、排水良好的土壤中生长。吊灯花花形奇特，悬挂枝头，极为美丽，是园林绿化中非常优良的一类观赏性灌木。

吊灯花的花、叶、茎、根均可入药，有清肺、化痰、凉血、解毒、利尿、消肿之功效。

植物文化 吊灯花的花语是新鲜的恋情、微妙的美，脱俗、洁净、羞涩。

观赏地点 吊灯花目前在康乐园中仅见309栋陈寅恪故居西南角的路边绿化区有两棵，每逢开花季节，引来很多师生观赏拍照，是校园非常稀有、优良的观花类灌木植物资源。

● 吊灯花的花

- 曾宪梓堂北院东边区域悬铃花景观
- 大钟楼西边坡面悬铃花景观

悬玲花

学名：*Malvaviscus arboreus* Cav.
别名：垂花悬铃花、小悬铃花、大红袍、粉花悬铃花
科属：锦葵科悬铃花属

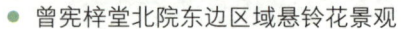
- 悬玲花的花

简介 常绿灌木，外形略似朱槿，但叶片较为狭窄浓绿。花朵不像朱槿类会完全展开，鲜红的花瓣螺旋卷曲，呈吊钟状，雌雄蕊细长突出瓣外苞，花瓣略左旋，不开含苞状，鱼红色，花朵向下悬垂。叶阔心形，浅2裂或角状。叶有柄，互生，集株端，长椭圆形，先端渐尖，粗钝锯齿缘，主叶脉掌状，有5～7条，绿色。全年出叶，花期终年，花量多，尤以3～8月为盛。果未见。

原产于南美洲的墨西哥、秘鲁和巴西。我国华南地区多植于庭院。悬铃花性强健，喜高温多湿和阳光充足的环境，耐热、耐旱、耐瘠、耐湿，稍耐阴，不耐寒霜，忌涝，生长快速。对土壤要求不严，宜在肥沃、疏松和排水良好的微酸性土壤中生长。在热带地区全年开花不断，但冬季开花的数量较少。其不但适合于庭园、绿地、行道树的配植，而且可以列植为花境、花篱或自然式种植，还可剪扎造型和盆栽观赏。

悬铃花的根、皮、叶都可以入药，主要作用是拔毒消肿。

植物文化 悬铃花的花语是才华横溢。

观赏地点 悬铃花在康乐园的种植数量不多，目前仅见大钟楼西边坡面、曾宪梓堂北院东南侧、马岗顶331栋东北角区域以及西区住宅楼607栋北侧等部分楼宇周边有少量种植。开花时非常艳丽，观赏性极佳，是校园非常优良的赏花类灌木植物资源。

- 悬玲花的植株

十、菊科

扁桃斑鸠菊

学名： *Vernonia amygdalina* (Delile) Sch. Bip.
别名： 南非叶、药王叶、桃叶斑鸠菊、杏叶斑鸠菊、苦茶叶
科属： 菊科斑鸠菊属

● 扁桃斑鸠菊的瘦果　　● 扁桃斑鸠菊的花

简介　旱生型灌木或小乔木。叶互生，长卵形，先端尖，叶面亮灰绿色，背面灰白色，有特殊气味和辣味，通常具柄或无柄，不下延，全缘或具齿，羽状脉，稀具近基三出脉，两面或下面常具腺。头状花序顶生或腋生，总苞片数层，花两性，花冠管状，5裂，乳白色至粉红色。花粉红色或淡紫色，少有白色或金黄色。瘦果圆柱状或陀螺状，具棱，或具肋，顶端截形，基部常具胼胝质，被短毛或无毛，常具腺。

原产于非洲（亚撒哈拉地区），分布于非洲西部的加纳、喀麦隆、尼日利亚至东部的坦桑尼亚和埃塞俄比亚。我国早年引入栽培。为热带植物，喜光，耐旱性好，对土壤的要求不高。

扁桃斑鸠菊全株可入药，用于治疗发烧、胃肠疾病等。其新鲜叶子还可以用作堕胎药及泻下剂。

植物文化　扁桃斑鸠菊除了药用，在南非很多地方还被当作蔬菜食用。而在东南亚地区，民间将它当成"抗癌草药"广泛使用，广东珠三角地区则用它制作"凉茶"。

观赏地点　扁桃斑鸠菊在康乐园的种植数量非常稀少，目前仅见在西区745栋西南侧绿化区有5棵、749栋西南侧绿化区有1棵、756栋东北角绿化区有1棵。

● 扁桃斑鸠菊的叶

● 745栋西南侧区域扁桃斑鸠菊景观

● 749栋西南侧区域扁桃斑鸠菊景观

十一、爵床科

金脉爵床

学名：*Sanchezia speciosa* J.Leonard
别名：金叶木、黄脉爵床
科属：爵床科黄脉爵床属

● 博士后公寓169栋东北区金脉爵床景观

简介 多年生常绿直立灌木状观叶植物。多分枝，茎干半木质化。叶对生，无叶柄，阔披针形，先端渐尖，基部宽楔形，叶缘有锯齿。叶片嫩绿色，叶脉橙黄色。夏秋季开出黄色的花，花为管状，簇生于短花茎上，整个花簇为一对红色的苞片包围。花果期春、夏季。

原产于厄瓜多尔和秘鲁。近年来在我国南方地区的园林绿化中广泛引种栽培。金脉爵床较喜光，光线弱容易导致节间伸长，造成徒长及叶色暗淡无光，所以必须保证较强的光线。室内栽培宜置于较强散射光处。为了保持株形美观，须定期修剪或摘心，以控制高度，促进侧枝生长，使枝叶繁茂。金脉爵床不但可以制成盆栽，装饰居室，还可以在庭园或者花坛里面种植，有很高的观赏价值。另外，这种植物可以吸收大量的二氧化碳，释放氧气，对净化空气作用明显。

金脉爵床全株可入药，具有清热解毒、渗湿利尿之功效。

植物文化 金脉爵床的花语是楚楚可怜。

观赏地点 金脉爵床在康乐园种植的数量不是很多，目前种植总面积不到100平方米，主要分布在241栋东侧、260栋东边围墙、319栋东侧、图书馆内庭花园、岭南三堂内庭花园以及博士后公寓169栋周边等区域，是校园中非常雅致艳丽的观叶观花类植物资源。

● 金脉爵床的叶

● 金脉爵床的花序

● 260栋东边围墙区域金脉爵床景观

十二、楝科

● 米仔兰的叶

● 米仔兰的果实

● 米仔兰的花序

米仔兰

学名：*Aglaia odorata* Lour.
别名：米兰、树兰、鱼仔兰
科属：楝科米仔兰属

简介 常绿灌木或小乔木。叶柄上有极狭的翅，奇数羽状复叶。小叶对生，全缘，叶面深绿色，有光泽。小型圆锥花序，着生于树端叶腋。花很小，黄色，香气甚浓。花期很长，以夏、秋两季开花最盛。果为浆果，卵形或近球形。花期5~12月，果期7月至翌年3月。

原产于我国广西、四川等地，现在我国南方地区的园林绿化中广泛栽培。米仔兰幼苗时期较耐荫蔽，长大后偏阳性。喜温暖湿润的气候，怕寒冷。适合生于肥沃、疏松、富含腐殖质的微酸性沙质土中。

米仔兰的枝、叶入药，有活血散瘀、消肿止痛等功效。

植物文化 米仔兰的花语是有爱，生命就会开花，代表着激情与勇气。因其花朵虽小、不起眼，却毫无保留地将芳香奉献给人们，就像教师一样默默地奉献，故人们常用它比喻教师，体现对教师的尊敬。

观赏地点 米仔兰在康乐园中的种植数量不是很多，目前大约有200平方米以绿篱形式造景，主要在岭南三堂北边、地环学院大楼西北角以及533栋东北角等区域。此外，在东区博士后公寓地下停车场广场和小北湖南侧沿线等区域有一些以灌木球造景的形式分布。

● 东区博士后公寓地下停车场广场米仔兰景观

● 小北湖南侧沿线米仔兰灌木球景观

十三、龙舌兰科

● 红铁的植株

● 红铁的花序

红铁

学名：*Cordyline fruticosa* (L.) A. Cheval
别名：紫千年木、红竹、朱竹、朱蕉
科属：龙舌兰科朱蕉属

简介 常绿灌木。叶聚生于茎或枝的上端，绿色或带紫红色，叶柄有槽，抱茎，茎通常不分枝。叶片披针状椭圆形至长圆形，中脉明显，侧脉羽状平行，先端渐尖，基部渐狭。圆锥花序生于上部叶腋，多分枝。花淡红色至紫色，稀为淡黄色。蒴果每室有种子数颗。花期7~9月。

分布于我国南部热带地区，原产地不详，除广东、广西、福建等地外，均只宜置于温室内盆栽观赏。性喜高温多湿气候，属半阴植物，不耐寒，要求富含腐殖质和排水良好的酸性土壤，忌碱土，植于碱性土壤中叶片易黄，新叶失色，不耐旱。红铁的栽培品种很多，室外绿化主要用于建植绿篱或园林艺术造景。

红铁的叶和根均可入药，具有凉血止血、散瘀定痛之功效。

植物文化 红铁的花语是青春永驻、清新悦目。

观赏地点 康乐园中红铁的种植数量还是比较多的，主要用于点缀造景。其中，环校道东南段沿线绿化带、英东体育场南边围墙沿线、园东路靠篮球场围栏沿线、四墩楼周边、校医院东侧绿化区以及外国语学院楼西侧等区域的景观最佳。它是校园内优良的红色观叶类景观植物，极大提升了校园景观植物的丰富度。

● 校医院东侧绿化区红铁景观

● 外国语学院楼西侧区域红铁景观

● 绿叶朱蕉的叶　　● 绿叶朱蕉的花序

绿叶朱蕉

学名：*Cordyline fruticosa* (L.) Goepp. cv. 'Ti'
别名：绿竹、观音竹、千年木、大叶青铁
科属：龙舌兰科朱蕉属

● 205栋学生宿舍楼北侧区域绿叶朱蕉景观

简介　多年生常绿灌木。其主茎挺拔，茎高1~3米，不分枝或少分枝。叶聚生于茎顶，2裂，披针状椭圆形至长圆形，顶端渐尖，基部渐狭，绿色或紫红色，颜色绚丽多变。叶柄有槽，基部阔而抱茎。圆锥花序腋生，分枝多数。花淡红色至青紫色，间有淡黄色的。雄蕊较花被裂片短，着生于花被管上。子房长圆形，花柱稍伸出于花被裂片之处。浆果球形，通常只有1颗种子。

分布于我国南部热带地区，广东、广西、福建、台湾等地常见栽培，供观赏。喜高温多湿，冬季低温临界线为10℃，夏季要求半阴。忌碱性土壤。绿叶朱蕉株形美观，常栽种于庭院造景或盆栽用于室内装饰，数盆摆设更显典雅豪华，是布置室内场所的常用植物。

绿叶朱蕉的叶和根均可入药，有凉血、利尿、消肿、止血、解郁等功效。

植物文化　绿叶朱蕉的花语是青春永驻、清新悦目。

观赏地点　绿叶朱蕉是一种耐阴性优良的观叶类景观植物，极大程度地增加了校园耐阴类景观植物的丰富度。其中分布在208栋工会楼南侧、305栋希伦高屋东北角等区域的绿叶朱蕉，经过多年生长，已呈小乔木形态。其他如冼为坚堂内庭小花园、东区和西区教师公寓楼群周边等区域的绿叶朱蕉主要以小灌木形式造景。

● 冼为坚堂内庭小花园绿叶朱蕉景观　　● 绿叶朱蕉的植株

十四、马鞭草科

花叶假连翘

学名：*Duranta erecta* 'Variegata'
别名：斑叶金露花
科属：马鞭草科假连翘属

● 花叶假连翘的叶

● 花叶假连翘的花序

● 花叶假连翘的果实

简介 多年生灌木。多分枝，叶对生，卵形，先端为尖形，边缘有锯齿，叶面边缘有乳白色斑纹，中部为浓绿色。叶腋间有长刺，一般不明显。总状花序顶生或腋生，常排成圆锥状。花萼管状，有毛，花为高脚碟状，花冠蓝紫色，稍不整齐。果为圆形或近卵形，顶端喙尖。总状果序，橘红色或金黄色，有光泽。花期长，从4月至12月陆续有花开放。

原产于热带美洲，在我国南方有大量栽培供观赏。阳性植物，喜光照，对光适应的生态幅度较宽。喜高温湿润环境，不耐旱。花叶假连翘生性强健，萌发力、抽枝力极强，无休眠期，四季皆可抽枝萌芽，是优良的庭院植物和花境植物。

花叶假连翘有一定的药用价值，果治疟疾和跌打胸痛，根、叶治痈肿初起和脚底挫伤瘀血或脓肿等。

植物文化 花叶假连翘的花语是邪恶和巫术。

观赏地点 花叶假连翘在康乐园中的种植面积超600平方米，是非常优良的一种观叶类灌木植物资源。其中逸夫楼一楼中国农业银行门口花槽、园东湖西边绿篱、博物馆周边以及岭南堂喷泉周边等区域的景观最佳。

● 园东湖西边花叶假连翘绿篱景观

● 岭南堂喷泉周边花叶假连翘绿篱景观

假连翘

学名：*Duranta repens* L.
别名：番仔刺、篱笆树、洋刺、花墙刺、桐青、白解
科属：马鞭草科假连翘属

● 415栋旧生物楼北侧区域假连翘景观

简介 常绿灌木，枝条有皮刺，幼枝有柔毛。叶对生，少有轮生，叶片卵状椭圆形或卵状披针形，纸质，顶端短尖或钝，基部楔形，全缘或中部以上有锯齿，有柔毛。总状花序顶生或腋生。花冠通常蓝紫色。核果球形，熟时红黄色。花果期5~10月，在南方可为全年。

原产于热带美洲。我国南部常见栽培，是一种很好的园林绿篱植物。假连翘喜光，喜温暖湿润气候，抗寒力较差，耐半阴地。对土壤的适应性较强，沙质土、重黏土、酸性土或钙质土均宜。

假连翘有一定的药用价值，果治疟疾和跌打胸痛，根、叶治痈肿初起和脚底挫伤瘀血或脓肿等。

植物文化 假连翘的果实很漂亮，颜色为金黄色或橘红色，有光泽。但因为果实有毒，所以假连翘的花语比较恶毒，寓意着可能会发生不好的事情。

观赏地点 假连翘在康乐园的种植面积达数千平方米，是校园重要的绿篱植物，遍布校园大部分建筑物周边，也是校园校训牌、各类雕塑、花坛周边等校园建筑物以及构筑物周边造景用的主要灌木品种。其中，校训牌周边、中区花坛、415栋旧生物楼北侧、中文堂周边和岭南三堂周边等区域的绿篱景观最佳。

● 中文堂周边假连翘景观

● 假连翘的花序

● 假连翘的果实

金叶假连翘

学名：*Duranta erecta* 'Golden Leaves'
别名：金露花、黄金叶
科属：马鞭草科假连翘属

● 金叶假连翘的花序

● 金叶假连翘的叶与果实

● 629栋西南边区域金叶假连翘景观

● 西大球场北边三角绿化区金叶假连翘景观

简介 多年生常绿小灌木。叶对生，边缘有锯齿，叶片卵状椭圆形或卵状披针形，纸质，新梢及新叶为金黄色，老叶为黄绿色、淡绿色。总状花序顶生或腋生，常排成圆锥状。花萼管状，有毛。花小，高脚碟状，花冠蓝紫色。果圆形或近卵形，金黄色，有光泽，熟时红黄色，经常保持整形修剪的苗木上少见果实。

原产于南美热带地区，世界各地热带地区均有引种栽培。我国南方地区早年引入栽培。金叶假连翘属阳性植物，喜光照充足之地，性喜高温湿润气候，不耐阴，抗寒力弱。耐水湿，不耐干旱。生性强健，萌发力、抽枝力极强，四季均可抽枝萌芽，无休眠期，极耐修剪，修剪越勤，抽枝萌发越强，树势、树冠越健壮，色彩越鲜艳，是优良的绿篱、花坛、花境、造型、地被植物。

金叶假连翘有一定的药用价值，果治疟疾和跌打胸痛，根、叶治痈肿初起和脚底挫伤瘀血或脓肿等。

植物文化 金叶假连翘的花语是邪恶和巫术。

观赏地点 金叶假连翘在康乐园的种植数量非常稀少。目前仅见在629栋西南边区域的绿化槽以绿篱形式种植了50多平方米。此外，在西大球场北边的三角绿化区还有3棵，东南角区域有1棵以灌木形式种植。

马缨丹

学名：*Lantana camara* L.
别名：七姐妹、五色梅、五龙兰、五彩花、臭草、臭金凤、五色绣球、变色草等
科属：马鞭草科马缨丹属

● 竹园荫棚东侧区域马缨丹景观

简介 直立或蔓性灌木，有时呈藤状。茎、枝均呈四方形，有短柔毛，通常有短的倒钩状刺。单叶对生，揉烂后有强烈的气味，叶片卵形至卵状长圆形，顶端急尖或渐尖，基部心形或楔形，边缘有钝齿，表面有粗糙的皱纹和短柔毛，背面有小刚毛。花序直径1.5～2.5厘米。花序梗粗壮，长于叶柄。苞片披针形，长为花萼的1～3倍，外部有粗毛。花萼管状，膜质，顶端有极短的齿。花冠黄色或橙黄色，开花后不久转为深红色。果圆球形，成熟时紫黑色。全年开花。

原产于美洲热带地区，世界热带地区均有分布。我国台湾、福建、广东、广西见有逸生。喜光，性喜温暖湿润，冬季温度须保持在5～6℃以上。常生长于海拔80～1500米的海边沙滩和空旷地区。因马缨丹花色美丽，我国各地庭园常栽培供观赏。

马缨丹的根、叶、花都可作药用，有清热解毒、散结止痛、祛风止痒之效，可治疟疾、肺结核、颈淋巴结核、腮腺炎、胃痛、风湿骨痛等。

植物文化 马缨丹的花语是家庭和睦。马缨丹属于有毒植物，茎叶与果实中有破坏代谢的毒性，这类毒性对哺乳类动物有相当大的影响，一般鸟类食其果实并不会有问题。

观赏地点 马缨丹在康乐园的种植数量非常稀少，目前仅见在343栋中大出版社办公楼东南侧区域和竹园荫棚东侧区域有少量分布。

● 马缨丹的花序　　● 马缨丹的叶　　● 343栋中大出版社办公楼东南侧区域马缨丹景观

牡荆

学名：*Vitex negundo* var. *cannabifolia* (Sieb. et Zucc.) Hand.-Mazz.
别名：黄荆、小荆、楚
科属：马鞭草科牡荆属

● 牡荆的花序

简介 落叶灌木或小乔木。小枝四棱形，密生灰白色绒毛。掌状复叶，叶对生。小叶片披针形或椭圆状披针形，顶端渐尖，基部楔形，边缘有粗锯齿，表面绿色，背面淡绿色，通常被柔毛。圆锥花序顶生，花序梗密生灰白色绒毛。花萼钟状，顶端有5裂齿，外有灰白色绒毛。花冠淡紫色，外有微柔毛。果实近球形，黑色。花期6~7月，果期8~11月。

分布于我国华东各省及河北、湖南、湖北、广东、广西、四川、贵州、云南。喜光，耐寒冷，亦耐热，耐干旱瘠薄土壤。抗性强。牡荆树姿优美，老桩苍古奇特，是杂木类树桩盆景的优良树种，宜在园林中用作造景。牡荆的材质坚硬，又是制作家具、木雕、根艺等的上等用材。

牡荆的新鲜叶可入药，具有祛风解表、除湿杀虫、止痛除菌的功效。

● 牡荆的叶

植物文化 牡荆的花语是浪漫的爱，只对你有感觉。

观赏地点 牡荆在康乐园的种植数量非常稀少，目前仅见在西区525栋西侧种植3棵、526栋东侧种植5棵。

● 525栋西侧区域牡荆景观

● 526栋东侧区域牡荆景观

十五、马钱科

驳骨丹

学名：*Buddleja asiatica* Lour.
别名：接骨木、接骨筒、乌骨黄藤
科属：马钱科醉鱼草属

● 驳骨丹的花

● 驳骨丹的叶

简介 直立灌木或小乔木，高1~8米。嫩枝条四棱形，老枝条圆柱形。幼枝、花序及叶背密被灰白色或淡黄色星状柔毛，有时毛被极密而成绵毛状。叶披针形或长披针形，顶端长渐尖，基部渐窄成楔形，全缘或有细锯齿，干时叶面褐黑色，无毛。总状聚伞花序，小苞片线形，花萼被毛。花冠白色，裂片极短，钝头，广展。蒴果椭圆形。花期10月至翌年2月，果期4~5月。

产于我国陕西、江西、福建、台湾、湖北、湖南、广东、海南、广西、四川、贵州、云南和西藏等地。喜光，较耐阴，对土壤的要求不严。喜阳光充足，喜肥沃、排水良好的土壤。较耐寒，抗干旱能力强，耐粗放管理。适宜在园林中栽植于坡地、墙根、花坛等区域作绿篱造景，或在空旷草地丛植造景。

驳骨丹的根、叶均可入药，有祛风化湿、行气活络之功效。

植物文化 因驳骨丹的续筋接骨之力特强，故有"小驳骨丹"之称。

观赏地点 康乐园中驳骨丹的种植数量近年来严重锐减，目前仅见顺客隆超市门口两侧绿化槽、学生宿舍351栋东侧绿化槽、261栋东侧、中区大草坪岭南喷泉周边以及西区657栋南侧、693栋和694栋东侧等区域有少量种植。

● 顺客隆超市门口绿化槽驳骨丹景观

● 学生宿舍351栋东侧绿化槽驳骨丹景观

● 灰莉的叶

● 灰莉的花

灰莉

学名：*Fagraea ceilanica* Thunb.
别名：非洲茉莉、华灰莉
科属：马钱科灰莉属

● 306栋黑石屋东侧道路沿线灰莉绿篱景观

简介 常绿灌木。树皮灰色。小枝粗厚，圆柱形。全株无毛。叶片肉质，深绿色。花单生或组成顶生二歧聚伞花序。花冠漏斗状。浆果卵状或近圆球状，顶端有尖喙，淡绿色。种子椭圆状肾形，藏于果肉中。花期4~8月，果期7月至翌年3月。

分布于我国台湾、海南、广东、广西和云南南部。性喜阳光，耐旱，耐阴，耐寒力强，在南亚热带地区终年青翠碧绿，长势良好。对土壤要求不严，适应性强，粗生易栽培。是优良的庭园、室内观叶植物，既可以作为绿篱植物使用，也可以孤植或片植造景。

植物文化 灰莉的花语是朴素自然、清净纯洁。

观赏地点 灰莉是康乐园中种植非常广泛的一类灌木，其中以绿篱方式种植的面积为400多平方米。此外，校园还有很多区域以其作灌木球造景。其中，绿篱景观主要分布在园北湖周边、图书馆周边、地环学院大楼西边花槽、346~347栋东边等区域，灌木球景观主要分布在第三教学楼周边、陈寅恪雕像周边等区域。优良的耐阴性能和性状，使其成为康乐园各树下遮阴区域非常重要的造景灌木资源。

● 先进技术研究院楼南边灰莉灌木球景观

● 陈寅恪雕像周边灰莉灌木球景观

十六、木樨科

花叶女贞

学名：*Ligustrum ovalisolium*
别名：卵叶女贞
科属：木樨科女贞属

● 花叶女贞的花

● 花叶女贞的果实

简介 常绿灌木或小乔木。枝条斜向生长，叶对生，倒卵圆形、革质，嫩叶绿，边缘粉红，成熟叶边缘由粉红逐渐转银白，老叶少数会全部转绿。圆锥花序顶生，花白色，反折，芳香。花期5～6月。

分布于我国辽宁及其以南广大地区。萌发力强，耐修剪，长势快，抗病能力强，适应性广，冬季不怕冻，四季不变色，喜光，喜温暖，稍耐阴，较耐寒。在微酸性土壤中生长迅速，中性土壤中亦能正常生长。园林中有多个栽培品种，作为一种园林彩叶树种，适宜丛植、片植，也可修成规则球形列植于庭院造景。

花叶女贞的果实可入药，具有降血脂及抗动脉硬化、降血糖、抗肝损伤、升高外周白细胞数、抗炎、抗癌、抗突变等作用。

植物文化 花叶女贞的花语为永恒的爱。

观赏地点 康乐园中种植的花叶女贞数量不是很多，目前仅见园西湖西边沿线种植5棵、西区新建怡乐路教师公寓楼群周边种植19棵。它们是校园数量不多的优良彩叶类灌木资源，观赏价值极高。

● 园西湖西边沿线花叶女贞景观

● 西区新建怡乐路教师公寓F栋南侧花叶女贞景观

尖叶木樨榄

学名：*Olea europaea* L. spp.cuspidata (Wall.) Ciferri
别名：锈鳞木樨榄、旱柳、鬼柳树（云南）
科属：木樨科木樨榄属

● 园东湖南侧绿化区尖叶木樨榄灌木球景观

简介 常绿灌木或小乔木。枝灰褐色，圆柱形，粗糙，小枝褐色或灰色，近四棱形，无毛，密被细小鳞片。叶片革质，单叶对生，被锈色鳞片，叶缘稍反卷，圆锥花序腋生。花白色，两性。果宽椭圆形或近球形，成熟时呈暗褐色。花期4~8月，果期8~11月。

原产于我国云南、四川、广西海拔600~2800米的林中，近年来在园林绿化中栽培应用。尖叶木樨榄枝密叶浓、叶面光亮，树形美观，且生长快，萌芽力强，耐修剪，适应性强，是一种很好的绿篱植物，也可修剪成千姿百态的观赏树形后几株成组栽植，也可列植、孤植，还可作盆栽。

尖叶木樨榄的根和叶可入药，具有利尿通淋的药用价值。

植物文化 尖叶木樨榄的花语是锐气进取。它是国家二级保护植物。

观赏地点 尖叶木樨榄在康乐园的种植数量不是很多，其中丰盛堂东面道路两侧、东区博士后公寓楼群周边、学生宿舍137~138栋北侧以及园东湖南侧等区域的景观效果最好。

● 学生宿舍138栋北侧区域尖叶木樨榄景观

● 尖叶木樨榄的枝叶

● 博士后公寓171栋北侧区域尖叶木樨榄景观

● 广寒宫前面道路两侧金桂景观

● 金桂的花 　● 金桂的果实

金桂

学名：*Osmamthus fragrans* var. *thunbergii* Makino
别名：月桂、木樨
科属：木樨科木樨属

简介　常绿灌木或小乔木。叶对生，多呈椭圆或长椭圆形，叶面光滑，革质，叶边缘有锯齿。花簇生，花冠分裂至基部。花朵为金黄色，气味较丹桂更淡一些。花期9~10月，果期次年3~4月。

原产于我国西南喜马拉雅山东段，印度、尼泊尔、柬埔寨也有分布。我国四川、陕西、云南、广西、广东、湖南、湖北、江西、河南等地均有野生金桂生长，现广泛栽种于淮河流域及其以南地区，其适生区北可抵黄河下游，南可至两广、海南等地。金桂喜温暖湿润的气候，耐高温而不甚耐寒，对土壤的要求不太严。叶茂而常绿，树龄长久，秋季开花，芳香四溢，是我国特产的观赏花木和芳香树种。其在园林中应用普遍，常作园景树，有孤植、对植，也有成丛成林栽种。金桂花味香，持久，可制糕点、糖果，并可酿酒。

金桂花可入药，有化痰、止咳、生津、止牙痛等功效。

植物文化　金桂的花语是美好、吉祥，寓意着美好的友谊。传统园林配置中自古就有"两桂当庭""双桂留芳"的说法，也常把玉兰、海棠、牡丹、桂花4种传统名花同植庭前，以取"玉、堂、富、贵"之谐音，喻吉祥之意。

观赏地点　康乐园中种植的金桂数量不是很多，目前仅见在广寒宫前面道路两侧种植十几棵，楼前西北边和东北边沿线区域种植十几棵。此外，西区新建怡乐路教师公寓中心花园区域还种植了1棵独杆金桂，是校园非常珍贵的芳香类灌木植物资源。

● 西区新建怡乐路教师公寓中心花园金桂景观

● 304栋东南区毛茉莉景观

● 毛茉莉的枝叶

● 毛茉莉的花

毛茉莉

学名：*Jasminum multiflorum* (Burm. f.) Andr.
别名：毛萼素馨、多花素馨
科属：木樨科素馨属

简介 攀缘类灌木。小枝细长，弯曲，圆柱形，密被黄褐色绒毛，后渐脱落。叶对生或近对生，单叶，叶片纸质，卵形或心形，先端渐尖、锐尖或钝，基部心形或截形，上面光滑或被短柔毛，下面疏被短柔毛至密被绒毛，叶脉有时在上面凹入，下面凸起。头状花序或密集呈圆锥状聚伞花序，顶生或腋生，密被黄褐色绒毛。花芳香，花冠白色，高脚碟状。果椭圆形，呈褐色。花期10月至翌年4月。

分布于印度、东南亚以及我国各地，世界各地广泛栽培。喜温暖、阳光充足的环境和疏松、肥沃的土壤，喜肥，畏寒。毛茉莉清香四溢，能够提取茉莉油。茉莉油是制造香精的原料，身价很高，相当于黄金的价格。毛茉莉叶色翠绿，花色洁白，花香浓厚，为常见庭园及盆栽观赏芳香类花卉。

毛茉莉全株可入药，具有理气和中、开郁辟秽之功效。

植物文化 希腊首都雅典被称为毛茉莉城。菲律宾、印度尼西亚、巴基斯坦、巴拉圭、突尼斯和泰国等国家都把茉莉和毛茉莉、大花茉莉等列为国花。泰国人把它当作母亲的象征。在花季，菲律宾到处可见洁白的茉莉花海，整个菲律宾都散发着浓浓的花香。

观赏地点 毛茉莉在康乐园中仅见康乐路304栋东南区草坪区域种植2棵。

茉莉花

学名：*Jasminum sambac* (L.) Aiton
别名：茉莉
科属：木樨科素馨属

● 茉莉花的花

简介　直立或攀缘灌木。小枝圆柱形或稍压扁状，有时中空，疏被柔毛。叶对生，单叶，叶片纸质，圆形、椭圆形、卵状椭圆形或倒卵形，两端圆或钝，基部有时微心形，叶脉在上面稍凹入或凹起，下面凸起，细脉在两面常明显，微凸起，除下面脉腋间常具簇毛外，其余无毛。聚伞花序顶生，通常有花3朵，有时单花或多达5朵。花极芳香。花冠白色，裂片长圆形至近圆形，先端圆或钝。果球形，呈紫黑色。花期5～8月，果期7～9月。

茉莉花原产于我国江南地区以及西部地区，现广泛栽植于亚热带地区。其性喜温暖湿润，在通风良好、半阴的环境生长最好。土壤以含有大量腐殖质的微酸性沙质土壤为最适合。大多数品种畏寒、畏旱，不耐霜冻、湿涝和碱土。

茉莉花的花、叶和根都可药用。一般秋后挖根，切片晒干备用。夏秋采花，晒干备用。具有清热解毒、利湿之功用。

植物文化　茉莉花的花语是你是我的。

观赏地点　茉莉花在康乐园中的种植数量不多，目前仅见343栋中大出版社办公楼东南侧、冼为坚堂内庭小花园以及西区住宅楼655栋南侧、689栋北侧等区域有少量种植。

● 茉莉花的植株

● 冼为坚堂内庭小花园茉莉花景观

● 343栋中大出版社办公楼东南侧区域茉莉花景观

山指甲

学名：*Ligustrum sinense* Lour.
别名：山紫甲树、小蜡树、水黄杨
科属：木樨科女贞属

● 山指甲的花

简介 半常绿灌木或小乔木。小枝开展，密被黄色短柔毛。叶对生，纸质或薄革质，卵形、长圆形或披针形。聚伞花序排列成圆锥状花序，花多，细小，芳香。花冠漏斗形，白色。花瓣4枚，花两性。核果近球形，熟时紫黑色。花期3～6月，果期9～12月。

原产于我国江苏、浙江、安徽、江西、福建、台湾、湖北、湖南、广东、广西、贵州、四川、云南等地。对土壤湿度较敏感，在干燥瘠薄地生长会发育不良。耐修剪，生长慢。对有害气体抗性强，可作厂矿区绿化用。宜作绿篱、绿墙和隐蔽遮挡的绿屏，也可整形成长、方、圆等各种几何图形点缀于绿化区。其果实可酿酒，种子可制肥皂，茎皮纤维可制人造棉。

山指甲可入药，有抗感染、止咳等药用价值。

植物文化 山指甲的花语是别碰我。

观赏地点 山指甲曾是康乐园绿化景观中应用最广泛的灌木，但近年来随着校园建设其分布数量逐年锐减，目前仅见在312栋东北角区域种植1棵，316栋伦敦会屋南侧区域种植10棵，317栋西南角和西北角各种植1棵，318栋东侧种植1棵。此外，在西区的部分楼宇周边也有零星分布。

● 317栋西北角山指甲景观

● 山指甲的果实

● 312栋东北角区域山指甲景观

● 校医院东侧区域四季桂景观

四季桂

学名：*Osmanthus fragrans* var. semperflorens
别名：月月桂
科属：木樨科木樨属

● 四季桂的果实

● 四季桂的花

简介 常绿小乔木或灌木。树皮黑褐色。小枝圆柱形，具纵向细条纹，幼嫩部分略被微柔毛或近无毛。叶互生，长圆形或长圆状披针形，先端锐尖或渐尖，基部楔形，边缘细波状，革质，上面暗绿色，下面稍淡，两面无毛。花为雌雄异株。伞形花序腋生，1~3个成簇状或短总状排列。花黄白色或淡白色，一年开花数次，但仍以秋季为主。果卵珠形，熟时暗紫色。花期3~5月，果期6~9月。

原产于地中海一带，我国南方地区大部分省市均有引种栽培。适宜在温暖湿润、阳光充足的地方生长，所种的土壤要求肥沃、疏松、略带酸性和排灌良好。四季桂是桂花的一个优良品种，四季开花，四季飘香，常植于园林内、道路两侧、草坪和院落等地，是机关单位、学校、军队、企事业单位、街道和家庭的最佳绿化树种。

四季桂的花可入药，可治痰饮喘咳、肠风血痢、疝瘕等。

植物文化 四季桂的花语是永伴佳人、香飘万里、誉满天下，寓意崇高、美好、吉祥的收获。

观赏地点 康乐园中种植的各类四季桂共有800多株，分布在各个区域。尤其是岭南三堂周边、图书馆周边、模范村区域、校医院周边、266栋数学楼周边、松园湖周边、熊德龙活动中心庭院及周边、康乐路沿线等区域，都有四季桂成片种植。每逢开花季节，整个校园桂香四溢、朝气满满。它们是校园主要的芳香类灌木植物资源。

● 266栋数学楼前四季桂景观

十七、木兰科

● 含笑的花

含笑

学名：*Michelia figo* (Lour.) Spreng
别名：含笑美、含笑梅、山节子、白兰花、唐黄心树
科属：木兰科含笑属

● 含笑灌木球景观

简介 常绿灌木。树皮灰褐色，分枝繁密。芽、嫩枝、叶柄、花梗均密被黄褐色绒毛。叶革质，狭椭圆形或倒卵状椭圆形，上面有光泽，无毛，下面中脉上留有褐色平伏毛。花直立，淡黄色而边缘有时呈红色或紫色，具甜浓的芳香，聚合果。花期3~5月，果期7~8月。

原产于我国华南南部各省区，广东鼎湖山有野生，现广植于我国各地。喜肥，性喜半阴，不甚耐寒。以盆栽为主，庭园造景次之。园艺用途主要是栽植小型含笑花灌木，作为庭园中供观赏暨散发香气之植物。

含笑可入药，具有凉血解毒、护肤养颜、安神解郁的药用价值。

植物文化 含笑的花语是矜持、含蓄、美丽、庄重、纯洁、高洁、端庄。含笑是我国福建永安的市花。

观赏地点 康乐园中种植有110多棵含笑，其中学生宿舍105栋东边内庭院、241栋东南区沿线、校医院护养院西南区、测试大楼东南区、386栋内庭花园、马岗顶网球场北侧围网沿线、冼为坚堂内庭小花园以及西区新建怡乐路教师公寓楼群周边的景观最佳，是校园优良的芳香类灌木植物资源。

● 马岗顶网球场北侧围网沿线含笑景观

● 学生宿舍105栋东边内庭院含笑景观

夜香木兰

学名：*Magnolia coco* (Lour.) DC.
别名：夜合花、夜荷花
科属：木兰科木兰属

● 夜香木兰的花　　● 夜香木兰的聚合果

简介　常绿灌木或小乔木，全株无毛。树皮灰色，小枝绿色。叶片革质，椭圆形，先端长渐尖，基部楔形，上面深绿色有光泽，边缘稍反卷，托叶痕达叶柄顶端。花梗向下弯垂，具苞片脱落痕。花圆球形，花被片肉质，倒卵形，内两轮纯白色，花丝白色，雌蕊群绿色，卵形。聚合果，蓇葖近木质。种子卵圆形。花期夏季，在广州地区可全年持续开花，果期秋季。

原产于我国南部。目前在我国南方地区的园林有大量栽培。喜温暖湿润和阳光充足的环境，对气候和土壤适应性强，耐阴，好肥。夜香木兰除作为花卉培植外，还可以作为庭园绿植或行道树；另外，由于其树姿优美，开出的花有淡淡的香味，还常常被人们以盆栽的形式来点缀居室。其木材可以用来制作家具，种子可以用来榨油。

夜香木兰的树皮及花均可入药，有安神、活血、止痛之功效。

植物文化　夜香木兰的花语为合欢，代表婚姻美满的美好祝愿。

观赏地点　夜香木兰在康乐园中的种植数量不是很多，目前仅见在冼为坚堂内庭小花园种植1棵、曾宪梓堂南院北边区域种植2棵、紫荆园宾馆内庭院花槽种植14棵，是非常素雅的芳香类灌木植物资源，以其独特的芳香气息和优美的形态为康乐园的校园景观增添了一份别样的魅力。

● 冼为坚堂内庭小花园夜香木兰景观

● 紫荆园宾馆内庭院花槽夜香木兰景观

十八、茜草科

白蝉

学名：*Gardenia jasminoides* Ellis
别名：重瓣栀子花、黄栀子、山栀、白蟾、水横枝、红枝子
科属：茜草科栀子属

● 白蝉的花

● 白蝉灌木球景观

简介 常绿灌木，为栀子花的一个栽培变种。幼枝绿色，有垢状毛。叶革质，叶对生或两叶轮生，叶片长椭圆形或倒卵形，全缘，顶端圆，叶面暗绿色而有光泽。花型较大，为重瓣，白色，芳香，单生。果实黄色，革质或肉质，卵圆形或圆柱形。花期5~7月，果期9~11月。

原产于我国南部，广东、广西等省区园林栽培较普遍。白蝉性喜温暖湿润的环境和肥沃、疏松的酸性土壤，十分好肥。它与栀子花的区别主要是花大而重瓣，不结果，叶端圆，萌发力强，耐修剪，地栽丛植或孤植都可修剪成圆球形，而带状种植可修剪成大花绿篱。

白蝉可入药，具有治疗产后腹痛之功效。

植物文化 白蝉的花语是坚强，永恒的爱，一生的守候。

观赏地点 在康乐园内以灌木球形式种植的白蝉数量就达120多棵，同时，在博士后公寓楼群区域也有少量以绿篱形式造景。其中，校医院东侧、中文堂南侧、测试大楼南边、486栋南侧以及马岗顶部分古建筑周边等区域的景观最佳。每逢花季，洁白芳香的白蝉就为校园平添一份高贵雅致。

● 测试大楼南侧区域白蝉灌木球景观

● 170栋南边白蝉绿篱景观

粉叶金花

学名：*Mussaenda* 'Alicia'
别名：粉萼花、粉纸扇、粉萼金花
科属：茜草科玉叶金花属

●中山楼西广场南侧绿化区粉叶金花景观

简介 常绿灌木，高可达3米。树冠广圆形、多分枝。叶对生，卵状披针形，纸质，全缘，先端渐尖，基部楔部。幼枝、幼叶均密被短柔毛。聚伞花序顶生，每一花序中有扩大的粉红色叶状萼片，萼片近圆形，花冠漏斗状，常被毛，裂片镊合状排列。雄蕊着生冠筒喉部，花丝极短。子房每室胚珠多数。浆果肉质，萼裂片宿存或脱落。种子小。5～11月开花。

原产于非洲、亚洲热带地区，我国近年来引种栽培。阳性植物，性喜高温，耐热，耐旱，忌长期积水或排水不良。喜光照充足，荫蔽处生育开花不良。栽培土质不拘，以排水良好的土壤或沙质壤土为佳。粉叶金花夏秋花姿美丽，花期长，适于大型盆栽或种植在花槽、庭院、校园、公园等处，可单植、列植或群植。

粉叶金花可入药，具有清热解毒、去湿、止咳之功效。

植物文化 粉叶金花的花语是长命百岁、福寿吉庆。种于庭院屋前，粉红的梦幻里，带着福寿安康的寓意，能给生活和学习于其中的人们带来好运气和吉祥。

观赏地点 康乐园中目前仅在中山楼西广场的绿化区有少量粉叶金花以绿篱形式造景。其花期非常长，粉红色的叶状萼片和星踏粉霞般灵动的金黄色花朵互相辉映，非常艳丽诱人，为校园平添了一份特别的雅致和韵味。

●中山楼西广场东北侧绿化区粉叶金花景观

●粉叶金花的花

●粉叶金花的叶

龙船花

学名： *Ixora chinensis* Lam.
别名： 英丹、仙丹花、百日红、卖子木、山丹
科属： 茜草科龙船花属

● 梁銶琚堂南侧小花园龙船花绿篱景观

简介 常绿灌木。植株低矮，株形美观，开花密集，花色丰富，有红、橙、黄、白、双色等，是重要的盆栽木本花卉。在我国广西南部，人们习惯称它为水绣球。龙船花花期较长，每年3～12月均可开花。果近球形，双生，成熟时红黑色。

原产于我国南部地区和马来西亚，主要分布于我国福建、广东、香港、广西、海南。较适合生长于高温及日照充足的环境，喜湿润炎热的气候，不耐低温。喜酸性土壤。龙船花在园林中的用途很多，少量品种可用于切花，多数品种适合盆栽，应用于场所布景及窗台、阳台、各种客室的摆设，室外园林中广泛应用于造景，孤植、丛植、列植、片植都各有特色，也可用于构建绿篱。

龙船花的花可入药，有散瘀止血、调经、降压之功效。

植物文化 龙船花的花语是争先恐后、健康吉祥，寓意积极的心态。它是缅甸的国花。

观赏地点 龙船花在康乐园的种植主要分布在逸仙大道南段道路两侧、中区岭南喷泉周边、269栋锡昌堂周边、550栋北侧、中文堂西侧、岭南三堂北侧以及梁銶琚堂南侧小花园等区域。每年开花季节，花朵红艳夺目，花形独特，使得整个校园的景观更加丰富多彩。

● 锡昌堂周边龙船花绿篱景观

● 龙船花的花

● 龙船花的果实

山石榴

学名：*Catunaregam spinosa* (Thunb.) Tirveng.
别名：刺榴、猪头果、假石榴、刺子
科属：茜草科山石榴属

● 山石榴的花

● 山石榴的果实

简介 有刺灌木或小乔木，有时攀缘状。多分枝，枝粗壮，嫩枝有时有疏毛。刺腋生，对生，粗壮。叶纸质或近革质，对生或簇生于抑发的侧生短枝上，倒卵形或长圆状倒卵形，顶端钝或短尖，基部楔形或下延，两面无毛或有糙伏毛。花单生或2~3朵簇生于具叶、抑发的侧生短枝的顶部。花冠初时白色，后变为淡黄色。钟状，外面密被绢毛，冠管较阔，喉部有疏长柔毛，花冠裂片5，卵形或卵状长圆形，广展，顶端圆。浆果大，球形，无毛或有疏柔毛，顶冠以宿存的萼裂片，果皮常厚。种子多数。花期3~6月，果期5月至翌年1月。

产于我国广东、香港、澳门、广西、海南、云南等地。既可用作庭院造景植物，也可栽植作绿篱。木材致密坚硬，可作农具、手杖及雕刻之用。

山石榴的根、叶、果均可入药。根可利尿、驳骨、祛风湿；叶可止血；果用于治疗脓肿、溃疡、肿瘤、皮肤病、痔疮、发疹、风湿、支气管炎等症。

观赏地点 山石榴在康乐园的种植数量不是很多，目前仅见在马岗顶338栋古建筑东南角区域种植5棵，丰富了校园观赏类灌木植物资源。

● 338栋古建筑东南角区域山石榴景观

● 604栋西侧区域希美莉景观

● 318栋西侧区域希美莉景观

希美莉

学名：*Hamelia patens*
别名：醉姣花、长葛木、希美丽
科属：茜草科长隔木属

● 希美莉的果实

简介 常绿灌木。分枝能力强，树冠广圆形。茎粗壮，红色至黑褐色。叶4枚轮生，长披针形，纸质，腹面深绿色，背面灰绿色，叶面较粗糙，全缘。幼枝、幼叶及花梗均被短柔毛，淡紫红色。聚伞圆锥花序，顶生，橘红色。花期几乎全年。全株具白色乳汁。

原产于热带美洲，近年来在我国南方地区的园林绿化中广泛应用。喜高温高湿、阳光充足的气候条件，喜土层深厚、肥沃的酸性土壤，耐荫蔽，耐干旱，忌瘠薄，畏寒冷。希美莉成形快，树冠优美，花、叶俱佳，主要用于园林配植，亦可盆栽观赏。

植物文化 希美莉的花语是厮守、长久。

观赏地点 希美莉在康乐园的种植数量非常稀少，目前仅见在318栋西侧区域、马文辉堂西南侧区域以及西区604栋西侧区域各有1棵种植。

● 希美莉的花

● 小叶龙船花的叶

● 小叶龙船花的花

小叶龙船花

学名：*Ixora coccinea* 'Xiaoye'
别名：橙红龙船花、黄花龙船花
科属：茜草科龙船花属

简介 常绿灌木或小乔木，高可达3～4米。叶长椭圆形，长7～13厘米，叶片狭长，硬纸质，叶基心形至楔形，叶先端圆，有时段突尖或短急尖。聚伞花序稠密，橙红色。核果球形或略呈压扁形。

原产于印度、斯里兰卡、中南半岛，热带地区广泛栽培。我国广东有引种栽培。其性喜温暖，耐寒性较差，生长适宜温度为22～32℃。较耐阴，喜湿。

小叶龙船花为典型的热带性观花灌木，与其他叶色、花色艳丽多彩的热带观花灌木及常绿树种合理搭配可营造南亚热带地区特有的季相和复层植物景观。也可与中国岭南特色的园林建筑、水体、山石等要素结合起来造景。

小叶龙船花的花可入药，有散瘀止血、调经、降压之功效。

植物文化 小叶龙船花的花语是争先恐后、健康吉祥，寓意着积极的心态。

观赏地点 小叶龙船花在南校园的种植数量不是很多，目前除中东区510栋北侧沿线、415栋旧生物楼南侧凤凰木树池等区域有数十平方米的种植外，西区新建怡乐路教师公寓各楼群周边还有300多平方米的种植，是校园绿篱造景的优良灌木资源。

● 旧生物楼南侧凤凰木树池小叶龙船花景观

● 西区教师公寓G栋周边小叶龙船花绿篱景观

● 英东体育馆北门口两侧花槽栀子花景观

栀子花

学名：*Gardenia jasminoides*
别名：鲜栀、栀子、越桃、支子花、玉荷花、白蟾花、碗栀
科属：茜草科栀子属

● 栀子花的花

● 栀子花的果实

● 栀子花的叶

简介 常绿灌木。枝叶繁茂，叶色四季常绿，花芳香。单叶对生或3叶轮生，叶片倒卵形，革质，翠绿有光泽。浆果卵形，黄色或橙色。花期较长，从5、6月连续开花至8月，果熟期10月。

原产于我国，目前全国大部分地区有栽培。喜光，也能耐阴，在庇荫条件下叶色浓绿，但开花稍差。喜温暖湿润气候，耐热也稍耐寒。喜肥沃、排水良好、酸性的轻黏壤土，也耐干旱瘠薄，但植株易衰老。抗二氧化硫能力较强。萌蘖力、萌芽力均强，耐修剪更新。是优良的芳香花卉和重要的庭院观赏植物。果皮可制黄色染料。木材坚硬细致，为雕刻良材。

栀子花的花、果实、叶和根均可入药，有泻火除烦、清热利尿、凉血解毒之功效。此外，花还可用作茶之香料。

植物文化 栀子花的花语是坚强、永恒的爱、一生的守候。栀子花是我国浙江温州、四川内江、河南唐河、湖南岳阳和常德的市花。

观赏地点 康乐园中目前仅见在英东体育馆北门口两侧的花槽区域各种植1棵栀子花，花开洁白如雪，观赏性极佳。

十九、千屈菜科

萼距花

学名: *Cuphea hookeriana* Walp.
别名: 满天星、细叶雪茄花
科属: 千屈菜科萼距花属

● 萼距花的花

● 萼距花的植株

简介 常绿草本类小灌木。植株矮小，茎直立，分枝多而细密。对生叶小，线状披针形，翠绿。花小而多，盛花时布满花坛，状似繁星，故又名满天星。花单生叶腋，结构特别，花萼延伸为花冠状，高脚碟状，具5齿，齿间具退化的花瓣，花紫色、淡紫色、白色。花后结实似雪茄，形小呈绿色，不明显，以观花为主。

原产于墨西哥和中南美洲，我国华南地区早年引种栽培。耐热喜高温，不耐寒。喜光，也能耐半阴，在全日照、半日照条件下均能正常生长。喜排水良好的沙质土壤。萼距花四季开花不断，是建植花坛、花径、绿篱等的优良植物，也可作盆花和切花。

植物文化 萼距花的花语是思念、浪漫和喜悦。

观赏地点 萼距花曾是康乐园非常重要的一类绿篱类造景植物，尤以中区大草坪岭南喷泉周边的景观最有代表性。但近年来受校园各类基建工程以及苗木市场的影响，该品种在南校园中东区逐渐减少。目前中东区仅在415栋旧生物楼达尔文雕塑区域和学人馆周边有少量分布，所幸在西区新建怡乐路教师公寓楼群周边还有300多平方米的种植，让这一优良的观花类小灌木还可继续供师生观赏。

● 西区新建教师公寓C栋楼前萼距花景观

● 西区新建教师公寓F栋楼前萼距花景观

二十、蔷薇科

玫瑰

学名：*Rosa rugosa*
别名：徘徊花、刺玫花
科属：蔷薇科蔷薇属

● 红玫瑰的花

简介 落叶灌木。枝杆多针刺。奇数羽状复叶，椭圆形，有边刺。花单生于叶腋，或数朵簇生，苞片卵形，边缘有腺毛，外被绒毛。花瓣倒卵形，重瓣至半重瓣，花色较多。果扁球形，砖红色。

原产于我国华北以及日本、朝鲜，现我国各地均有栽培。喜光，耐寒，耐旱，喜排水良好、疏松、肥沃的壤土或轻壤土，在黏壤土中生长不良，开花不佳。玫瑰是城市绿化和园林的理想花木，适用作花篱。花期玫瑰可分泌植物杀菌素，杀死空气中大量的病原菌，有益于人们身体健康。

● 玫瑰的叶

● 343栋东南侧区域玫瑰景观

玫瑰初开的花朵及根可入药，有理气、活血、收敛等作用。玫瑰果的果肉可制成果酱，具有特殊风味，可预防急、慢性传染病，冠心病，肝病和阻止产生致癌物质等。

植物文化 玫瑰的花语是爱情。不同颜色的玫瑰还另有寓意。如红玫瑰代表热情真爱，黄玫瑰代表珍重祝福和嫉妒失恋，紫玫瑰代表浪漫真情和珍贵独特，白玫瑰代表纯洁天真，黑玫瑰则代表温柔真心，橘红色玫瑰代表友情和青春美丽，蓝玫瑰则代表敦厚善良，等等。玫瑰是我国奎屯、佛山、拉萨、兰州、银川、西宁、乌鲁木齐、沈阳、佳木斯等城市的市花。

观赏地点 玫瑰在康乐园的种植面积不大，目前仅见图书馆西北侧的部分花槽、332栋惠师礼屋东侧以及343栋东南侧区域有少量种植，此外，校园部分单位和西区的一些楼宇周围小花园或阳台还有少量盆栽。

● 图书馆西北侧花槽玫瑰景观

二十一、茄科

水茄

学名：*Solanum torvum* Swartz
别名：刺茄、山颠茄、金纽扣、鸭卡
科属：茄科茄属

● 水茄的花

简介 灌木，高可达3米。叶单生或双生，叶片卵形至椭圆形，先端尖，基部心脏形或楔形，两边不相等，裂片通常上面绿色，毛被较下面薄，下面灰绿。伞房花序腋外生，毛被厚，花白色。萼杯状，不孕花的花柱短于花药，能孕花的花柱较长于花药，柱头截形。浆果黄色，光滑无毛，圆球形，种子盘状。全年均开花结果。

原产于美洲加勒比地区，现广布世界各热带地区。我国云南、广西、广东、台湾等地都有分布。其喜生长于热带地方的路旁、荒地、灌木丛中、沟谷及村庄附近等潮湿地方，是一种可用于立体绿化的优良灌木种类。

水茄以根入药，具有散瘀、通经、消肿、止痛、止咳之功效。

植物文化 水茄的花语是恋爱的感觉，勾魂摄魄的冶艳诱惑。

观赏地点 水茄在康乐园的分布非常稀少，目前仅见在竹园荫棚东侧区域有1棵种植。

● 水茄的叶

● 竹园荫棚东侧区域水茄景观

● 水茄的果

● 图书馆西北边花槽中鸳鸯茉莉景观

● 鸳鸯茉莉的花

● 鸳鸯茉莉的枝叶

鸳鸯茉莉

学名：*Brunfelsia latifolia* Benth.
别名：番茉莉、二色茉莉
科属：茄科鸳鸯茉莉属

简介 常绿矮灌木。单叶互生。花大多单生，少有数朵聚生。花冠呈高脚碟状，有浅裂。花期4~10月，单花开放5天左右。花朵初开为蓝紫色，渐变为雪青色，最后变为白色。由于花开有先后，在同株上能同时见到蓝紫色和白色的花，故又叫双色茉莉。

在我国原产于江南地区以及西部地区，现各地均有引种栽培。性喜温暖湿润、光照充足的气候条件。其耐寒性不强，喜半阴、通风的环境。耐干旱，不耐涝，不耐瘠薄。鸳鸯茉莉花色艳丽且具芳香，适宜在园林绿地中种植，既可成片种植形成花境，也可以在花槽等区域种植形成绿篱，或孤植、散植成景。也可置于盆栽观赏。

植物文化 鸳鸯茉莉的一个花语是爱我，另一个花语是见异思迁。

观赏地点 鸳鸯茉莉在康乐园的种植以图书馆西侧边坡和西北边花槽中的绿篱景观最佳。此外，在386栋庭院小花园和488栋南边绿化区还有少量以小灌木球方式种植造景。每逢花期，娇艳的双色花为校园增添了一份妩媚与浪漫。

● 488栋南边绿化区鸳鸯茉莉景观

二十二、桑科

花叶榕

学名：*Ficus benjamina* 'Variegata'
别名：斑叶垂榕
科属：桑科榕属

 花叶榕的叶　 花叶榕灌木球景观

简介　常绿灌木或小乔木。分枝较多，小枝弯垂状。叶互生，阔椭圆形，革质光亮，全缘，淡绿色，叶脉及叶缘具不规则的黄色斑块，叶端具乳白色斑，叶柄长，托叶披针形。全株具乳汁。

原产于印度、马来西亚等亚洲热带地区，我国早年引种栽培。喜光，耐半阴，喜高温多湿，冬季须在温暖多湿处越冬。喜排水良好、肥沃的沙土壤。可独放迎宾室或置于绿叶丛中观赏，也可用于庭院中，协调红花绿叶造景，有意想不到的景观效果。

植物文化　花叶榕的花语是友善亲和。

观赏地点　康乐园中花叶榕的种植数量非常稀少，目前仅见在曾宪梓堂南院门前两侧各种植1棵、169栋南侧区域种植2棵、170栋南侧区域种植6棵、171栋南侧区域种植4棵，其特有的色斑和造型使其具有非常高的观赏性，成为校园景观中一道道靓丽的风景线。

● 170栋南侧区域花叶榕景观

● 曾宪梓堂南院门前花叶榕景观

● 黄金榕的叶

黄金榕

学名：*Ficus microcarpa* 'Golden Leaves'
别名：黄心榕、金叶榕、黄榕
科属：桑科榕属

● 逸仙大道学人馆东侧路段黄金榕绿篱景观

简介 常绿灌木或小乔木，树干多分枝。单叶互生，叶形为椭圆形或倒卵形，全缘，叶表光滑，叶缘整齐，叶有光泽，嫩叶呈金黄色，老叶则为深绿色。球形的隐头花序，其中有雄花及雌花聚生。果实球形，熟时为红色，扁球形。

分布于亚洲的热带、亚热带地区。我国广东、广西、海南、云南等地均有分布和栽培。喜光，喜温暖而湿润的气候。较耐寒，易生出气根。适应性强，长势旺盛，容易造型，病虫害少，一般土壤均可栽培。黄金榕既可作行道树、园景树、绿篱树或修剪造型，也可构成图案、文字。在庭园、校园、公园等可单植、列植、群植。

黄金榕的气根有祛风清热、活血解毒的功效，叶有清热利湿、活血散瘀的功效，树皮有治泄泻、疥癣、痔疮的功效，果实可用于治疗臁疮，树胶汁可用于治疗目翳、目赤、瘰疬、牛皮癣等。

植物文化 黄金榕的花语是回忆、友善、和蔼可亲。

观赏地点 康乐园中黄金榕的种植数量比较多，是校园的主要景观灌木植物资源。据初步统计，仅灌木球的种植数量就达600多棵，校园大建筑物周边基本都有零星种植。其中以学生宿舍119栋、135~138栋、180~181栋、351~356栋等周边，104栋艺术学院楼，第三教学楼，415栋旧生物楼北侧以及模范村古建筑周边等区域的景观最佳。此外，在学人馆东侧以及园北湖周边等区域也有一些黄金榕以绿篱形式造景。

● 137栋西侧沿线黄金榕灌木球景观

● 模范村322栋北侧区域黄金榕灌木球景观

金钱榕

学名：*Ficus microcarpa* 'Crassifolia'
别名：圆叶橡皮树
科属：桑科榕属

● 金钱榕的叶

简介 常绿小灌木，多分枝。树皮光滑，有白色乳汁。叶广倒卵形，广圆头，革质，有光泽。叶面浓绿色，叶背淡黄色，叶缘有暗色腺体。幼芽红色，具苞片。隐头花序球形至洋梨状，单生，成熟后黄色或略带红色。

原产于印度和马来西亚，在我国广泛栽培。金钱榕喜温暖湿润环境，需充足阳光，较耐寒，也耐阴，土壤要求肥沃、排水良好。金钱榕是近年引进选育的观赏性极高的一个园林灌木品种，其叶色翠绿，叶片形似铜钱，具有独特的观赏性，是目前园林市场上最流行畅销的观赏植物品种之一，既可以作优良的盆栽植物，也可作园景树、绿篱树或造型灌木，在庭园、校园、公园等可单植、列植、群植，景观极佳。

● 278栋南侧区域金钱榕景观

● 紫荆园宾馆西边围墙沿线金钱榕景观

植物文化 金钱榕因其叶子翠绿厚实且富有光亮，整个叶片呈椭圆形，犹如一串串的铜钱，视觉效果非常养眼，同时因其名带"金钱"二字，常被应用，寓意着财运滚滚、财源广进等。

观赏地点 康乐园中金钱榕的分布不是很多，主要以造型灌木球的形式种植。其中，图书馆东边围墙区域、紫荆园宾馆西边围墙沿线和西北边小花园、博士后公寓171栋周边以及278栋南侧区域种植的金钱榕景观最佳。

● 图书馆东边绿化区
  金钱榕景观

柳叶榕

学名：*Ficus celebensis* Corner
别名：长叶榕、亚里塔榕、亚里垂榕
科属：桑科榕属

英东体育馆南边围墙花槽柳叶榕景观

简介 常绿灌木或小乔木。叶革质，互生，较小，长披针状，全缘，先端尖，薄革质，秃净光亮。小枝微下垂，枝条浓密，具气根，皮孔明显，树冠广阔，遮阴效果极佳，为华南风光代表树种之一。柳叶榕的果球形，熟后黑色。花果期4～8月。

产于亚洲的热带、亚热带地区。我国广东、广西、海南、云南等省有分布和栽培。柳叶榕喜光，但应避免强光直射。适应性强，长势旺盛，容易造型。病虫害少，一般土壤均可栽培。能适应多种土壤，沙土、黏土、酸性土及钙质土均宜。较喜肥，耐水湿。柳叶榕老蔸可修整成古老苍劲的桩景，是园艺造景中用途最多的树种之一。它也是园林绿化的优良绿篱植物，宜作行道树在森林公园等处种植，景观极佳。

观赏地点 康乐园中柳叶榕的种植数量不是很多，目前仅见在园南路西段围墙一带、612栋北边区域、英东体育馆南边围墙花槽、312栋周边、550栋西侧、东区博士后公寓169栋东边围墙一带以及171栋东边区域有少量种植。其中，除171栋东边区域的6棵柳叶榕呈灌木球形式种植外，其他各区域都是以绿篱方式种植成景。

博士后公寓东边围墙一带柳叶榕绿篱景观

柳叶榕的叶

171栋东边区域柳叶榕灌木球景观

● 曾宪梓堂南院东北角区域无花果景观

● 117栋学生宿舍楼西南角无花果景观

无花果

学名：*Ficus carica* L.
别名：阿驵、阿驿、映日果、优昙钵、蜜果、文仙果、奶浆果、品仙果
科属：桑科榕属

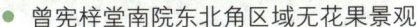
● 无花果的果实

简介 落叶灌木。树皮灰褐色，皮孔明显。多分枝，小枝直立，粗壮。叶互生，厚纸质，广卵圆形，表面粗糙，背面密生细小钟乳体及灰色短柔毛，基部浅心形。雌雄异株，雄花和瘿花同生于一榕果内壁。榕果单生叶腋，大而梨形，顶部下陷，成熟时紫红或黄色，卵形。瘦果透镜状。花果期5~7月。

原产于地中海沿岸，唐代即从波斯传入我国，现南北均有栽培，新疆南部尤多。喜温暖湿润气候，耐瘠，抗旱，不耐寒，不耐涝。以向阳、土层深厚、疏松、肥沃、排水良好的沙质壤土或黏质壤土栽培为宜。无花果枝繁叶茂，树态优雅，具有较好的观赏价值，是良好的园林及庭院绿化观赏树种。无花果的果实除鲜食、药用外，还可加工制果脯、果酱、果汁、果茶、果酒、饮料、罐头等。

无花果具有健胃清肠、消肿解毒之功效。

植物文化 无花果其实是有花的，只是我们看不见。囊状肥大的总花托将雄花、雌花等藏在花托里面，尽可能地省下有限的营养去孕育新的生命。无花果将花和果融为一体，含蓄、内敛、低调、默默奉献，有着专属于自己的美丽和意义。

观赏地点 康乐园目前仅种植有2棵无花果。其中1棵种植在曾宪梓堂南院东北角区域；1棵种植在117栋学生宿舍楼西南角区域，与另一树共生一池形成独有景观。

● 无花果的叶

二十三、山茶科

● 红茶花的花

● 白茶花的花

茶花

学名：*Camellia* sp.
别名：曼佗罗、山茶、山茶花、耐冬
科属：山茶科山茶属

简介 灌木或小乔木。叶革质，椭圆形，先端略尖，或急短尖而有钝尖头，基部阔楔形，上面深绿色，干后发亮，无毛，下面浅绿色，无毛。花顶生，无柄。蒴果圆球形。茶花培育品种繁多，花大多数为红色或淡红色，亦有白色，多为重瓣。花期较长，一般从10月始花，翌年5月终花，盛花期1~3月。

原产于我国西南，主要分布在四川、云南、广东等南方各省。南方园林多有栽培，北方则行温室盆栽。茶花品种大约有2000种，可分为3大类12个花型，目前我国茶花品种已有300个以上。茶花惧风喜阳，宜生长于地势高爽、空气流通、温暖湿润处。喜排水良好、疏松、肥沃的沙质壤土、黄土或腐殖土。茶花是园林绿化中非常优良的造景材料，在公园、住宅小区、城市广场、花坛和绿化带中，均可以组合其他植物应用。当茶花盛开时，满树灿烂，大有画龙点睛之意。

茶花有清肺平肝、凉血止血、散瘀消癥肿的药用价值。

植物文化 茶花的花语是谦让高洁、理想的爱、谨慎、美德、高洁孤傲。茶花是浙江金华、浙江温州、浙江宁波、江西景德镇、云南昆明、重庆等城市的市花，也是云南大理白族自治州的州花。

观赏地点 康乐园各区域中种植有40多棵茶花，主要分布在图书馆内庭花园、测试大楼门前花坛、锡昌堂周边、冼为坚堂内庭院、校医院护养院门口两侧、256栋西边以及629栋南边等区域，是校园比较宝贵的观叶观花类灌木植物资源。

● 冼为坚堂西边绿化区茶花景观

● 校医院东侧区域茶花景观

灌木类景观植物 **第一部分**

● 茶树的花

● 茶树的叶

● 茶树的果实

茶树

学名：*Camellia sinensis* (L.) O. Ktze.
别名：茶
科属：山茶科山茶属

简介 灌木或小乔木，嫩枝无毛。叶革质，长圆形或椭圆形，先端钝或尖锐，基部楔形，上面发亮，下面无毛或初时有柔毛，边缘有锯齿，无毛。花1～3朵腋生，白色，花瓣5～6片，阔卵形，基部略连合，背面无毛，有时有短柔毛。蒴果球形，种子棕褐色。花期8～12月，果期次年10～11月。

原产于我国，后来鉴真东渡，将茶叶传播至世界各地。茶树喜温暖湿润气候，喜光耐阴，适于在漫射光下生育，树龄可达一二百年，但经济年龄一般为40～50年。茶树的叶子可制茶（有别于油茶树），种子可以榨油。木材材质细密，可用于雕刻。

茶树的叶有非常好的药用价值，有止渴、清神、利尿、治咳、祛痰、明目、益思、除烦去腻、消炎解毒等功效。

植物文化 茶树的花语是健康幸福，你值得敬慕。在我国闽南、台湾等地区，茶树是缔结同心、至死不渝的象征。

观赏地点 康乐园中的茶树目前仅见在马岗顶332栋东侧区域有2棵，种植于2023年年初。此外，在竹园内也有少量种植，是校园比较宝贵的灌木植物资源。

● 332栋东侧区域茶树景观

杜鹃茶

学名：*Camellia changii* C.X.Ye
别名：杜鹃红山茶、四季茶、四季杜鹃红山茶、假大头茶、张氏红山茶
科属：山茶科山茶属

● 杜鹃茶的花

● 曾宪梓堂北院东北区蒲蛰龙雕塑后杜鹃茶景观

简介 常绿灌木。阴生或半阴生，株形紧凑，分枝密，嫩枝无毛，略显红色，老枝光滑，灰褐色。叶倒卵形、长倒卵形及倒心状披针形。叶上表面光亮碧绿，下表面浅绿色，均无毛。枝顶往下基本一腋一花，花艳红色或粉色，无花梗。花在枝上自下而上渐次开放，整个植株形成连续开花的现象。果为蒴果，呈卵球形、纺锤形或圆锥形，成熟时果皮由青色变成褐黑色或棕色，果实裂开。

分布于我国广东。为半阳性树种，较为耐阴、耐热、耐低温、耐旱，长势极快，是园林绿化中非常优良的造景材料，在城市绿地、公园和住宅小区等不同区域均可以组合在其他植物中应用。花开艳丽，观赏价值极高。

杜鹃茶有清肺平肝、凉血止血、散瘀消瘀肿的药用价值。

植物文化 杜鹃茶的分布地区极窄，只在广东阳春的鹅凰嶂境内有零星分布，已被《中国物种红色名录》列为极危（CR），有"植物大熊猫"之称。本种是我校已退休的生命科学学院叶创兴教授发现；同时为了纪念我国著名山茶科专家张宏达教授，在本种发表时将其命名为"张氏红山茶"。

观赏地点 康乐园中的杜鹃茶目前仅见在图书馆西北区的小花园区域种植12棵，曾宪梓堂北院蒲蛰龙雕塑后面种植2棵，十友堂西侧区域种植12棵，竹园内南侧区域种植数棵。每逢开花，其花色艳丽迷人，是校园非常宝贵的观叶观花类灌木资源。

● 杜鹃茶的叶

● 图书馆西北区小花园杜鹃茶景观

金花茶

学名：*Camellia petelotii* (Merrill) Sealy
别名：多瓣山茶、中东金花茶
科属：山茶科山茶属

简介 灌木，嫩枝无毛。叶革质，长圆形或披针形，或倒披针形，先端尾状渐尖，基部楔形，上面深绿色，发亮，无毛，下面浅绿色，无毛，有黑腺点。花黄色，腋生，单独。苞片5片，散生，阔卵形，宿存。蒴果扁三角球形，种子6~8粒。花期11~12月。

金花茶是一种古老的植物，全世界90%的野生金花茶仅分布于我国广西防城港十万大山的兰山支脉一带。金花茶喜温暖湿润气候，苗期喜荫蔽，进入花期后，颇喜透射阳光。对土壤要求不严，喜排水良好的酸性土壤，耐瘠薄，也喜肥。

● 冼为坚堂西边绿化区金花茶景观

● 金花茶的花

● 金花茶的植株

金花茶有降血糖、降血压、降血脂、降胆固醇之功效，对治疗糖尿病及其并发症有独特神奇的功效，起协同平衡调节作用。

植物文化 金花茶的花语是谦逊、理想的爱、美德、可爱。金花茶被誉为珍贵的"植物活化石"，属《濒危野生动植物种国际贸易公约》附录Ⅱ中的植物种，国外称之为"神奇的东方魔茶"，誉其为"植物界大熊猫""茶族皇后"，它也是我国国家一级保护植物之一。金花茶被广西防城港市确定为市花。

观赏地点 金花茶在康乐园的种植数量非常少，这一宝贵的灌木资源目前仅见冼为坚堂西边区域有1棵、图书馆内庭花园有4棵、十友堂西侧区域有6棵，竹园南边区域有几棵。

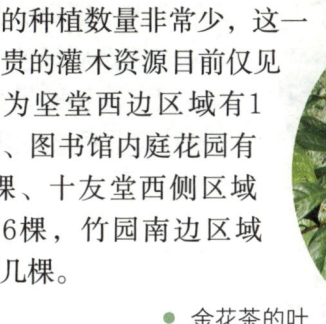
● 金花茶的叶

● 图书馆内庭花园金花茶景观

二十四、桃金娘科

红果仔

学名：*Eugenia uniflora* Linn.
别名：巴西红果、番樱桃、蒲红果、棱果蒲桃
科属：桃金娘科番樱桃属

● 红果仔的花

简介 灌木或小乔木，全株无毛。叶片纸质，先端渐尖或短尖，钝头，上面绿色发亮，下面颜色较浅，两面无毛，叶柄极短。花白色，稍芳香，单生或数朵聚生于叶腋，短于叶，萼片长椭圆形。浆果球形，有种子。春季开花。

原产于巴西。我国早年引入并在南方的园林绿化中有少量栽培。红果仔喜温暖湿润的环境，在阳光充足处和半阴处都能正常生长，不耐干旱，也不耐寒。生性极强健，对栽培土质选择性不严。红果仔树形优美，叶色浓绿，四季常青。果实形状奇特，色泽美观，味道鲜美，是观赏、食用两相宜的优良花木。

植物文化 红果仔的花语是成熟的喜悦。

观赏地点 红果仔在康乐园的种植数量不是很多，但景观效果极佳。主要分布在校医院东边区域、图书馆内庭花园、311栋何尔达屋西边、314栋原园林中心楼南侧、378栋南侧、文科楼南边、紫荆园内庭花园、571栋哲生堂南边、梁銶琚堂南侧小花园、第三教学楼西北侧、岭南三堂东南区、熊德龙活动中心东南角等区域，是校园难得一见的优良观叶观果类灌木植物资源。它们的果实成熟后颜色鲜艳、引人注目，为校园景观增添了一份独特的色彩与魅力。

● 第三教学楼西北侧区域红果仔景观

● 熊德龙活动中心东南角红果仔景观

● 红果仔的果实

红车

学名：*Syzyglum hancei* Merr et. Perry
别名：红鳞蒲桃
科属：桃金娘科蒲桃属

● 红车的花　　● 红车的叶

简介　常绿灌木或小乔木。株形丰满而茂密，在南方是应用较为普遍的彩叶植物。

叶片革质，椭圆形至狭椭圆形，先端急渐尖，基部阔楔形。聚伞花序腋生，或生于枝顶叶腋内。果实椭圆状卵形。花期6～8月。

分布于我国广东、福建、广西等地，为我国的特有植物。红车为阳性植物，比较耐高温，也耐寒，对定植园地的土质要求不严，对环境适应性强，较少发生病虫害。广泛用于城乡绿化，应用形式多种多样，除在园林绿化领域有广泛应用外，还可以造型出精美的盆栽苗木。

红车的叶可入药，有滋阴润燥、化痰止咳、清热解毒、消肿止痛等药用价值。

植物文化　红车的花语是富贵鸿运。

观赏地点　康乐园中红车的种植目前在中东区仅有30棵，其中冼为坚堂东南侧区域3棵、图书馆内庭花园1棵、外国语学院楼东边角1棵、305栋西南区5棵、激光楼南边1棵、东区博士后公寓169栋西南角3棵、170栋南侧4棵、171栋东侧8棵、171栋南侧4棵。此外，在西区新建怡乐路教师公寓楼群区还有31棵种植。每逢春夏，红车新芽萌发，枝头红色一片，景观十分好看。

● 305栋西南区红车小乔木景观

● 170栋南侧区域红车灌木球景观

嘉宝果

学名：*Plinia cauliflora* (Mart.) Kausel
别名：珍宝果、树葡萄、小硕果
科属：桃金娘科树番樱属

● 嘉宝果的花

● 嘉宝果的果

简介 常绿灌木。枝梢分枝与成枝能力较强，树姿开张，树冠为自然圆头形。叶对生，叶柄短，有茸毛，叶片革质，深绿色有光泽，披针形或椭圆形。花簇生于主干和主枝上，有时也长在新枝上。花小，白色，雄蕊多数。花落后，小幼果三五成群地探出来，果实球型，果实从青变红再变紫，最后成紫黑色。成熟的果实具1~4颗种子。果皮外表结实光滑。

原产于南美洲。我国福建、广东、四川、湖北、广西、江苏等地引入种植。喜温暖湿润，属偏阳生植物，具有较强的耐旱性能和一定的耐低温特性。不耐盐碱和水涝，适宜生长于微酸性和排水性良好的土壤。嘉宝果是一种集美容、保健、药用为一体的特种水果，在园林、食品、医药保健品等领域均有较高的利用价值。

嘉宝果的叶、果实、果皮等含有丰富的黄酮类、花青素、单宁和酚酸等酚类物质，其提取物在临床上用于治疗癌症、糖尿病、高血压、冠心病、咯血、哮喘、腹泻、慢性扁桃体炎、风湿及类风湿等疾病。

植物文化 嘉宝果的花语寓意着家庭多子多福、团团圆圆、五代同堂、繁衍不息，也寓意着事业蒸蒸日上、硕果累累、珠联璧合、财源广进，还寓意着与爱结缘、神灵庇佑、花开富贵、万古长青。

观赏地点 康乐园中目前仅见在马岗顶332栋东侧绿化区域种植有1棵嘉宝果。

● 马岗顶332栋东侧区域嘉宝果景观

二十五、天南星科

● 龟背竹的肉穗花序

龟背竹

学名：*Monstera deliciosa* Liebm.
别名：蓬莱蕉、铁丝兰、穿孔喜林芋
科属：天南星科龟背竹属

简介　常绿攀缘木质性灌木。茎绿色，粗壮，具气生根。叶柄绿色，腹面扁平，背面钝圆，基部甚宽，对折抱茎，排列为覆瓦状，形如鸢尾，两侧叶鞘宽，向上渐狭，脱落后叶柄边缘成绉波状。叶片大，轮廓心状卵形，厚革质，表面发亮，淡绿色，背面绿白色，边缘羽状分裂。佛焰苞厚革质，宽卵形，舟状，近直立，先端具喙，人为展平，苍白带黄色。肉穗花序近圆柱形，淡黄色。浆果淡黄色。花期8~9月，果于异年花期之后成熟。

原产于墨西哥，世界各热带地区多引种栽培供观赏。我国福建、广东、广西、云南等地栽培于露地，其他地区多栽于温室。喜温暖潮湿环境，忌强光暴晒和干燥，耐阴，易生长于肥沃、疏松、吸水量大、保水性好的微酸性壤土，以腐叶土或泥炭土最好。

● 319栋北侧区域龟背竹景观

● 图书馆西北侧区域龟背竹景观

龟背竹有晚间吸收二氧化碳，吸附甲醛、苯、TVOC（总挥发性有机化合物）等有害气体的特点，是一种理想的室内大型盆栽观叶植物。此外，在园林绿化中还常种在廊架或建筑物旁进行造景。

龟背竹的果实可入药，有治疗便秘的功效。

植物文化　龟背竹的花语是健康长寿。

观赏地点　康乐园中的龟背竹目前仅见博士后公寓169栋和170栋内庭绿化区、图书馆内庭花园、图书馆西北侧、校医院东侧、319栋西北侧、550栋北侧、冼为坚堂庭院花园、园西湖南侧假山、梁銶琚堂南侧水池假山及紫荆园庭院和小花园假山等区域有少量种植，是非常优良的观叶类造景植物资源。

● 龟背竹的叶

二十六、五加科

花叶鸭脚木

学名：*Heptapleurum ellipticum* 'Variegata'
别名：花叶鸭掌柴
科属：五加科鹅掌柴属

● 东区203栋学生宿舍楼南侧花槽花叶鸭脚木景观

简介 常绿灌木或小乔木。分枝多，枝条紧密，主轴和分枝幼时密生星状短柔毛，后毛渐脱稀。掌状复叶，长卵圆形或椭圆形，革质，叶面具不规则乳黄色至浅黄色斑块。圆锥状花序顶生，花白色。果实球形，黑色，有不明显的棱。花期11～12月，果期12月。

广泛分布于南洋群岛一带，目前在我国很多热带、亚热带地区的园林绿化中有引种栽培。性喜暖热湿润气候，对光照的适应范围广，在全日照、半日照或半阴环境下均能生长。但光照的强弱与叶色有一定关系，光强时叶色趋浅，半阴时叶色浓绿。在明亮的光照下斑叶种的色彩更加鲜艳。土壤以肥沃、疏松和排水良好的沙质壤土为宜。植株紧密，树冠整齐优美，可供观赏，或作园林中的掩蔽树种或绿篱等用。

花叶鸭脚木是一种药用价值非常高的中药材，具有清热解毒的功效，能够治疗感冒发热等病症。

植物文化 花叶鸭脚木的花语是和谐、自然、不张扬。

观赏地点 康乐园中花叶鸭脚木的种植数量不是很多，仅见广寒宫网球场西侧、东区203栋学生宿舍楼南侧、344栋古建筑西南角以及文科楼南侧花槽沿线等区域有少量种植，是校园为数不多的优良观叶类灌木植物资源。

● 文科楼南侧花槽花叶鸭脚木景观

● 花叶鸭脚木的花序

● 花叶鸭脚木的叶

● 端木正雕像西南侧沿线
鸭脚木灌木球景观

● 鸭脚木的叶

● 鸭脚木的花序

鸭脚木

学名：*Heptapleurum heptaphyllum*
别名：鸭掌木、鹅掌木、鹅掌柴
科属：五加科鹅掌柴属

简介 常绿灌木或小乔木。分枝多，枝条紧密，主轴和分枝幼时密生星状短柔毛，后毛渐脱稀。掌状复叶，长卵圆形，革质，深绿色，有光泽。圆锥状花序顶生，花白色。果实球形，黑色，有不明显的棱。花期11~12月，果期12月。

广泛分布于我国西藏（察隅）、云南、广西、广东、浙江、福建和台湾等地，为热带、亚热带地区常绿阔叶林常见植物，喜温暖湿润、半阳环境。宜生于土质深厚肥沃的酸性土中，稍耐瘠薄。在园林中应用广泛，既可作大型盆栽植物在各类大厅摆放，也可于庭院孤植，更多用于建植绿篱等。它还是南方冬季的一种蜜源植物。

鸭脚木可入药，是一种药用价值非常高的中药材，具有清热解毒的功效，能够治疗感冒发热等病症。

植物文化 鸭脚木的花语是和谐、自然、不张扬，给人大地回春、积极向上、低调、沉稳的感觉。

观赏地点 康乐园中鸭脚木的种植数量比较多，分布于很多建筑周边进行造景。既有以灌木球形式种植造景，也有以绿篱等形式种植造景。其中逸夫楼周边、501栋周边、572栋周边、学生区文化广场及花池等区域的绿篱景观最佳。

● 572栋周边鸭脚木绿篱景观

二十七、仙人掌科

昙花

学名：*Epiphyllum oxypetalum* (DC.) Haw
别名：琼花、昙华、鬼仔花、韦陀花
科属：仙人掌科昙花属

● 昙花的花

简介 附生肉质灌木植物，老茎圆柱状，木质化。分枝多数，叶状侧扁，披针形至长圆状披针形，先端长渐尖至急尖，或圆形，边缘波状或具深圆齿，基部急尖、短渐尖或渐狭成柄状，深绿色，无毛，中肋粗大，于两面突起，老株分枝产生气根。小窠排列于齿间凹陷处，小形，无刺，初具少数绵毛，后裸露。花单生于枝侧的小窠，漏斗状，于夜间开放，芳香。萼状花被片绿白色、淡琥珀色或带红晕，线形至倒披针形，先端渐尖，边缘全缘，通常反曲。瓣状花被片白色，倒卵状披针形至倒卵形，先端急尖至圆形，有时具芒尖，边缘全缘或啮蚀状。浆果长球形，具纵棱脊，无毛，紫红色。种子多数，卵状肾形，亮黑色，具皱纹，无毛。

原产于墨西哥、危地马拉、洪都拉斯、尼加拉瓜、苏里南和哥斯达黎加，世界各地区广泛栽培。我国各省区常见栽培，根据1936年的标本采集记录，昙花在云南南部（景洪、大勐龙等地）逸生。喜温暖湿润的环境，不耐霜冻，忌强光暴晒。土壤宜用富含腐殖质、排水性能好、疏松、肥沃的微酸性沙质土，否则易沤根。为著名观赏花卉。

昙花的根茎可入药，具有软便去毒、清热疗喘的功效；花具强健的功效，兼治高血压及血脂肪过高等。

植物文化 昙花的花语是刹那间的美丽，一瞬间的永恒。昙花享有"月下美人"之誉，当花朵展开后，过1~2小时会慢慢枯萎，整个过程仅4个小时左右，故有"昙花一现"之说。

观赏地点 康乐园中昙花的种植目前仅见在马岗顶331栋西南角围墙柱上有一丛。此外，西区教职工住宅区有部分楼宇的阳台有少量盆栽。

● 马岗顶331栋西南角区域昙花景观

二十八、小檗科

南天竹

学名：*Nandina domestica* Thunb.
别名：天竹、天竹子、南天烛、山黄芩、钻石黄
科属：小檗科南天竹属

● 南天竹的花

● 南天竹的果实

简介 常绿灌木，丛生状。茎干直立，少分枝而多丛生。叶对生，小叶椭圆状披针形，深绿色，冬季常变红色。花白色而小，为大型圆锥花序顶生。枝叶疏密有致，初夏繁花枝枝，挺立于秀叶之上。秋冬叶色红艳。果红色球形，11月成熟。为赏叶观果之佳品。

产于我国长江流域及陕西、河北、山东、湖北、江苏、浙江、安徽、江西、广东、广西、云南、四川等省。喜温暖湿润气候，不耐寒也不耐旱。喜光，耐阴，强光下叶色变红。适宜在含腐殖质的沙壤土生长，能耐微碱性土壤，为钙质土壤指示植物。南天竹树姿秀丽，翠绿扶疏，红果累累，圆润光洁，是常用的观叶观果植物，无论地栽、盆栽还是制作盆景，都具有很高的观赏价值。

南天竹的茎、根、叶、果实均可入药。叶煎剂对金黄色葡萄球菌、福氏痢疾杆菌、伤寒杆菌、绿脓杆菌、大肠杆菌均有抑制作用，可治疗感冒、百日咳、目赤肿痛、瘰疬、尿血；果实敛肺止咳、清肝明目，治久咳、气喘、疟疾；根祛风、清热、除湿、化痰，治风热头痛、肺热咳嗽、湿热黄疸、风湿痹痛。

植物文化 南天竹的花语为吉祥如意、健康长寿，也寓意纯洁忠贞、子孙满堂。

观赏地点 南天竹在康乐园的种植数量不是很多，引入时间也不长。目前仅见在地环学院大楼门前两侧的花槽和410栋门前花槽区域有少量种植。

● 地环学院大楼门前两侧花槽区域南天竹景观

● 南天竹的叶

二十九、玄参科

炮仗竹

学名：*Russelia equisetiformis*
别名：爆竹花、吉祥草
科属：玄参科炮仗竹属

● 炮仗竹的花

● 炮仗竹的叶

简介 直立灌木。高约1米，茎绿色，轮生，细长，具纵棱。叶小，对生或轮生，退化成披针形的小鳞片。聚伞圆锥花序，花红色，花冠长筒状，长约2厘米。花期春、夏季。

原产于墨西哥及中美洲，我国广东、广西、云南、福建、海南等地有引种栽培。喜温暖湿润和半阴环境，也耐日晒，不耐寒，越冬温度5℃以上。不怕水湿，耐修剪。红色长筒状花朵成串吊于纤细下垂的枝条上，犹如细竹上挂的鞭炮。宜在花坛、树坛边种植，也可盆栽观赏。

炮仗竹植株地上部分可入药，有活血祛瘀和续筋接骨的功效，常被用作治疗骨折的外用药（接骨药）。

植物文化 炮仗竹通常是在元旦或者春节的时候开花，且花色鲜艳，外形像炮仗一样，符合我国的传统文化，因此它的花语寓意非常美好，寓意着红红火火，辞旧迎新。

观赏地点 康乐园中种植的炮仗竹目前仅见在冼为坚堂内庭花园假山上有少量，花开季节，花朵非常艳丽迷人，吸引许多师生驻足欣赏、拍照留念，观赏性极佳。

● 冼为坚堂内庭花园假山上的炮仗竹景观

三十、野牡丹科

巴西野牡丹

学名：*Tibouchina seecandra* Cogn.
别名：紫花野牡丹、艳紫野牡丹
科属：野牡丹科蒂牡花属

● 巴西野牡丹的花

● 313栋高利士屋西南侧巴西野牡丹景观

简介 常绿灌木。茎四棱形，分枝多，枝条红褐色，株形紧凑美观。茎、枝几乎无毛。叶革质，披针状卵形，顶端渐尖，基部楔形，全缘，叶表面光滑，无毛，5基出脉，背面被细柔毛，基出脉隆起。伞形花序着生于分枝顶端，近头状，有花3～5朵。花瓣5枚，紫色，雄蕊白色且上曲，雌蕊明显比雄蕊伸长膨大。蒴果坛状球形。花多且密，单朵花的开花时间长达4～7天。全年几乎可以开花，8月始进入盛花期，一直到冬季，谢花后又陆续抽蕾开花，可至翌年4月。

● 巴西野牡丹的叶

● 巴西野牡丹的蒴果

原产于巴西，我国广东、海南等地均有引种栽培。喜阳光充足、温暖湿润的气候，对土壤要求不高，具有较强的耐阴及耐寒能力。其株形美观，枝繁叶茂，叶片翠绿，一年四季皆有花，为不可多得的优良观叶观花园林植物材料，可点缀于草坪绿地及空旷地，也可布置于花坛、花境，成片群植，还可栽于风景林路两侧。盛花时鲜艳夺目，十分壮观。

巴西野牡丹全株可入药，具有清热利湿、消肿止痛、散瘀止血等药用价值。

植物文化 巴西野牡丹的花语是自然。

观赏地点 康乐园中巴西野牡丹的种植数量不多，目前仅见梁銶琚堂北侧小花园、图书馆东南侧及313栋高利士屋西南侧区域有少量种植。其花期较长，且一年可多次开花，开花时深紫色的花朵非常绚丽、华贵，是校园难得的优良观花类灌木植物资源。

● 梁銶琚堂北侧小花园巴西野牡丹景观

地菍

学名：*Melastoma dodecandrum* Lour.
别名：地念、铺地锦、紫茄子、地脚茶
科属：野牡丹科野牡丹属

● 地菍的花

简介 披散或匍匐状半灌木。茎匍匐上升，逐节生根，分枝多，披散，幼时被糙伏毛，以后无毛。叶对生，卵形或椭圆形，坚纸质，全缘或具密浅细锯齿，叶面通常仅边缘被糙伏毛，背面仅沿基部脉上被极疏糙伏毛，侧脉互相平行。聚伞花序，顶生。花两性，1~3朵生于枝端，淡紫色，花瓣5。果实稍肉质，不开裂，生疏糙伏毛。种子多数，弯曲。花期5~7月，果期7~9月。

主要分布于我国贵州、湖南、广西、广东、江西、浙江、福建等省区。通常生长在海拔1300米以下的山坡草地，是酸性土壤的常见植物。地菍是一种很好的地被绿化植物。它的植株低矮，生长适应性强，生长速度快，耐干旱瘠薄，管理简单，观赏价值高，可作为屋顶、边坡、地被绿化植物和室内盆栽观赏植物。果可食，亦可酿酒。

地菍全株可入药，有涩肠止痢、舒筋活血、补血安胎、清热燥湿等功效。

植物文化 地菍的花语是自然。

观赏地点 康乐园中地菍的分布不多，主要以大钟楼南侧绿化区域为多，开花季节景观最好。

● 地菍的果实

● 大钟楼前草坪区域地菍景观

豆蔻年华

学名： *Melasoma* 'Doukounianhua'
别名： 白花山石榴、白花野牡丹
科属： 野牡丹科野牡丹属

● 豆蔻年华的花　　　　● 豆蔻年华的叶

简介　常绿灌木，株高可达2米。老茎圆柱形，幼枝四棱形，黄绿色，被贴伏的白色鳞片。叶片坚纸质，卵状披针形，全缘，叶尖为渐尖，叶基近圆形，叶面基出脉下陷，背面基出脉隆起，两面均被疏糙伏毛。聚伞花序顶生，有花3～5朵，苞片密被鳞片状糙伏毛。萼管上密被贴伏的鳞片，裂片6～7，三角形。花瓣广倒卵形，淡紫色，6～7枚，顶端微凹。雄蕊二型，长短雄蕊各6～7枚，均为黄色。长雄蕊花药药隔基部延伸，末端2裂，短雄蕊药隔不延伸。蒴果杯状球形，胎座肉质，为宿存萼所包，成熟时横裂。花期6～8月，果期8～10月。

　　喜温暖湿润的气候和酸性土壤，适宜在热带、亚热带地区种植，在我国的广东、广西、海南、福建、台湾、云南等低海拔地带均可种植。为不可多得的观叶观花类优良园林灌木资源，可点缀于草坪绿地及空旷地，也可布置于花坛、花境，成片群植。盛花时洁白迷人，十分壮观。

　　全株可入药，具有清热利湿、消肿止痛、散瘀止血等药用价值。

植物文化　豆蔻年华的花语是自然与素雅。

观赏地点　康乐园中种植的豆蔻年华目前仅见梁銶琚堂南侧小花园有2棵，为该品种的培育者中山大学生命科学学院周仁超博士于2023年暑假捐赠。其花期在6～8月，洁白的花朵与翠绿的叶片形成鲜明的对比，为校园毕业季增添了一抹素雅和高贵。

● 梁銶琚堂南侧小花园豆蔻年华景观

紫韵

学名：*Melasoma* 'Ziyun'
别名：紫花山石榴
科属：野牡丹科野牡丹属

简介 常绿灌木，株高可达1米。幼枝四棱形，红绿色，被贴伏的红绿色鳞片。叶片坚纸质，卵状披针形，全缘，叶尖为渐尖，叶基近圆形，基出脉5，叶面基出脉下陷，背面基出脉隆起，两面均被疏糙伏毛。聚伞花序顶生，有花3~5朵，苞片卵形，密被鳞片状糙伏毛。萼管上密被贴伏的鳞片，裂片5~6，三角形。裂片间具线性小裂片，约为裂片长度的1/3。花瓣广倒卵形，深紫色，5~6枚。雄蕊二型，长短雄蕊各5~6枚，长雄蕊花药为紫色，短雄蕊花药为黄色。长雄蕊花药药隔基部延伸，末端2裂，短雄蕊药隔不延伸。蒴果杯状球形，胎座肉质，为宿存萼所包，成熟时横裂。花期6~8月，果期8~10月。

喜温暖湿润的气候和酸性土壤，适宜在热带、亚热带地区种植，在我国的广东、广西、海南、福建、台湾、云南等低海拔地带均可种植。可点缀于草坪绿地及空旷地，也可栽于风景林路两侧，展现其独特的景观效果。

全株可入药，具有清热利湿、消肿止痛、散瘀止血等药用价值。

植物文化 紫韵的花语是自然、和谐。

观赏地点 康乐园中种植的紫韵目前仅见梁銶琚堂南侧小花园区域有3棵，为该品种的培育者中山大学生命科学学院周仁超博士于2023年暑假捐赠。其花期也在6~8月，紫色娇艳的花朵为校园毕业季增添了诸多绚丽与华贵。

● 梁銶琚堂南侧小花园紫韵景观

● 紫韵的花

● 紫韵的叶片

三十一、芸香科

胡椒木

学名：*Zanthoxylum piperitum* Benn.
别名：台湾胡椒木
科属：芸香科花椒属

● 西区新建怡乐路教师公寓楼群区域胡椒木景观

简介 常绿灌木。树皮黑棕色，上有瘤状突起，枝叶密生，枝有刺。奇数羽状复叶，叶基有短刺2枚，叶轴有狭翼，小叶对生，叶片卵状披针形，具钝锯齿，革质，叶面浓绿富光泽，全叶密生腺体。聚伞状圆锥花序，雌雄异株，雄花黄色，雌花橙红色。果红色，椭圆形，种子黑色。5月开花。

原产于日本、韩国。我国除东北地区外，其余各地均可栽培应用。喜光，喜温暖湿润气候。耐旱，对土壤要求不严，忌积水之地，以疏松、肥沃的土壤生长较好。全株具浓烈胡椒香味。枝叶青翠，适合整形，可作庭植美化。在园林中可单植、丛植、列植，也可作为绿篱植物使用。此外，还可以盆栽观赏。

胡椒木可入药，具有祛寒除痹、温经通络的药用功效。

植物文化 胡椒木的花语是吉祥平安、万事如意。

观赏地点 胡椒木在康乐园中种植的数量较少，中东区目前仅见在紫荆园宾馆西北边小花园有3株以灌木球形式种植造景。此外，在西区新建怡乐路教师公寓楼群区域有400多平方米的胡椒木以绿篱形式进行造景。

● 紫荆园宾馆西北边小花园胡椒木景观

● 胡椒木的花序

● 胡椒木的枝叶

金橘

学名：*Fortunella margarita* (Lour.) Swingle
别名：金桔
科属：芸香科金橘属

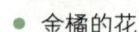
● 金橘的花

简介 常绿灌木。叶质厚，卵状披针形或长椭圆形，顶端略尖或钝，基部宽楔形或近圆形。叶柄翼叶甚窄。单花或2~3朵簇生。果椭圆形或卵状椭圆形，橙黄至橙红色，果皮味甜。种子卵形，子叶及胚均绿色，单胚或偶有多胚。花期3~5月，果期10~12月。盆栽的多次开花，农家保留其7~8月的花，至春节前夕果成熟。

我国南方各地均有栽种，以福建、广东、广西的栽种数量较多。金橘性喜温暖湿润，怕涝，喜光，但怕强光，稍耐寒，不耐旱，要求富含腐殖质、疏松、肥沃和排水良好的中性培养土，如果土壤偏酸也生长不好。

金橘入药，有理气、解郁、化痰、止渴、消食、醒酒之功效。

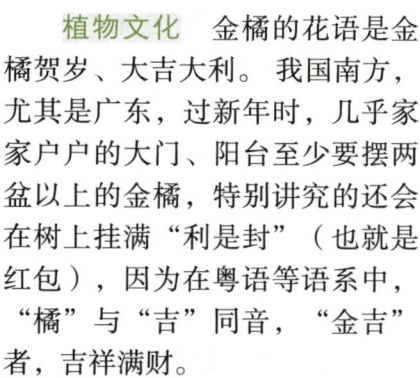
● 学生宿舍205栋内庭花园金橘景观

植物文化 金橘的花语是金橘贺岁、大吉大利。我国南方，尤其是广东，过新年时，几乎家家户户的大门、阳台至少要摆两盆以上的金橘，特别讲究的还会在树上挂满"利是封"（也就是红包），因为在粤语等语系中，"橘"与"吉"同音，"金吉"者，吉祥满财。

观赏地点 金橘在康乐园的种植数量不多，中东区仅见学生宿舍205栋内庭花园有2棵、紫荆园宾馆西北角区域有1棵。此外，西区527栋西侧、745栋南侧等楼宇周边还有少量种植，基本都是年橘在春节后人为逸生室外而成。

● 西区745栋南侧绿化区金橘景观

● 金橘的果

● 小礼堂周边九里香灌木球景观

● 中区大草坪花坛九里香绿篱景观

九里香

学名：*Murraya exotica*
别名：石辣椒、九秋香、九树香、万里香、过山香、黄金桂、月橘
科属：芸香科九里香属

● 九里香的花

简介 常绿灌木，有时可长成小乔木样。枝白灰或淡黄灰色，但当年生枝绿色。株姿优美，枝叶秀丽，花香浓郁。小叶倒卵形或倒卵状椭圆形，两侧常不对称，小叶柄甚短。花序通常顶生，或顶生兼腋生，花多朵聚成伞状，白色，芳香。果橙黄至朱红色，阔卵形或椭圆形，顶部短尖，略歪斜。花期4~8月，也有秋后开花的，果期9~12月。

产于我国云南、贵州、湖南、广东、广西、福建、海南、台湾等地。九里香喜温暖，不耐寒，是标准的阳性树种。对土壤要求不严，喜生于沙质土、向阳地方。绿化中多用其来作绿篱，或以灌木球形式在绿化区点缀种植，亦可作盆景材料。

九里香全株可入药，具有行气活血、散瘀止痛、解毒消肿的药用价值。

植物文化 九里香的花语是活力满满、勇敢坚强和被束缚的爱。

观赏地点 在康乐园中，九里香除大量作绿篱景观外，还有多达300多株的灌木球和数十棵小乔木分布在校园各个区域造景。其中广寒宫周边、305栋周边、小礼堂及校训牌周边、图书馆周边、387栋周边、曾宪梓堂南北院周边、第三教学楼周边、游泳池西边、逸仙大道两侧沿线等区域的分布最多。每逢开花季节，九里香令整个校园香气四溢、元气满满，是校园非常优良的芳香类灌木植物资源。

● 九里香的果实

三十二、紫草科

福建茶

学名：*rmona microphylla* (Lam.) Don
别名：基及树、猫仔树
科属：紫草科基及树属

● 福建茶的花

● 中文堂前面福建茶绿篱景观

简介 常绿灌木，具褐色树皮，多分枝，分枝细弱，幼嫩时被稀疏短硬毛。叶在长枝上互生，在短枝上簇生，革质，倒卵形或匙形。聚伞花序腋生或生于短枝，花冠白色或稍带红色，披针形。核果球形，成熟时红色或黄色。

分布于我国台湾、海南、福建、广东和广西等地。性喜温暖湿润和阳光照射的环境，不耐寒。是园林中应用非常广泛的一类造景植物，既可以盆栽造景，也可以孤植或散植于绿化中，还能用于绿篱建植等。

福建茶的叶可入药，具有解毒敛疮的药用功能。

植物文化 福建茶树干嶙峋、虬曲多姿、树姿飘逸，象征着老人，有祝福老年人长寿健康的美好寓意。

观赏地点 福建茶在康乐园各区域的种植面积达1400多平方米，是校园主要的传统绿篱植物品种。主要分布在逸仙大道南段、测试大楼东边花槽、梁銶琚堂内庭花园、曾宪梓堂北院周边、中央大草坪花坛、西大球场东边、中文堂前面花槽、537栋十友堂周边等区域。此外，也有零星以灌木球形式散植在校园不同区域进行造景。

● 逸仙大道南段福建茶绿篱景观

● 福建茶的果实

● 福建茶的叶

三十三、紫茉莉科

勒杜鹃

学名：*Bougainvillea spectabilis* Willd.
别名：叶子花、九重葛、三叶梅、毛宝巾、簕杜鹃、三角花、三角梅
科属：紫茉莉科叶子花属

● 红花勒杜鹃的花

● 白花勒杜鹃的花

简介 木质藤本状灌木。茎有弯刺，并密生绒毛。单叶互生，卵形全缘，被厚绒毛，顶端圆钝。花很细小，黄绿色，3朵聚生于3片红苞片中，外围的红苞片大而美丽，有鲜红色、橙黄色、紫红色、乳白色等，容易被误认为是花瓣，因其形状似叶，故也称其为"叶子花"。在广州花期可达全年。

原产于南美洲的巴西，在我国除南方地区可露地栽培越冬，其他地区都须盆栽和温室栽培。性喜温暖湿润和阳光充足的环境，不耐寒，耐干旱，耐修剪，对土壤要求不严。勒杜鹃具有一定的抗二氧化硫功能，是一种很好的环保绿化植物。在我国南方常用于庭院绿化，作花篱、棚架植物，或花坛、花带的配置植物，均有其独特的风姿。切花造型也有独特魅力。

勒杜鹃的花可入药，具有解毒清热、调和气血的功效，对治疗妇女月经不调、疝毒有一定的效果。

植物文化 勒杜鹃有两种花语：第一种花语是热情、顽强奋进、坚韧不拔；第二种花语是没有真爱是一种悲伤。在我国，它也代表着喜庆、吉祥和好的运气。它是我国深圳、珠海、江门、惠州等市的市花。

观赏地点 在康乐园很多区域都种植有勒杜鹃，它是校园主要的绿篱和景观灌木类植物资源。既有以梁銶琚堂周边、测试大楼南边、学生宿舍133栋北侧以及松园湖周边沿线等区域的绿篱造景方式种植，也有像梁銶琚堂南庭院、第三教学楼周边、东区博士后公寓以及园北湖周边等区域的灌木球造景形式种植，观赏性极佳。

● 梁銶琚堂南庭院贵宾室门口勒杜鹃景观

● 园南路测试大楼南边段勒杜鹃绿篱景观

三十四、棕榈科

棕竹

学名：*Rhapis excelsa* (Thunb.) Henry ex Rehd.
别名：筋头竹、棕榈竹、矮棕竹
科属：棕榈科棕竹属

● 棕竹的花序

● 棕竹的植株

简介 常绿丛生灌木。茎干直立，圆柱形，有节，茎纤细如手指，不分枝，有叶节，上部被以褐色、网状粗纤维质的叶鞘。叶集生茎顶，掌状深裂，不均等。肉穗花序，多分枝，佛焰苞管状，生于总花梗及花序轴上。浆果球形，种子球形。花期4~5月，果期10~12月。

在我国主要分布于南部至西南部。喜温暖湿润和通风良好的环境，耐荫蔽，不耐寒。不耐积水，对水肥要求不十分严格。棕竹为典型的室内观叶植物，可长期在室内光线明亮的地方摆放。在园林绿化中则常常丛植于庭院内大树下或假山旁，构成一幅热带山林的自然景观。此外，棕竹还可以净化空气。

棕竹的叶可入药，有收敛止血的功效；根有祛风除湿的功效。

植物文化 棕竹的花语是胜利。

观赏地点 棕竹曾是康乐园大面积种植的非常有代表性的观赏类草本灌木，也给很多校友留下了美好的回忆。近年来受校园各类基建以及绿化改造提升等的影响，棕竹的分布数量逐年锐减，目前总种植面积不到3000平方米，其中，英东体育场西北角、261栋西侧、312栋周边、502栋学生楼西侧、马文辉堂和竹园周边以及马岗顶古建筑群周边等区域的景观效果最佳。

● 竹园东侧沿线棕竹景观

● 英东体育场西北角绿化区棕竹景观

第二部分
草坪类景观植物

  草坪类植物是用于构建园林草坪的植物材料，也被称为草坪草。主要属于禾本科和莎草科，而我国应用的草坪类植物基本上都属于禾本科。

  由草坪类植物形成的草坪除具有一般的绿化功能外，还能减少尘土飞扬、防止水土流失、缓解阳光辐射，并可作为建筑、树木、花卉等的背景衬托，营造出清新和谐的景色。草坪的覆盖面积已成为现代城市环境质量评价的重要指标，草坪也被誉为"有生命的地毯"。

  据不完全统计，中山大学康乐园拥有的草坪面积达30多万平方米，这是康乐园生态大景观的基调，更是康乐园园林景观的特色。尤其是闻名中外的大叶油草草坪，它特有的人文情怀和历史文化积淀，向世人展现着中山大学校园景观的独一无二和宏大厚重，成为中山大学走向世界一流大学的一张靓丽名片，更成为校园植物文化的重要组成部分。

一、禾本科

地毯草

学名：*Axonopus compressus* (Sw.) P. Beauv.
别名：大叶油草、巴西地毯草
科属：禾本科地毯草属

地毯草草皮

中区地毯草大草坪景观

简介 多年生草本植物，具匍匐茎。茎秆扁平，节上密生灰白色柔毛，高8～30厘米。叶片柔软，翠绿色，短而钝，长4～6厘米，宽8毫米左右。穗状花序，长4～6厘米，较纤细，2～3枚近指状排列于秆顶端。花果期可达春、夏、秋三季。

原产于热带美洲，世界各热带、亚热带地区均有引种栽培。我国广东、海南、广西、云南等省区均有分布。地毯草喜光，也较耐阴，再生力强，亦耐践踏，但耐寒性较差，易产生霜冻。对土壤要求不严，能适应低肥沙性和酸性土壤，在冲积土和肥沃的沙质壤土上生长最好，但在干燥的高丘上生长欠佳。为优良的庭院绿化和固土护坡草坪植物，可植于公路两侧。目前在园林与国土绿化中，更多用草皮块进行铺设建坪。

植物文化 地毯草形成的草坪景观已成为康乐园植物景观的一个标杆和一张名片，以其独有的靓丽景观闻名中外，给每一位中大学子留下了深深的记忆和无法割舍的眷恋。由笔者本人选育的中大一号地毯草新品系也第一时间在中文堂东侧、梁銶琚堂前面等区域进行了造景展示，丰富了该品种在校园的多样性。

观赏地点 康乐园中地毯草草坪的面积达几十万平方，是校园整体景观的基色，尤其是中区大草坪、永芳堂前大草坪、模范村古建筑周边大草坪以及新体育馆周边的大草坪景观最为壮观，已成为闻名中外的一张康乐园植物景观文化名片。

永芳堂东侧地毯草草坪景观

四墩楼区域地毯草草坪景观

● 梁銶琚堂东南侧绿化区近缘地毯草草坪景观

● 近缘地毯草草坪

近缘地毯草

学名：*Axonopus affinis*
别名：类地毯草
科属：禾本科地毯草属

简介 多年生草本植物，有匍枝。秆扁平，节无毛。叶鞘扁平。叶舌具细缘毛，叶片线状长圆形，先端钝。总状花序2~4枚。小穗卵状披针形，先端近钝形，边缘具丝状毛，第一颖缺。第二颖与小穗等长，边缘具丝状毛，具4脉。第一外稃等长于第二颖，边缘具丝状毛，具2脉。第二小花两性，外稃革质，短于小穗，先端钝，柱头紫色。颖果椭圆状长圆形，扁平，暗色。

原产于热带美洲，世界各热带、亚热带地区均有引种栽培。我国广东、海南、广西、云南等省区均有分布。近缘地毯草喜光，也较耐阴，再生力强，亦耐践踏，耐寒性优于地毯草，对土壤要求不严，能适应低肥沙性和酸性土壤。既可作公共绿地草坪、庭园草坪、运动场草坪，也可在河川、道路旁固土护坡。

植物文化 近缘地毯草草坪景观也是康乐园植物景观的标杆，近缘地毯草和地毯草（别名大叶油草）一起，以其创造的独有宏大校园景观闻名中外，给每一位中大学子留下了美好的回忆和深深的眷恋。

观赏地点 康乐园中的近缘地毯草随着原有中区大草坪、永芳堂前大草坪以及人类学院南侧大草坪等几块草坪的改造而基本消失，目前仅见在梁銶琚堂东南侧区域有几十平方米的分布。它是我国地毯草属两个品种中的一个品种，在中大校园的野生分布也是国内唯一的存在。该品种对校园景观和草坪类植物品种资源库的贡献，目前达到极高境界。

● 近缘地毯草的植株

兰引三号结缕草的花穗

兰引三号结缕草

学名：*Zoysia japonica* Steud. Lanyin No. 3
别名：无
科属：禾本科结缕草属

英东体育馆前兰引三号结缕草草坪景观

简介 多年生草坪植物。具横走根茎，并能节节生根繁殖新的植株，须根细弱。秆直立，基部常有宿存枯萎的叶鞘。叶鞘无毛，叶舌纤毛状。叶片扁平或稍内卷，表面疏生柔毛，背面近无毛。总状花序呈穗状。小穗柄通常弯曲，长可达5毫米。小穗卵形，淡黄绿色或带紫褐色，颖果卵形。花果期5~8月。

1988年由甘肃省草原生态研究所培育而成，目前我国大部分省区都有种植。在园林、庭园、高尔夫球场、机场、运动场和水土保持地广为利用，是较理想的运动场草坪草和较好的固土护坡植物。具有极强的环境适应力，不但耐寒、耐旱、耐高温，而且在一些相对贫瘠的土地上也可以有良好的长势，正因为如此，它的身影遍布我国大江南北。由于其具有良好的耐磨、耐践踏的特点，适宜在开放性绿地、游园广场种植，寿命长，弹性好。目前在园林绿化中，更多用草皮块或草皮卷进行草坪铺设。

植物文化 早年英东足球场和西大球场以兰引三号结缕草进行种植，拉开了该草种走进广东地区各类球场和园林绿化领域的序幕，在我国草坪草育种和产业化领域具有划时代的意义。

观赏地点 兰引三号结缕草在康乐园中目前仅见英东足球场和英东体育馆门前有种植，原有的几块大面积种植区域，随新体育馆和松涛园食堂的建设而消失。

英东足球场兰引三号结缕草草坪景观

● 台湾草的花穗

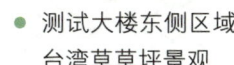
● 测试大楼东侧区域台湾草草坪景观

● 紫荆园宾馆内庭花园台湾草草坪景观

台湾草

学名：*Zoysia tenuifolia* Willd. ex Trin.
别名：天鹅绒草、细叶结缕草、高丽芝草
科属：禾本科结缕草属

简介 多年生草坪植物。具匍匐茎。秆纤细，高5~10厘米。叶鞘无毛，紧密裹茎。叶舌膜质，顶端碎裂为纤毛状，鞘口具丝状长毛。小穗窄狭，黄绿色，或有时略带紫色，披针形。第一颖退化，第二颖草质，顶端及边缘膜质，具不明显的5脉。外稃与第二颖近等长，具1脉，内稃退化。无鳞被。花柱2，柱头帚状。颖果与稃体分离。花果期8~12月。

原产于我国南部地区，其他地区亦有引种栽培。现分布于亚热带及我国南部地区，欧美各国已普遍引种。本种是优质观赏型草坪草种，喜温暖气候和湿润的土壤环境，也具有较强的抗旱性，但耐寒性和耐阴性较差，不及结缕草。对土壤要求不严，以肥沃、pH值为6.0~7.8的土壤最为适宜。抗锈病力弱，须加强维护。由于其匍匐茎和秆均纤细，如不及时修剪和维护，草坪常出现"垛状"和"枯死层"，影响美观和使用。园林绿化中一般用铺设草皮块的方式种植，具有建坪速度快、成本低等特点。

观赏地点 近年来，台湾草在康乐园的种植面积受基建影响锐减，目前仅在中山楼周边、256栋庭院及北边、332栋东边、紫荆园宾馆内庭花园、101栋中航物业办公楼前小花园以及西区新建怡乐路教师公寓楼周边等区域有种植。

● 中山楼周边花园台湾草草坪景观

第三部分
地被类景观植物

　　地被植物是指那些株丛密集、低矮，适于阴湿林下和林间隙地等各种环境，经简单管理即可用于代替草坪覆盖在地表、防止水土流失，能吸附尘土、净化空气、减弱噪音、消除污染并具有一定观赏和经济价值的植物。

　　在园林应用中，地被植物更加强调其覆盖性、多样性、生态性、美化性以及对管理要求的粗放性。尤其是其应用的多样性，有利于校园绿地生态系统的稳定及其功能的发挥，适应校园日常粗放式的管理水平，同时也有利于提高校园景观的丰富度，形成校园景观特色。

　　据不完全统计，中山大学康乐园拥有各类地被植物达50多种，隶属十几个科属，总绿化面积达数万平方米。在绿树成荫的康乐园景观中，地被植物是整个校园大景观的重要组成部分，扮演着重要的角色，它们为形成美丽的康乐园景观环境起到锦上添花之效果。

一、百合科

吊兰

学名：*Chlorophytum comosum* (Thunb.) Baker.
别名：垂盆草、挂兰、钓兰、兰草、折鹤兰
科属：百合科吊兰属

● 吊兰的植株

● 吊兰的花序

简介　多年生常绿草本植物，根状茎平生或斜生，有多数肥厚的根。叶丛生，线形，细长，似兰花，有时中间有绿色或黄色条纹。花茎从叶丛中抽出，长成匍匐茎在顶端抽叶成簇，花白色，常2～4朵簇生，排成疏散的总状花序或圆锥花序，偶然内部会出现紫色花瓣。蒴果三棱状扁球形，每室具种子3～5颗。花期5月，果期8月。

　　原产于非洲南部，现世界各地广泛栽培。性喜温暖湿润、半阴的环境，较耐旱，不甚耐寒。不择土壤，在排水良好、疏松、肥沃的沙质土壤中生长较佳。对光线的要求不严，一般适宜在中等光线条件下生长，亦耐弱光。吊兰枝条细长下垂，夏季或其他季节温度高时开小白花，花集中于垂下来的枝条末端，花蕊呈黄色，内部小嫩叶有时呈紫色，供盆栽观赏，也可在半阴生的花槽等区域进行造景。

　　吊兰全株可入药，具有化痰止咳、散瘀消肿、清热解毒之功效。

植物文化　吊兰的花语是生机勃勃、宁静淳朴、楚楚动人。

观赏地点　康乐园内吊兰的种植数量不是很多，目前仅见西区640栋西北角绿化槽有少量种植，在234栋楼前台阶区域有以盆栽方式摆放造景。此外，部分教职工在办公室或家里房间、阳台等区域也有盆栽种植。

● 640栋西北角绿化槽吊兰景观

● 234栋楼前台阶区域吊兰盆栽景观

吉祥草

学名: *Reineckia carnea* (Andr.) Kunth
别名: 紫衣草、松寿兰、玉带草、观音草、松寿兰、竹叶草、竹叶青
科属: 百合科吉祥草属

● 冼为坚堂西南侧区域吉祥草景观

简介 多年生常绿草本植物。株高约20厘米，地下根茎匍匐，逐年向前延长，节处生根。叶绿，丛生，宽线形，中脉下凹，尾端渐尖。花葶抽于叶丛，花内白色外紫红色，直立，顶生穗状花序，稍有芳香。果鲜红色，球形。花果期7~11月。

原产我国长江流域以南各省及西南地区。喜温暖湿润、半阴的环境，对土壤要求不严格，以排水良好的肥沃壤土为宜。吉祥草株形优美，叶色青翠，不仅是一种优良的绿化地被植物，也是一种非常好的家庭装饰植物，还可以在金鱼缸或其他玻璃器皿中进行水养栽培。

吉祥草入药具有润肺止咳、祛风、固肾、接骨之功效。

植物文化 吉祥草的花语是喜庆临门、福禄双至。在印度，吉祥草自古被看成是神圣的草，是宗教仪式中不可缺少之物。

观赏地点 近年来，吉祥草在康乐园的种植面积从2010年前后的上万平方米锐减到目前的不足千平方米，这主要与它较差的抗病抗逆性能有关。目前仅见在106栋西侧、冼为坚堂西南侧和338栋北侧等区域有少量种植，是校园植物文化的重要组成部分。

● 园东路106栋西侧区域吉祥草景观

● 吉祥草的花序

● 吉祥草的果实

金边麦冬

学名：*Liriope spicata* var. Variegata
别名：花叶麦冬
科属：百合科山麦冬属

● 金边麦冬的叶片

简介 多年生常绿草本植物。根细长，分枝多，有时局部膨大成纺锤形小肉块根，有匍匐茎。叶宽细形，革质，叶边边缘为金黄色，边缘内侧为银白色与翠绿色相间的竖向条纹，基生密集成丛。花红紫色，4～5朵簇生于苞腋，排列成细长的总状花序，长达8～16厘米。花茎长30～90厘米，通常高出叶丛，花期很长，6月下旬至9月上旬花茎不断抽出。种子9月中旬成熟，球形，初期绿色，成熟时黑色。

金边麦冬广泛分布于我国各地。江苏沭阳是金边麦冬的主要产地。其性喜温暖湿润气候，稍耐寒，稍耐荫蔽。宜土质疏松、肥沃、排水良好的壤土和沙质壤土。具有很高的园林绿化价值，在康乐园内也是随中文堂东侧绿化工程而少量引入栽培的。

金边麦冬的根可入药，用于治疗肺燥干咳、津伤口渴、心烦失眠、内热消渴等症状。

植物文化 金边麦冬的花语是富贵、华丽、繁华、丰盛。

观赏地点 金边麦冬在康乐园中仅见中文堂东侧鲁迅雕塑西北角区域有少量种植，为2018年该区域景观提升时引入栽培，是校园非常珍贵的优良地被植物。

● 金边麦冬的花序

● 中文堂东侧鲁迅雕塑西北角区域金边麦冬景观

● 阔叶麦冬的花序

● 阔叶麦冬的叶

● 中文堂北侧区域阔叶麦冬景观

阔叶麦冬

学名：*Liriope platyphylla* Wang et Tang
别名：大麦冬、大叶麦冬
科属：百合科山麦冬属

简介 多年生常绿草本植物，植株丛生。根较粗，多分枝，中间或近末端常膨大成椭圆形或纺锤形的小块根，茎很短，叶基生成丛，禾叶状，总状花序具多数花簇生于苞片腋内。花葶通常长于叶。苞片小，刚毛状。花被片常稍下垂而不展开，披针形，花紫色。种子球形，初期绿色，成熟后变黑紫色。花期6月下旬至9月。

原产于我国，目前在我国南方地区的园林中均有栽培。喜温暖湿润、降雨充沛的气候条件。耐阴、耐寒、耐旱、抗病虫害，对土壤条件有特殊要求。具有很高的园林绿化价值。

阔叶麦冬的小块根可以入药，具有滋养、强壮身体的效用。

植物文化 阔叶麦冬的花语是不求回报、一心向善和无畏。

观赏地点 阔叶麦冬是康乐园内种植数量非常多的一类优良地被植物。尽管校园树木多而分散、整体遮阴度较高，但该植物仍以其优良的耐阴和抗逆性能，在校园很多楼宇周边尤其是树下等阴生环境中营造出一片片生机盎然的绿色景观。其中尤以332栋北侧、游泳池西侧、中文堂北侧、南草坪餐厅南侧、486栋北侧、梁銶琚堂售票厅周边以及第三教学楼西南侧等区域的景观效果最佳。

● 332栋北侧区域阔叶麦冬景观

芦荟

学名：*Aloe vera* var. *chinensis* (Haw.) Berg
别名：卢会、讷会、象胆、奴会、劳伟
科属：百合科芦荟属

● 芦荟的花序

● 芦荟的植株

简介 常绿、多肉质的草本植物。茎较短。叶近簇生或稍2列，肥厚多汁，条状披针形，粉绿色，顶端有几个小齿，边缘疏生刺状小齿。花葶不分枝或有时稍分枝。总状花序具几十朵花。苞片近披针形，先端锐尖。花点垂，稀疏排列，淡黄色而有红斑。花被裂片先端稍外弯。雄蕊与花被近等长或略长，花柱明显伸出花被外。

原产于地中海、非洲。喜光，耐半阴，忌阳光直射和过度荫蔽。有较强的抗旱能力，离土的芦荟能干放数月不死。因其易于栽种，为花叶兼备的观赏植物，颇受大众喜爱。

芦荟可入药，有泻火、解毒、化瘀、杀虫等功效。

植物文化 芦荟的花语是自尊又自卑的爱。芦荟蕴含75种元素，与人体细胞所需物质几乎完全吻合，有着明显的保健价值，被人们称为"神奇植物""家庭药箱"。

观赏地点 芦荟在康乐园的种植目前仅见314栋南侧中航物业公司的苗圃区域有少量以盆栽形式造景。此外，西区部分教职工楼宇周边或阳台有少量分布。

● 314栋南侧中航物业公司苗圃区芦荟景观

山菅兰

学名：*Dianella ensifolia*
别名：山菅、山猫儿、交剪草、山兰花、金交剪、山交剪、桔梗兰等
科属：百合科山兰属

简介 多年生草本植物。根状茎圆柱状，横走，茎粗壮。叶狭条形，2列，基部收狭成鞘状。顶生圆锥花序，分枝疏散。花梗常弯曲，有关节。苞片很小，花被片6，绿白色、淡黄色至青紫色。浆果近球形，深蓝色，成熟时有如蓝色宝石，具5~6颗种子。花果期3~8月。

● 学生宿舍204栋西侧山菅兰景观

产于我国广东、广西、云南、贵州、江西、福建、台湾、浙江等地。喜半阴或光线充足环境，喜高温多湿，不耐旱，对土壤条件要求不严。为阴生植物，多在园林绿化林带下作地被，效果良好。

山菅兰全草有毒，家畜误食可能致死，人类误食它的果实也可能会呼吸困难而死。不过，它也是一种优良的药用植物，根入药主治拔毒消肿，外用治痈疮脓肿、癣、淋巴结结核、淋巴结炎。

植物文化 山菅兰的花语是深度无奈和微丝希望并存。

观赏地点 康乐园中山菅兰的种植数量非常稀少，目前仅见在学生宿舍204栋和205栋西侧绿化带、梁銶琚堂北侧小花园区域有少量种植。每逢花果期，其独特的景观魅力引来很多师生驻足欣赏拍照。

● 学生宿舍205栋西侧山菅兰景观

● 山菅兰的花

● 山菅兰的果实

● 261栋古建筑门前花基天门冬景观

● 351栋东侧绿化槽区域天门冬景观

天门冬

学名：*Asparagus cochinchinensis* (Lour.) Merr.
别名：三百棒、武竹、丝冬、老虎尾巴根、天冬草、明天冬
科属：百合科天门冬属

● 天门冬的花

● 天门冬的果实

简介 多年生半蔓生草本植物。根在中部或近末端膨大成纺锤状。茎平滑，基部木质化，多分枝丛生下垂。叶状枝通常每3枚成簇，扁平似松针，绿色有光泽。茎上的鳞片状叶基部延伸为硬刺，在分枝上的刺较短或不明显。花通常每2朵腋生，多白色。浆果熟时红色。花期5~6月，果期8~10月。

原产于南非，在我国河北、山西、陕西、甘肃等省的南部及华东、中南、西南、华南各省区都有分布。喜温暖，不耐严寒，喜阴、怕强光，适宜在土层深厚、疏松、肥沃、湿润且排水良好的沙壤土或腐殖质丰富的土中生长。

天门冬的块根是常用的中药，有滋阴润燥、清火止咳之功效。

植物文化 天门冬的花语是粗中有细，外表气宇轩昂，又细心体贴。

观赏地点 天门冬在康乐园的分布数量不多，目前仅见261栋古建筑门前花基、351栋东侧绿化槽、冼为坚堂内庭小花园、紫荆园宾馆庭院小花园内花槽、顺客隆超市门口沿线花槽以及原岐关车站门口树池等区域有少量种植。其翠绿茂盛的枝叶和鲜红的球形果，赋予了天门冬独特的观赏价值。

● 沿阶草的花序

● 沿阶草的植株

沿阶草

学名：*Ophiopogon bodinieri* Levl.
别名：铺散沿阶草、矮小沿阶草
科属：百合科沿阶草属

简介 多年生常绿地被植物。根纤细，近末端处有时具膨大成纺锤形的小块根。地下走茎长，节上具膜质的鞘。茎很短。叶基生成丛，禾叶状，先端渐尖，具3~5条脉，边缘具细锯齿。花葶较叶稍短或几等长，总状花序具几朵至十几朵花。花常单生或2朵簇生于苞片腋内。苞片条形或披针形，少数呈针形，稍带黄色，半透明。种子近球形或椭圆形。花期6~8月，果期8~10月。

分布于我国华东地区以及云南、贵州、四川、湖北、河南、陕西秦岭以南、甘肃南部、西藏和台湾等地，目前全国大部分城市园林绿化有栽培。沿阶草长势强健，耐阴性强，植株低矮，根系发达，覆盖较快，是一种良好的地被植物，可成片栽于风景区的阴湿空地和水边湖畔作地被植物。叶色终年常绿，花葶直挺，花色淡雅，可作为盆栽观叶植物。

沿阶草全株能入药，可治疗伤津心烦、食欲不振、咯血等症。

植物文化 沿阶草的花语是不老、不死。《见山堂集》中"春风自绿沿阶草，秋麦犹青负郭田"就是对沿阶草的描述。

观赏地点 沿阶草曾是20世纪八九十年代康乐园内种植面积最大的一类地被植物，但近年来种植数量越来越少，很多区域的沿阶草都被麦冬品种逐渐替代，目前其种植总面积仅剩数百平方米，主要分布在305栋北侧、冼为坚堂西侧、测试大楼门前两侧、工会楼南侧、校医院护养院前面小花园、第三教学楼西北两侧、梁銶琚堂北侧以及熊德龙活动中心西侧等区域。

● 第三教学楼西北两侧区域沿阶草景观

● 冼为坚堂西侧区域沿阶草景观

一叶兰

学名：*Aspidistra elatior* Blume
别名：蜘蛛抱蛋、大叶万年青、竹叶盘、九龙盘、竹节伸筋、斩龙剑
科属：百合科蜘蛛抱蛋属

● 园东湖北侧区域一叶兰景观

简介 多年生常绿宿根性草本植物。根状茎近圆柱形，具节和鳞片。叶单生，矩圆状披针形、披针形至近椭圆形，先端渐尖，基部楔形，边缘多少皱波状。因两面绿色浆果的外形似蜘蛛卵，露出土面的地下根茎似蜘蛛，故名"蜘蛛抱蛋"。

分布于我国南方各省区以及台湾等地，目前国内各大公园和绿地都有栽培。性喜温暖湿润的半阴环境，耐阴性极强，比较耐寒，不耐盐碱，不耐瘠薄、干旱，怕烈日暴晒，适宜生长在疏松、肥沃和排水良好的沙壤土中。

一叶兰的根状茎可入药，具有活血散瘀、补虚止咳之功效，用于治疗跌打损伤、风湿筋骨痛、腰痛、肺虚咳嗽、咯血等。

植物文化 一叶兰的花语是天长地久、独一无二、意志坚强。

观赏地点 一叶兰在康乐园的种植面积不是很大，目前仅有数百平方米。主要分布在梁銶琚堂北侧小花园、园东湖北侧、学生宿舍205栋东侧、图书馆内庭花园、316栋北侧及556栋东南侧等区域。优良的耐阴性和抗逆性使其成为校园内非常优良的地被植物资源。

● 梁銶琚堂北侧小花园一叶兰景观

● 一叶兰的花

● 一叶兰的果实

● 银边吊兰的花序

● 237栋古建筑东北侧区域银边吊兰景观

银边吊兰

学名：*Chlorophytum comosum* (Thunb.) Baker
别名：银边兰、金边草
科属：百合科吊兰属

简介 常绿草本，具根茎和肉质根。叶基生，剑形，叶片边缘为白色，向两端稍变狭。花梗细长，超出叶上，弯曲，总状花序，花小，白色。蒴果三棱状扁球形，每室具种子3~5颗。花期5月，果期8月。

原产于非洲南部，主产于北半球温带与寒带，包括我国吉林、河北、陕西、四川及华东等地，现全国各地都有栽培。喜温暖湿润、半阴的环境，耐寒力较差，宜于排水良好、肥沃的沙质土壤上生长。银边吊兰叶形美丽清秀，花葶低垂、姿态优美，经常被用作盆栽悬挂在室外廊下、窗前，或放置于门厅、高架之上观赏，同时，在园林中也可用来装点山石、崖壁等，素有"空中花卉"之称。它细长、优美的枝叶可以有效地吸收窗帘、家具、木地板等释放的甲醛，并充分净化空气。

银边吊兰全株可入药，具有化痰止咳、散瘀消肿、清热解毒之功效。

植物文化 银边吊兰的花语是无奈而又给人希望。

观赏地点 康乐园内银边吊兰的种植数量不是很多，主要以四墩楼234栋和237栋古建筑周边区域种植的数百平方米景观最佳。同时，在学生宿舍205栋西侧区域和梁銶琚堂南侧水池假山周边也有少量种植。此外，在部分住宅和办公楼宇阳台等区域还有以盆栽形式摆放造景。

● 234栋古建筑南侧区域银边吊兰景观

● 银边吊兰的植株

● 银边山菅兰的叶

银边山菅兰

学名：*Dianella ensifolia* cv. White Variegated
别名：银边山菅
科属：百合科山菅兰属

● 园东湖北侧沿线银边山菅兰景观

简介 多年生草本植物，为山菅兰园艺栽培品种。株高50～70厘米。茎横走，结节状，节上有细而硬的细根。叶近基生，2列，狭条状披针形，革质，叶边缘具银白色条纹，清逸美观。花葶从叶丛中抽出，圆锥花序长10～30厘米，花多朵，夏季开放，淡紫色，浆果紫蓝色。

我国广东、广西、云南、贵州、江西、福建、台湾、浙江等地的园林中大量栽培。喜半阴或光线充足的环境，喜高温多湿，不耐旱，对土壤条件要求不严。银边山菅兰株形优美，叶色秀丽，深受园艺工作者的喜爱，在园林中常作地被植物用于林下、园路边、山石旁，在室内亦可作盆栽观赏。

银边山菅兰全草有毒，家畜误食可能致死，人类误食它的果实也可能会呼吸困难而死。不过，它也是一种优良的药用植物，外用可拔毒消肿，治疗一些痈肿、癣等。其根入药可拔毒消肿，外用治痈疮脓肿、癣、淋巴结结核、淋巴结炎。

植物文化 银边山菅兰的花语是深度无奈和微丝希望并存。

观赏地点 康乐园中银边山菅兰的种植数量不是很多，其中以环校道东南段船池楼沿线、康乐路篮球场围栏沿线、324栋南面、550栋南侧、园东湖北侧区域以及校医院南侧围墙沿线等区域的景观最佳。

● 环校道东南段船池楼沿线银边山菅兰景观

玉龙草

学名：*Ophiopogon japonicus* (L. f.) Ker-Gawl. cv. Nanus
别名：矮小沿阶草
科属：百合科沿阶草属

● 玉龙草的根茎

● 玉龙草的植株

简介 多年生草本，具有块根，根系发达，乳白色略粗，几无茎，植株矮小，簇生成半球团状，高约10厘米。单叶丛生，狭线形，叶基锐，叶尖钝，叶缘粗糙，墨绿色，上下表面均光滑，下表面多少带白粉状。总状花序，每苞有花10朵，花茎直立，淡紫色至白色。蒴果，种子深蓝色。

原产于我国云南西北部的大理、丽江一带，近年在南方地区的园林中大面积应用。玉龙草喜光，耐阴性强，耐热，稍耐寒，适应性强，生长能力强，生长速度很快，种植成活率很高，管理也很方便。玉龙草比一般的草本植物耐践踏，是城市绿化中极佳的地被植材，可作为护坡植物、庭院地被、花坛缘植、树池绿植等，还可用来美化山坡、墙体，或成片种植在庭院观赏。

玉龙草全株可入药，具有消肿止痛之功效。

植物文化 玉龙草的花语是坚韧不屈的品格。

观赏地点 玉龙草是近年来引入校园栽植的一类优良矮生类地被植物，目前主要分布在逸仙大道沿线、园东路沿线等校园主干道两侧行道树的各个树池区域进行造景。此外，在图书馆北边小花园等区域也有少量绿化种植造景。

● 逸仙大道两侧沿线玉龙草树池景观

● 图书馆北边小花园玉龙草绿化景观

玉簪

学名：*Hosta plantaginea* (Lam.) Aschers.
别名：白萼、白鹤仙
科属：百合科玉簪属

● 玉簪的植株

● 玉簪的花序

简介 多年生宿根草本花卉。根状茎粗厚。叶卵状心形、卵形或卵圆形，先端近渐尖，基部心形。顶生总状花序，着花9~15朵。花白色，筒状漏斗形，有芳香，因其花苞质地娇莹如玉，状似头簪而得名。花期7~9月。蒴果圆柱状，有3棱。

产于我国四川（峨眉山至川东）、湖北、湖南、江苏、安徽、浙江、福建和广东。玉簪性强健，耐寒冷，性喜阴湿环境，不耐强烈日光照射，要求土层深厚、排水良好且肥沃的沙质壤土。玉簪是一类比较优良的阴生地被植物，在园林中可用于树下作地被植物，或植于岩石园或建筑物北侧，也可盆栽观赏或作切花用。目前园林中应用的品种主要有白花玉簪、红花玉簪和花叶玉簪。康乐园目前栽培的品种主要为白花玉簪。

玉簪可入药，有消肿、解毒、止血之功效。

植物文化 玉簪的花语为冰清玉洁、清新脱俗。

观赏地点 康乐园在2023年春夏之际随校园绿化景观提升引入玉簪种植，目前仅在550栋北侧区域种植了60多平方米白花玉簪。

● 550栋北侧区域白花玉簪景观

中叶麦冬

学名: *Liriope platyphylla* Medium Blade
别名: 中叶山麦冬
科属: 百合科山麦冬属

● 中叶麦冬的花序

● 中叶麦冬的叶子

简介　多年生常绿草本植物，植株丛生。根较粗，多分枝，中间或近末端常膨大成椭圆形或纺锤形的肉质块根。茎很短。叶基生成丛，禾叶状。总状花序具多数花，花葶通常长于叶，苞片小，刚毛状。花被片常稍下垂而不展开，披针形，花紫色。花期6月下旬至9月。种子球形，初期绿色，成熟后变黑紫色。

● 336栋数学楼北侧区域中叶麦冬景观

● 第三教学楼西侧区域中叶麦冬景观

原产于我国，目前在我国南方地区的园林中均有栽培。喜温暖湿润、降雨充沛的气候条件。耐阴、耐寒、耐旱、抗病虫害，喜疏松、肥沃、排水良好、土层深厚的沙质壤土。具有很高的园林绿化价值。

中叶麦冬的小块根可以入药，具有润肺、止咳、化痰、补气的作用。

植物文化　中叶麦冬的花语是不求回报、一心向善和无畏。

观赏地点　中叶麦冬是近几年逐渐引入康乐园内种植的一类优良地被植物，校园很多区域都有种植，尤以336栋数学楼北侧、第三教学楼西北侧、305栋西侧、306栋以及部分学生宿舍楼周边区域的景观最佳，展现了学校在校园景观建设方面的努力和成果。

二、唇形科

● 彩叶草的花序

● 332栋东侧区域彩叶草景观

● 西区611栋南侧区域彩叶草景观

彩叶草

学名：*Plectranthus scutellarioides* (L.) R.Br.
别名：五彩苏、老来少、五色草、锦紫苏
科属：唇形科鞘蕊花属

● 彩叶草的叶

简介 直立或上升草本植物。茎通常紫色。叶片膜质，通常卵圆形，先端钝至短渐尖，基部宽楔形至圆形，边缘具圆齿状锯齿或圆齿，色泽多样，有黄、暗红、紫及绿色。轮伞花序多花，花多数密集排列，花梗与序轴被微柔毛。苞片宽卵圆形，花萼钟形，萼檐二唇形，中裂片宽卵圆形，侧裂片短小，卵圆形，花冠浅紫至紫或蓝色，冠筒骤然下弯，冠檐二唇形，花丝在中部以下合生成鞘状，花柱超出雄蕊，花盘前方膨大。小坚果褐色，具光泽。7月开花。

我国各地园圃普遍栽培，作观赏用。它是喜温性植物，适应性强，要求冬季温度不低于10℃，夏季高温时稍加遮阴，喜充足阳光，光线充足能使叶色鲜艳。彩叶草是园林和城市用作绿化美化、营造植物景观的重要类群，具有株形美观、色彩多样、繁殖简便和易于造景的特点，也具有观赏价值。

彩叶草入药，具有清热、利湿、解毒的功效，常被用来治疗消化不良、眼疾、神经衰弱、咳嗽等。

植物文化 彩叶草的花语是绝望的爱情，明知没有结果，却仍然飞蛾扑火。

观赏地点 康乐园中目前仅见在马岗顶332栋东侧区域和西区611栋南侧区域种植有少量彩叶草，其颜色艳丽多彩，观赏性极佳，成为该区域的一道靓丽风景线。

三、禾本科

银边草

学名：*Arrhenatherum elatius* f. *variegatum*
别名：丽蚌草
科属：禾本科燕麦草属

● 银边草的植株

● 银边草的花序

简介 多年生草本植物，株高约20～40厘米。叶丛生，线状披针形，具银白色边缘，地下茎为白色念珠状，地上茎簇生、光滑。圆锥花序具长梗，有分枝。小穗具2花，上面花两性或雌性，下面花为雄花。花期6～7月。

原产于英国，我国早年引种栽培。银边草喜凉爽湿润气候，喜阳也耐阴，忌酷暑，通常在炎热夏季地上部分常枯萎而休眠，耐寒也耐旱，不择土壤，很容易栽培。它是优良的宿根观叶植物，园林中多丛植或与山石相配而栽植，效果均好。此外，它也是园林中可作花境、绿篱等镶边配置的优良植物。

银边草全株可入药，有清热解毒、止咳化痰、活血化瘀的功效。

植物文化 银边草的花语是福禄双至。

观赏地点 银边草是近年来引入康乐园种植的一类优良地被植物，主要分布在305栋东侧、环校道东南段围墙沿线、激光楼南侧、565栋陆佑堂南侧、原危险化学品仓库等区域，观赏性极佳。

● 环校道东南段围墙沿线银边草景观

● 565栋陆佑堂南侧区域银边草景观

四、胡椒科

假蒟

学名：*Piper sarmentosum* Roxb.
别名：蛤蒌、假蒌、山蒌等
科属：胡椒科胡椒属

● 图书馆西侧坡面沿线假蒟景观

简介 多年生匍匐草本秃净灌木或亚灌木，基部匍匐状，上部直立或攀缘，节膨大，可生不定根。小枝近直立，无毛或幼时被极细的粉状短柔毛。叶近膜质，有细腺点。下部的叶阔卵形或近圆形，顶端短尖，基部心形或稀有截平，网状脉明显；上部的叶小，卵形或卵状披针形，基部浅心形、圆、截平或稀有渐狭。花单性，雌雄异株，聚集成与叶对生的穗状花序。浆果近球形，具4角棱，无毛，基部嵌生于花序轴中并与其合生。花期4～11月。

产于我国广东、广西、福建、云南、贵州及西藏（墨脱）各省区。生于林下或村旁湿地上。耐用性强，对土壤的要求不严。既是非常优良的药食两用植物，也是优良的耐用观叶类地被植物资源。

全株可入药，治疟疾、脚气、牙痛、痔疮等，同时还具有镇静安神、提高免疫和抗菌消炎等作用。

植物文化 在我国广东湛江地区有一道用假蒟做的美食叫假蒟饭，有一股特殊的香味，吸引很多食客前去品尝，食用后，有补气血、减少色斑等效果。

观赏地点 康乐园中假蒟的分布数量不是很多，主要分布在图书馆西侧坡面沿线、344栋东侧边坡以及马岗顶部分建筑物周边区域，基本处于蔓生状态，但观赏性极佳。

● 假蒟的叶片

● 假蒟的花序

● 344栋东侧边坡区域假蒟景观

五、姜科

● 姜花的花序

姜花

学名：*Hedychium coronarium* Koen.
别名：野姜花、蝴蝶姜、穗花山奈、蝴蝶花、香雪花、夜寒苏
科属：姜科姜花属

● 343栋东南侧区域姜花景观

简介 草本植物。茎可高达2米。叶片披针形或长圆状披针形，长20～40厘米，顶部渐尖生长，根基急尖，叶表面光滑有光泽，带有长2～3厘米的叶舌。顶部花生长有序，呈椭圆形，长不足20厘米。苞片为卵圆形，每一苞片内约有花3朵。唇瓣倒心形，长宽6厘米左右。花丝长3厘米左右，花药室长约1.5厘米。

原产于热带亚洲，包括印度和马来西亚的热带地区，大概在清代传入我国。不耐寒，喜冬季温暖、夏季湿润的环境，抗旱能力差，生长初期宜半阴，生长旺盛期需充足阳光。土壤宜肥沃、保湿力强。姜花有清新的香味，放于室内可当作天然的空气清新器。

姜花入药，具有温中和胃、健脾消食、祛风散寒、温经止痛的功效。

植物文化 姜花的花语是将记忆永远留在夏天。它是公认的巨蟹座守护花，有带来居家的幸福之意，能够提供良好舒适的生活。它是古巴和尼加拉瓜的国花。

观赏地点 康乐园中姜花的种植数量不是很多，目前仅见在中大出版社办公楼342栋东北侧和343栋东南侧区域有少量种植。

● 342栋东北侧区域姜花景观

● 姜花的叶

• 343栋东南侧
  区域姜黄景观

姜黄

学名：*Curcuma longa* L.
别名：郁金、宝鼎香、毫命、黄姜
科属：姜科姜黄属

• 姜黄的花序

简介　多年生草本植物。株高1~1.5米，根茎发达，分枝很多，椭圆形或圆柱状，橙黄色，极香。叶每株5~7片，叶片长圆形或椭圆形，顶端短渐尖，基部渐狭，绿色，无毛。花葶由叶鞘内抽出，穗状花序圆柱状。苞片卵形，淡绿色，顶端钝，上部无花的较狭，顶端尖，开展，白色，边缘染淡红晕。花萼白色，具不等的钝3齿，被微柔毛。花冠淡黄色，上部膨大，裂片三角形，后方的1片稍较大，具细尖头。侧生退化雄蕊比唇瓣短，与花丝及唇瓣的基部相连成管状。唇瓣倒卵形，淡黄色，中部深黄，花药无毛，药室基部具2角状的距。花期8月。

产于我国台湾、福建、广东、广西、云南、西藏等地，东亚及东南亚广泛栽培。喜温暖湿润气候，阳光充足、雨量充沛的环境，怕严寒霜冻，怕干旱和积水。可提取黄色食用染料。所含姜黄素可制分析化学试剂。

姜黄入药，能行气破瘀、通经止痛，主治胸腹胀痛、肩臂痹痛、心痛难忍、产后血痛、疮癣初发、月经不调、闭经、跌打损伤。

植物文化　姜黄的花语是信赖，高洁清雅，将记忆永远留在夏天。

观赏地点　康乐园中姜黄的种植数量不是很多，目前仅见中大出版社办公楼343栋东南侧区域有少量种植。

• 姜黄的叶片

山姜

学名：*Alpinia japonica* (Thunb.) Miq.
别名：箭杆风、九姜连、九龙盘、鸡爪莲
科属：姜科山姜属

● 山姜的植株

● 山姜的花序

● 山姜的果实

● 竹园荫棚东侧区域山姜景观

● 343栋东南侧区域山姜景观

简介 多年生草本植物。根茎横生，分枝。叶片通常2～5片。叶舌2裂，被短柔毛。叶片披针形或狭长椭圆形，两端渐尖，先端具小尖头，两面，特别是叶下面被短柔毛。总状花序顶生，花序轴密生绒毛。总苞片披针形，开花时脱落。小苞片极小，早落。花通常2朵聚生，在2朵花之间常有退化的小花残迹可见。花冠管被疏柔毛，花冠裂片长圆形，外被绒毛，后方的一枚兜状。果球形或椭圆形，被短柔毛，熟时橙红色，先端具宿存的萼筒。种子多角形，有樟脑味。花期4～8月，果期7～12月。

分布于我国的浙江、江西、福建、台湾、湖北、湖南、广东、广西、四川、贵州和云南等地。山姜的花构造奇特，叶片色彩艳丽，具沁人的香气，目前在园林中多有栽培造景。

山姜的根状茎可入药，具有祛风通络、理气止痛之功效。

植物文化 山姜的花语是将美好的记忆永远留在夏天。

观赏地点 康乐园中山姜的种植数量不是很多，目前中东区仅见竹园荫棚东侧、304栋南侧和中大出版社办公楼343栋东南侧区域有少量种植。此外，西区的部分住宅楼周边也有少量种植。

六、景天科

落地生根

学名：*Bryophyllum pinnatum* (Lam.) Oken
别名：不死鸟、墨西哥斗笠、灯笼花、花蝴蝶、叶爆芽
科属：景天科落地生根属

● 落地生根的花序

● 落地生根的植株

简介 多年生草本植物，高40~150厘米。茎有分枝。羽状复叶，小叶长圆形至椭圆形，先端钝，边缘有圆齿，圆齿底部容易生芽，芽长大后落地即成一新植物。圆锥花序顶生，花下垂，花萼圆柱形。花冠高脚碟形，基部稍膨大，向上成管状，裂片4，卵状披针形，淡红色或紫红色。雄蕊8，着生花冠基部，花丝长。鳞片近长方形。心皮4。蓇葖包在花萼及花冠内。种子小，有条纹。花期1~3月。

原产于非洲，我国各地均有栽培，也有逸为野生的。喜阳光充足、温暖湿润的环境，甚耐寒，适宜生长于排水良好的酸性土壤中。落地生根是最常见的多浆植物，其叶片肥厚多汁，边缘长出整齐美观的不定芽，形似一群小蝴蝶，飞落于地，立即扎根繁育子孙后代，颇有奇趣。常用于盆栽，是窗台绿化的好材料，点缀书房和客室也具雅趣。还可在园林中作造景植物应用。

落地生根全草可入药，可解毒消肿、活血止痛、拔毒生肌。

植物文化 落地生根的花语是切切实实、一心一意、转运旺财、好运连连。

观赏地点 康乐园中目前仅见在大钟楼一楼校史馆门口两侧的花槽种植有少量落地生根。此外，部分师生还以盆栽方式种养在室内进行观赏。

● 大钟楼校史馆门前花槽落地生根景观

七、菊科

● 广寒宫东北侧区域南美蟛蜞菊景观

● 广寒宫网球场南侧边坡区域南美蟛蜞菊景观

南美蟛蜞菊

学名：*Sphagneticola trilobata* (Linnaeus) Pruski
别名：三裂叶蟛蜞菊、地锦花、穿地龙
科属：菊科蟛蜞菊属

● 南美蟛蜞菊的叶　　● 南美蟛蜞菊的花

简介　多年生草本植物。茎横卧地面，能节间生长，具短刚毛。叶对生，油亮肥厚，翠绿如茵，边缘有锯齿，呈3裂叶。头状花黄色，单生于茎顶，花瓣呈3裂状，末梢呈2缺口，舌状花短而宽，仅数片，鲜黄，腋生，具长柄。花期极长，几乎全年见花。瘦果有棱，先端有硬冠毛。

原产于热带美洲。生性粗放，喜温带至热带气候，不耐霜冻。适应任何疏松土壤，耐旱、耐湿、耐瘠、耐盐碱，抗虫、抗病害，易成活、生长快、覆盖面广。常用作花坛及庭园美化，可丛植。定沙能力佳，为护坡、护堤之优良覆盖植物。

南美蟛蜞菊可入药，具有清热解毒、凉血散瘀之功效。

植物文化　南美蟛蜞菊的花语是忠贞不渝。

观赏地点　南美蟛蜞菊在康乐园的种植面积不大，目前仅见261栋东侧、394栋叶葆定堂西侧、572栋南侧、广寒宫东北侧绿化区以及环校道广寒宫网球场南侧边坡区域有少量种植。每到花期，遍地黄花绽放，景观非常漂亮迷人，为校园增添了勃勃生机，是非常优良的观叶观花类地被植物。

● 394栋叶葆定堂西侧区域南美蟛蜞菊景观

八、爵床科

翠芦莉

学名：*Ruellia simplex* C.Wright
别名：蓝花草、兰花草、芦莉草、人字草
科属：爵床科单药花属

● 翠芦莉的植株　　● 翠芦莉的花

简介　宿根草本类花卉。地下根茎蔓延生长，形成交织的水平根茎网，其上生有芽，芽向上长出地上苗，并相应地生出不定根，形成新的植株。单叶对生，线状披针形。叶暗绿色，新叶及叶柄常呈紫红色。茎略呈方形，具沟槽，红褐色。花腋生，具放射状条纹，细波浪状，多蓝紫色，少数粉色或白色。春至秋季均能开花，花期极长，花谢花开，日日可见花。蒴果长形，先为绿色，成熟后转为褐色。果实开裂后种子散出，种子细小如粉末状。

原产于墨西哥，在我国南方地区的园林绿化中广泛应用。抗逆性强，适应性广，对环境条件要求不严。耐旱和耐湿力均较强，喜高温、耐酷暑，不择土壤，耐贫瘠力强，耐轻度盐碱土壤。对光照要求不严，全日照或半日照均可种植。翠芦莉适合庭园成簇美化或盆栽造景。在园林绿化的花境布置中往往将翠芦莉与其他花卉形成自然式的斑块混交，表现花卉的自然美以及不同种类植物组合形成的群落美。

翠芦莉可入药，具有消肿止痛、止痒的药用价值。

植物文化　翠芦莉的花语是希望、理想。

观赏地点　康乐园中翠芦莉的种植面积大约有数千平方米，有粉红花和紫花两个品种，近几年来大量种植在部分建筑物、构筑物、花槽等区域进行造景。其中，东区博士后公寓楼群周边、203栋东侧花槽、324栋南侧、中区大草坪中心喷泉周边、逸夫楼南侧花槽、小礼堂门前两侧小花园等区域的景观效果最好，尤其是开花季节，为校园增添了一份别样的色彩和活力。

● 逸夫楼南侧花槽紫花翠芦莉景观

九、龙舌兰科

短叶虎尾兰

学名：*Sansevieria trifasciata* 'Hahnii'
别名：小虎兰
科属：龙舌兰科虎尾兰属

● 短叶虎尾兰的植株　● 短叶虎尾兰的花序

简介　多年生肉质草本植物。叶丛矮小，叶片短而宽，回旋重叠，叶面斑纹清新雅致，是装饰窗台、阳台或书桌的理想绿色材料。

原产于印度东部和斯里兰卡，我国各地均有栽培。短叶虎尾兰喜温暖湿润和阳光充足的环境，不耐寒，耐干旱和半阴，忌积水和雨涝，要求肥沃、排水良好的沙壤土。它是一种能净化室内环境的优良观叶植物，同时也可以在绿化区种植造景。

短叶虎尾兰可入药，具有清热解毒、活血消肿的药用功效。

植物文化　短叶虎尾兰寓意着坚定不变的信念，可送给即将参加高考的学子，祝愿他们取得成功。此外，因短叶虎尾兰的寿命较长，有着长寿的寓意，也可送给老人，祝愿他们健康长寿。短叶虎尾兰还有着勇往直前的寓意，可送给正在创业的朋友，祝愿对方取得成功。

观赏地点　短叶虎尾兰在康乐园中的种植面积不大，目前中东区仅见在紫荆园宾馆内庭花园的几个花基有少量种植。

● 紫荆园宾馆内庭花基短尾虎皮兰景观

● 641栋南侧绿化区虎尾兰景观

虎尾兰

学名：*Sansevieria trifasciata* Prain
别名：虎皮兰、千岁兰、虎尾掌、锦兰
科属：龙舌兰科虎尾兰属

● 虎尾兰的花序

简介 多年生肉质草本植物。具根状茎。叶基生，肉质线状披针形，硬革质，直立，基部稍呈沟状，暗绿色，两面有浅绿色和深绿色相间的横向斑带。总状花序，花白色至淡绿色。浆果直径约7～8厘米。花期11～12月。

原产于非洲西部和亚洲南部，分布在非洲热带地区和印度。我国各地均有栽培。虎尾兰适应性强，性喜温暖湿润，耐干旱，喜光又耐阴。对土壤要求不严，以排水性较好的沙质壤土较好。是一种能净化室内环境的优良观叶植物，同时也可以在绿化区种植造景。

虎尾兰可入药，具有清热解毒、活血消肿的药用功效。

植物文化 虎尾兰的花语是坚定、刚毅、坚韧不拔。

观赏地点 康乐园中虎尾兰的种植数量近几年严重减少，目前仅见在中东区博士后公寓169～170栋周边、340栋古建筑南侧以及西区621、641栋南侧等区域有少量种植。此外，西区教职工住宅区的一些庭院和阳台区域也有少量盆栽。

● 340栋古建筑南侧绿化槽虎尾兰景观

● 博士后公寓170栋周边虎尾兰景观

● 金边虎皮兰的花序　　● 新建生命科学楼屋顶天台金边虎皮兰景观　　● 西区621栋北侧区域金边虎皮兰景观

金边虎皮兰

学名：*Sansevieria trifasciata* var. Lanrentii
别名：金边虎尾兰、千岁兰
科属：龙舌兰科虎尾兰属

简介　多年生肉质草本植物。根茎部卷成筒状，叶片抽出时为筒状，随着叶片逐步升高，会渐渐展开平生。具匍匐的根状茎，褐色，半木质化，分枝力强。叶片从地下茎生出，丛生，扁平，直立，先端尖，剑形。叶色浅绿色，正反两面具白色和深绿色相间的横向斑带，状似虎皮，表面有很厚的蜡质层，边缘为黄色宽边，故名为金边虎皮兰。花期一般在11月，花白色或绿白色筒状形，具香味，多不结实。

原产于非洲西部和亚洲南部，分布于非洲热带地区和印度。我国各地均有栽培。喜温暖、阳光、干旱、薄肥、洁净，是一种能净化室内环境的优良观叶植物，同时也可以在绿化区种植造景。

金边虎皮兰可入药，具有清热解毒、活血消肿的药用功效。

植物文化　金边虎皮兰的花语是坚定、刚毅、坚韧不拔。

观赏地点　康乐园中目前仅见在256栋内庭小花园、新建生命科学楼屋顶天台花槽以及西区621栋北侧等区域有金边虎皮兰种植。此外，西区教职工住宅区的一些庭院和阳台有盆栽。

● 256栋内庭小花园金边虎皮兰景观

● 金边龙舌兰的花序

● 138栋北侧绿化区金边龙舌兰景观

金边龙舌兰

学名：*Agave americana* var. marginata Trel.
别名：金边莲、金边假菠萝
科属：龙舌兰科龙舌兰属

● 金边龙舌兰的植株

简介 多年生常绿草本植物。茎短，稍木质。叶多丛生，呈剑形，大小不等，质厚，平滑，绿色，边缘有黄白色条带镶边，有紫褐色刺状锯齿。花茎有多数横纹，花黄绿色，肉质，花被部分合生，裂片6枚。雄蕊6个，着生于花被管上，伸出，花药丁字形着生。子房3室，花柱钻形，柱头头状，3裂。蒴果长椭圆形，胞间开裂。种子多数，扁平，黑色。花期夏季。一般10年左右才开花，结实后即枯死。

原产于美洲的沙漠地带，在我国分布于西南、华南地区。喜温暖、光线充足的环境，耐旱性极强，要求疏松透水的土壤。多孤植或散植栽培于各类庭园造景。

金边龙舌兰可入药，有润肺、化痰、止咳之功效。

植物文化 金边龙舌兰的花语是离别之痛。

观赏地点 康乐园中金边龙舌兰的种植数量不是很多，目前仅见在紫荆园停车场东侧、学生宿舍136～138栋北侧、351栋北侧等区域有少量种植，观赏性极佳。

● 紫荆园停车场东侧绿化区金边龙舌兰景观

银边龙舌兰

学名：*Agave americana* var. marginata-alba L.
别名：白缘龙舌兰
科属：龙舌兰科龙舌兰属

● 银边龙舌兰的花序　　● 银边龙舌兰的植株

简介　大型肉质草本植物，无茎。叶子厚、坚硬、倒披针形，灰绿色，莲座式排列，较松散，冠径约3米，底部叶子部分较软，匍匐在地，较大的叶子经常向后反折，少数叶子的上半部分会向内折，叶基部表面凹，背面凸，至叶顶端形成明显的沟槽。叶顶端有1枚硬刺，叶缘具向下弯曲的疏刺。大型圆锥花序高，上部多分枝。花簇生，有浓烈的臭味。花被基部合生成漏斗状，黄绿色。开花后花序上生成的珠芽极少。蒴果近球形。

原产于西印度群岛。喜稍凉冷、干燥的环境，具有坚强的生命力，可忍受比较恶劣的环境。银边龙舌兰植株矮小，叶片刚劲美观，很适合大盆栽培观赏或孤植、散植于园林绿化中造景。

● 博士后公寓168栋周边银边龙舌兰景观

植物文化　银边龙舌兰的花语是为爱付出一切。

观赏地点　康乐园中银边龙舌兰被引入种植的时间不长，种植数量也非常稀少，目前仅见576栋伍舜德图书馆东南侧区域有3棵，东区博士后公寓168栋西边角区域有9棵，观赏性极佳。

● 576栋伍舜德图书馆东南侧银边龙舌兰景观

柱叶虎尾兰

学名：*Sansevieria canaliculata* Carr.
别名：棒叶虎尾兰、葱叶虎尾兰、筒叶虎尾兰、圆叶虎尾兰
科属：龙舌兰科虎尾兰属

● 柱叶虎尾兰的肉质叶

简介 多年生肉质草本植物。叶片坚挺直立,肉质叶片从基部丛生,顶部尖细,质硬。叶面有灰白和深绿相间的虎尾状横带斑纹,姿态刚毅,奇特有趣。总状花序,小花通常为白色或粉色。

原产于干旱的非洲及亚洲南部,我国各地均有栽培。它适应性强,性喜温暖湿润,耐干旱,喜光又耐阴。对土壤要求不严,对环境的适应能力强,以排水性较好的沙质壤土较宜。栽培品种较多,株形和叶色变化较大,精美别致。栽培利用广泛,既是常见的室内盆栽观叶植物,也常种植于各类绿化槽造景。

柱叶虎尾兰可入药,具有清热解毒、活血消肿的药用功效。

植物文化 柱叶虎尾兰的寓意有3种。一是坚定,因为它的叶子好像箭一样,直立向上,指向天空,寓意非常坚定,告诫我们要坚强面对生活中的困难;二是刚毅,能摆平生活中的不平之事;三是坚韧不拔,寓意有忍耐的精神。

观赏地点 柱叶虎尾兰在康乐园的分布非常稀少,目前仅见在黑石屋东南角区域有少量种植。

● 柱叶虎尾兰的花序

● 黑石屋东南角绿化区柱叶虎尾兰景观

十、美人蕉科

美人蕉

学名：*Canna indica* L.
别名：大花美人蕉、红艳蕉等
科属：美人蕉科美人蕉属

 红花美人蕉的花

 黄花美人蕉的花

 双色鸳鸯美人蕉的花

简介 多年生草本植物，高可达1.5米，全株绿色无毛，被蜡质白粉。具块状根茎，地上枝丛生。单叶互生，具鞘状的叶柄，叶片卵状长圆形。总状花序疏花，略超出于叶片之上。萼片3枚，绿白色，先端带红色。花冠大多绿色或红色。唇瓣披针形，弯曲。蒴果绿色，长卵形，有软刺。花果期3~12月。

原产于美洲热带、印度、马来半岛等地区，我国早年引进，目前各地均有栽培。不耐寒，怕强风和霜冻。对土壤要求不严，能耐瘠薄，在肥沃、湿润、排水良好的土壤中生长良好。美人蕉现在培育出了许多新的优良品种，常见的有红花美人蕉、黄花美人蕉和双色鸳鸯美人蕉，观赏价值极高，可用作盆栽，也可以种植在景点附近、街道两旁以及各类园区进行美化。

美人蕉的根茎具有清热利湿、舒筋活络的药用价值。

植物文化 美人蕉的花语是美好的未来。

观赏地点 美人蕉目前仅见在康乐园梁銶琚堂南面贵宾室鱼池有2个盆栽景观，松园湖西侧区域有1个盆栽景观。此外，西区528栋西南侧和611栋南侧区域还有少量种植。

● 528栋西南侧美人蕉景观

● 梁銶琚堂鱼池美人蕉景观

十一、肾蕨科

肾蕨

学名：*Nephrolepis cordifolia* (L.) C. Presl
别名：圆羊齿、蜈蚣草、篦子草、天鹅抱蛋、石蛋果、排骨草、凤凰蛋等
科属：肾蕨科肾蕨属

● 肾蕨的植株

● 肾蕨的孢子体

简介 附生或土生植物。根状茎直立，被蓬松的淡棕色长钻形鳞片，下部有粗铁丝状的匍匐茎向四方横展。叶簇生，暗褐色，略有光泽，叶片线状披针形或狭披针形，一回羽状，羽状多数，互生，常密集而呈覆瓦状排列，叶缘有疏浅的钝锯齿。叶坚草质或草质，干后棕绿色或褐棕色，光滑。孢子囊群成1行位于主脉两侧，肾形，生于每组侧脉的上侧小脉顶端，位于从叶边至主脉的1/3处。囊群盖肾形，褐棕色，边缘色较淡，无毛。

原产于热带和亚热带地区，我国华南各地山地林缘有野生。喜温暖潮湿的环境，自然萌发力强，喜半阴，忌强光直射，对土壤要求不严，以疏松、肥沃、透气、富含腐殖质的中性或微酸性沙壤土生长最为良好。肾蕨是国内外广泛应用的观赏蕨类，盆栽可点缀书桌、茶几、窗台和阳台，也可吊盆悬挂于客室和书房。在园林中可作阴性地被植物或布置在墙角、假山、坡地和水池边。此外，其叶片还可作切花、插瓶的陪衬材料。肾蕨可吸附砷、铅等重金属，被誉为"土壤清洁工"。

肾蕨全草和块茎都可入药，有清热利湿、宁肺止咳、软坚消积之功效。

植物文化 肾蕨的花语是殷实的朋友。

观赏地点 肾蕨在康乐园很多建筑物周边都有零星种植，总面积达3000多平方米，其中以262栋网络与信息中心楼周边、图书馆周边、305栋西侧、陈寅恪故居西侧、马岗顶316和318栋等古建筑周边等区域的种植面积最大，景观也最佳。该地被植物也是康乐园的绿化发展历史中比较重要的物种资源之一。

● 262栋网络与信息中心楼北侧区域肾蕨景观

● 陈寅恪故居西侧边坡区域肾蕨景观

波士顿蕨

学名：*Nephrolepis exaltata* cv. Bostoniensis
别名：优美蕨、波士顿肾蕨、高肾蕨
科属：肾蕨科肾蕨属

简介 多年生常绿蕨类草本植物。叶长可达1米，植株高30～80厘米，根状茎短而直立，向上有丛生叶，向下有线状匍匐茎从叶腋向四周扩展。叶草质、光滑，叶形变化多端，返祖型叶强壮直立，突变型叶较柔软，稍下垂，叶片为二回羽状深裂，小羽片基部有耳状偏斜。孢子囊群半圆形，生于叶背近叶缘处。

● 冼为坚堂内庭小花园波士顿蕨景观

原产于热带及亚热带地区，在我国台湾有分布。耐干旱，亦耐半阴，性喜温暖湿润，适应性极强，既可用作庭园绿化，增强绿化区的美观效果，又能将其放置在客厅、书房、卧室、会议室等地方，起到点缀、装饰的作用，美化家居环境。同时，波士顿蕨具有超强的吸收甲醛、甲苯和二甲苯等有害气体的能力，起到净化空气的作用，能提高空气质量、提高睡眠质量，有助于人体健康。

波士顿蕨的块茎可入药，主治月经不调、不孕症、皮肤病等。

植物文化 波士顿蕨的花语是耐心。

观赏地点 波士顿蕨在康乐园的分布非常稀少，目前仅见冼为坚堂内庭小花园有少量种植，熊德龙活动中心庭院有1个盆栽景观。

● 波士顿蕨的孢子囊群

● 波士顿蕨的叶片

● 熊德龙活动中心庭院波士顿蕨盆栽景观

十二、石蒜科

大叶仙茅

学名：*Curculigo capitulata* (Lour.) O. Ktze.
别名：野棕、大地棕、猴子背巾、猴子包头、竹灵芝
科属：石蒜科仙茅属

 大叶仙茅的花序　 大叶仙茅的叶片

简介　粗壮草本植物，高可达1米。根状茎粗厚，块状。叶通常4~7枚，长圆状披针形或近长圆形，纸质，全缘，顶端长渐尖，具折扇状脉，叶柄上面有槽，侧背面均密被短柔毛。花茎通常短于叶，被褐色长柔毛。总状花序强烈缩短成头状，球形或近卵形，俯垂，苞片卵状披针形至披针形，被毛。花黄色，花被裂片卵状长圆形，顶端钝，外轮的背面被毛，内轮的仅背面中脉或中脉基部被毛。浆果近球形，白色，种子黑色。花期5~6月，果期8~9月。

分布于我国福建、广东、海南、广西、四川、贵州、云南等地。喜温暖阴湿的环境，能耐0℃左右的低温，生性强健，栽培管理较容易，宜种植在含腐殖质、疏松、肥沃的沙壤土上。大叶仙茅不仅是优美的盆栽室内观叶植物，也适宜在庭院和公园等区域栽培观赏。

大叶仙茅以根及根状茎入药，有润肺化痰、止咳平喘、镇静健脾、补肾固精之功效，用于治疗肾虚喘咳、腰膝酸痛、白带、遗精等。

植物文化　大叶仙茅的花语是天长地久、独一无二的你。

观赏地点　康乐园中大叶仙茅的种植面积超1000平方米，是校园重要的优良地被植物，中东区大部分建筑周边都有分布，其中以266栋数学楼南侧、第一教学楼东侧、第三教学楼西侧、南草坪餐厅周边、304栋北侧、马岗顶324栋南侧、343栋中大出版社办公楼周边、紫荆园庭院和西北区小花园、南门岐关车站周边等区域的景观效果最佳。

● 数学楼南侧区域大叶仙茅景观

● 304栋北侧绿化区大叶仙茅景观

文殊兰

学名：*Crinum asiaticum*
别名：十八学士、白花石蒜、翠堤花
科属：石蒜科文殊兰属

● 图书馆西北侧区域文殊兰景观

简介 多年生粗壮草本植物。鳞茎长柱形。叶多列，带状披针形，顶端渐尖，边缘波状，暗绿色。花茎直立，几与叶等长，伞形花序，佛焰苞状总苞片披针形，膜质，小苞片狭线形。花高脚碟状，芳香。花被管纤细，绿白色，花被裂片线形，向顶端渐狭。雄蕊淡红色，花药线形，顶端渐尖，子房纺锤形。蒴果近球形，通常有种子1枚。花期夏季。

原产于印度尼西亚、苏门答腊等区域，我国南方热带和亚热带省区均有栽培，但在云南西双版纳的栽培尤多，因为文殊兰被佛教寺院定为"五树六花"之一。文殊兰性喜温暖湿润、光照充足、肥沃沙质壤环境，不耐寒，耐盐碱土，盆栽以腐殖质含量高、疏松、肥沃、通透性能强的沙质培养土为宜。生产栽培种有亚洲文殊兰、可爱文殊兰和红花文殊兰。文殊兰花叶并美，具有较高的观赏价值，既可作园林景区、校园或机关及住宅小区的绿地点缀物，又可作庭院装饰花卉，还可作房舍周边的绿篱等。

文殊兰的叶、根均可入药，有行血散瘀、消肿止痛之效，治跌打损伤、风热头痛、热毒疮肿等症。

植物文化 文殊兰的花语是执子之手、与子偕老，与君同行、夫妇之爱。

观赏地点 文殊兰在康乐园的种植数量不是很多，主要分布在119栋南侧、图书馆西北侧以及马岗顶319栋东侧等区域。

● 文殊兰的花

● 文殊兰的果实

● 马岗顶319栋东侧区域文殊兰景观

● 蜘蛛兰的植株

● 571栋哲生堂北侧区域蜘蛛兰景观

● 蜘蛛兰的花

蜘蛛兰

学名：*Hymenocallis littoralis* (Jacq.) Salisb.
别名：美洲水鬼蕉、水鬼蕉、海水仙、蜘蛛百合
科属：石蒜科水鬼蕉属

简介　多年生草本植物，株高1~2米。叶基生，柔软，肉质性，深绿色而有光泽，倒披针形，顶端锐尖，基部有纵沟，向四面生长且略弯曲。地下茎球形而粗大，外被褐色薄片。花葶粗壮，灰绿色，压扁，实心。伞形花序顶生，着花10~15朵，白色，有香气，雄蕊花丝和黄色花药成T字形相接，花形似蜘蛛或鸡爪，故有"蜘蛛兰""蜘蛛百合"之称。花期夏秋。

原产于西印度群岛，早年传入我国。喜温暖湿润气候，适应性强，不择土壤，但以富含腐殖质、疏松、肥沃、排水良好的沙质壤土为好。蜘蛛兰花型奇特，花姿潇洒，色彩素雅，又有香气，是布置庭园和室内装饰的佳品。园林中常作花径条植、草地丛植等。

蜘蛛兰有舒筋活血、消肿止痛的药用价值，对风湿关节痛、甲沟炎、跌打肿痛、痔疮等有疗效。

植物文化　蜘蛛兰的花语是天生丽质。

观赏地点　康乐园中各区域都有蜘蛛兰种植，其中学生宿舍134栋北侧、丰盛堂南侧绿化区、571栋哲生堂北侧、南草坪餐厅南侧、环校道西北段围墙沿线、第三教学楼周边等区域的景观效果最好。

● 学生宿舍134栋北侧区域蜘蛛兰景观

十三、天南星科

白鹤芋

学名：*Spathiphyllum lanceifolium* (Jacq.) Schott
别名：白掌、和平芋、苞叶芋、一帆风顺、百合意图
科属：天南星科苞叶芋属

简介 多年生草本植物。株高30～40厘米，无茎或茎短小，具块茎或伸长的根茎，有时茎变厚而木质。叶基生，长椭圆状披针形，两端渐尖，叶脉明显，叶柄长，深绿色，基部呈鞘状，叶全缘或有分裂。春夏开花，花葶直立，高出叶丛，佛焰苞直立向上，大而显著，稍卷，白色或微绿色，肉穗花序圆柱状，乳黄色。大型种，叶深色，花小、白色，生长慢。花期5～8月。

原产于美洲热带地区，现世界各地广泛栽培。喜高温高湿，也比较耐阴。对湿度比较敏感，怕强光暴晒，长期光照不足则不易开花。土壤以肥沃、含腐殖质丰富的壤土为好。白鹤芋开花时十分美丽，不开花时亦是优良的室内盆栽观叶植物。可作切花，也可以在花台、庭园的荫蔽地点、石组和水池边缘丛植、列植，起绿化作用。

白鹤芋全株可入药，有化痰止咳、润肺、止血、拔毒之功效。

植物文化 白鹤芋的花语是事业有成、一帆风顺。

观赏地点 康乐园中白鹤芋的种植数量不是很多，目前仅见314栋西侧中航物业公司苗圃有少量盆栽种植。此外，校园部分单位的办公室有盆栽摆放。

● 314栋西侧中航物业公司苗圃白鹤芋景观

● 白鹤芋的叶

● 白鹤芋的肉穗花序

● 白蝴蝶的叶

● 551栋东侧区域白蝴蝶绿化景观

白蝴蝶

学名：*Syngonium podophyllum*
别名：箭叶芋、紫梗芋、剪叶芋、丝素藤、果芋
科属：天南星科合果芋属

简介 多年生蔓性常绿草本植物。叶片呈两型性，幼叶为单叶，箭形或戟形，老叶则是3裂或5裂的掌状复叶，有绿色白斑。初生叶色淡，老叶呈深绿色，且叶质加厚。佛焰苞浅绿或黄色。茎较短，有时茎伸长成藤状，节部常有气生根。叶形、色泽和斑纹的变化因品种而异，生产有数个园艺品种。

原产于中南美热带地区，现世界各地广为栽培。喜高温多湿，喜疏松、肥沃的微酸性土壤。适应性强，能适应不同光照环境。强光处茎略呈淡紫色，叶片较大，色浅。在明亮的散射光处生长良好。白蝴蝶在我国南方各省的栽培十分普遍，除作室内观叶盆栽外，还用于悬挂作吊盆观赏或设立支柱进行造型，更多用于室外半阴环境下作地被覆盖。它可提高空气湿度，吸收甲醛和氨气，净化空气。

白蝴蝶的叶、茎和根等都可以入药，用于治疗腹痛、牙痛、水肿、创伤、皮肤病等病症。

植物文化 白蝴蝶的花语是单纯、简约之美。

观赏地点 康乐园中白蝴蝶的种植面积目前有近万平方米，是校园主要的造景地被植物之一。其中，英东体育场东侧、261栋东侧、551栋东侧、557栋南侧、图书馆和文科楼周边以及马岗顶各建筑物周边的观赏景观最佳。

● 图书馆北侧区域白蝴蝶绿化景观　　　　　● 英东体育场东侧区域白蝴蝶绿化景观

春羽

学名：*Thaumatophyllum bipinnatifidum*
别名：春芋、羽裂喜林芋
科属：天南星科林芋属

● 春羽的叶片

● 春羽的根茎

● 春羽的花苞

简介 多年生常绿草本观叶植物。植株高大，可达1米。茎极短，直立性，呈木质化，有明显叶痕及电线状的气根。叶柄坚挺而细长，可达1米。叶为簇生型，着生于茎端，叶片巨大，为广心脏形，全叶羽状深裂似手掌状，革质，浓绿而有光泽。实生幼年期的叶片较薄，呈三角形，随生长发生之叶片逐渐变大，羽裂缺刻愈多且愈深。花果期为春季。

原产于巴西、巴拉圭等地。我国华南亚热带地区有栽培。喜高温湿润环境，对光线的要求不高，耐阴能力较强。喜疏松、肥沃并且排水性良好的沙质土壤。春羽因其优美的株形和宽大的叶片，以及较强的耐阴性，成为室内观叶流行植物，同时也用作园林绿化时树下、建筑物周边等遮阴区的造景植物。

植物文化 春羽的花语是友谊。

观赏地点 康乐园中春羽的种植数量非常稀少，目前仅见在西区新建怡乐路教师公寓中心花园区种植60多平方米，观赏性极佳。

● 西区新建怡乐路教师公寓楼绿化区春羽景观

● 256栋西边庭院海芋景观

● 马岗顶319栋前海芋景观

● 海芋的肉穗花序

海芋

学名：*Alocasia odora* (Roxburgh) K. Koch
别名：巨型海芋、滴水观音
科属：天南星科海芋属

简介 大型常绿草本植物。具匍匐根茎，有直立的地上茎，随植株的年龄和人类活动干扰的程度不同，茎高有不到10厘米的，也有高达3～5米的，粗10～30厘米，基部长出不定芽条。叶多数，叶柄绿色或污紫色，螺状排列，粗厚。叶片亚革质，草绿色，箭状卵形，边缘波状。肉穗花序芳香，雌花序白色，不育雄花序绿白色，能育雄花序淡黄色。浆果红色，卵状，种子1～2颗。花期四季，但在密阴的环境下常不开花。

产于我国江西、福建、湖南、广东、广西、四川、云贵等热带和亚热带地区，目前在园林中小范围栽培。喜高温潮湿，耐阴，抗性强，耐粗放管理。海芋可以维持空气中二氧化碳与氧气的平衡、改善小气候、减弱噪音、涵养水源、调节湿度，同时还有吸收粉尘、净化空气等功能，因此应用海芋进行园林绿化，能将植物造景和保护生态环境完美结合。海芋造景效果独特，无论是配合其他植物、园林小品抑或单独造景，都有良好的景观效果。可群植，也可孤植、丛植等。

海芋的茎及根状茎可入药，有清热解毒、消肿散结、祛腐生肌之功效。

植物文化 海芋的花语是真诚。

观赏地点 康乐园中的海芋主要分布在256栋西边庭院、马岗顶各古建筑周边以及竹园等区域，主要呈散生状态，因日常粗放式管理，使得其景观价值一般。

● 寄生于305栋西侧樟树分叉上的海芋景观

绿萝

学名：*Epipremnum aureum*
别名：魔鬼藤、石柑子、竹叶禾子、黄金葛、黄金藤
科属：天南星科绿萝属

● 339栋古建筑门口扶栏绿萝景观

简介 高大草藤本植物，茎攀缘，节间具纵槽。多分枝，枝悬垂。幼枝鞭状，细长。叶片薄革质，翠绿色，通常叶面有多数不规则的纯黄色斑块，全缘，不等侧的卵形或卵状长圆形，先端短渐尖，基部深心形，稍粗，两面略隆起，叶鞘长。

原产于中美、南美、印度尼西亚、所罗门群岛的热带雨林地区，现广植于亚洲各热带地区，我国在广东、福建、上海等园林中广泛栽培，基本上全国范围都有在室内作盆栽摆放。喜湿热环境，喜散射光，较耐阴。喜富含腐殖质、疏松、肥沃、微酸性的土壤。遇水即活，因其顽强的生命力，被称为"生命之花"。既是优良的室内盆栽摆放植物，也是一种非常适合室外阴生环境种植的优美地被植物。目前生产应用栽培种主要有青叶绿萝、黄叶绿萝、花叶绿萝、银葛、金葛、三色葛等。

绿萝有一定的行气活血，降低血糖、血脂，平稳血压的药用功能。

植物文化 绿萝的花语是坚韧善良、守望幸福。

观赏地点 康乐园中绿萝的分布目前仅见东区博士后公寓168栋内庭、339栋古建筑门口扶栏、341栋古建筑门口花槽、原电信楼天台花基和356栋学生宿舍楼东边等区域有小面积种植。此外，部分单位的办公楼房间内将其当作阴生盆栽绿植进行摆放。

● 341栋古建筑门口花槽绿萝景观

● 图书馆西侧花槽绿萝盆栽景观

● 博士后公寓楼168栋内庭绿萝景观

小天使

学名：*Thaumatophyllum xanadu* (Croat, J.Boos & Mayo) Sakur., Calazans & Mayo
别名：仙羽蔓绿绒、仙羽、奥利多蔓绿绒
科属：天南星科蔓绿绒属

● 小天使的花序

简介 多年生草本植物，植株高80～100厘米。茎粗壮直立，茎上有明显叶痕及电线状的气根。叶于茎顶向四方伸展，叶子数量较多，有长40～50厘米的叶柄，叶身鲜浓有光泽，呈卵状心形，全叶羽状深裂，呈革质。实生幼年期的叶片较薄，呈三角形，随着生长，叶子上的羽裂缺刻越来越多，且愈来愈深，外形有如大鸟的羽。花单性，肉穗花序稍短于佛焰苞，佛焰苞的颜色为乳白色。

原产于巴西、巴拉圭等地，我国华南热带、亚热带地区引入栽培。喜温暖湿润和半阴环境，怕强光直射。适应性强，不耐低温，怕干燥，土壤以肥沃、疏松和排水良好的微酸性沙质壤土为宜。小天使叶型幽雅，四季葱翠，绿意盎然，叶态奇特，大方清雅，富热带雨林气氛，既是室内主要的观叶植物，也是我国南方地区经常栽种在公园、植物园旁边或普通绿地中用来造景的绿化植物。小天使有很强的净化空气能力，能够吸收空气中的甲醛、苯和三氯乙烯等有毒气体。

植物文化 小天使的花语是宁静思远，寓意着人们能保持宁静的心态。

观赏地点 康乐园中小天使的种植目前仅见550栋北边区域及南草坪餐厅东侧三色千年木树池中有少量种植。

● 550栋北边绿化区域小天使景观

● 小天使的叶片

● 南草坪餐厅东侧三色千年木树池中小天使景观

十四、铁角蕨科

● 巢蕨的叶

● 巢蕨的孢子囊群

巢蕨

学名：*Asplenium nidus*
别名：山苏花、王冠蕨、鸟巢蕨
科属：铁角蕨科巢蕨属

简介　多年生阴生草本植物。根状茎直立，粗短，木质，深棕色，先端密被鳞片。鳞片阔披针形，先端渐尖，全缘，薄膜质，深棕色，稍有光泽。叶簇生。柄禾秆色或暗棕色，木质，干后下面为半圆形隆起，上面有阔纵沟，表面平滑不皱缩，两侧有狭翅，基部被阔披针形深棕色鳞片，向上光滑。叶片阔披针形，先端渐尖，向下逐渐变狭而长下延，叶边全缘并有软骨质的狭边，干后略反卷。孢子囊群线形，生于小脉的上侧，自小脉基部以上外行达离叶边不远处，彼此以宽的间隔分开，叶片下部通常不育。囊群盖线形，浅棕色或灰棕色，厚膜质，全缘，宿存。

巢蕨在很多热带地区都有分布。在我国主要分布在广东、广西、海南和云南等地。巢蕨常附生于雨林或季雨林内树干或林下岩石上，喜高温湿润，不耐强光。巢蕨为较大型的阴生观叶植物，可植于热带园林树木下或假山岩石上，悬吊于室内也别具热带情调，盆栽的小型植株可用于布置明亮的客厅、会议室及书房、卧室。

巢蕨全草可入药，有强壮筋骨、活血祛瘀的作用，也可用于治跌打损伤、骨折、血瘀、头痛、血淋、阳痿、淋病。

植物文化　巢蕨的花语是吉祥、富贵、清香常绿。

观赏地点　康乐园中目前仅见在梁銶琚堂南侧小花园的广东苏铁旁边种植有1棵巢蕨。此外，部分教职工办公室区域有少量盆栽。

● 梁銶琚堂南侧小花园广东苏铁旁巢蕨景观

十五、苋科

红苋草

学名：*Alternanthera ficoidea* cv. 'Ruliginosa'
别名：红龙草、大叶红草、紫杯苋、红贵妃
科属：苋科莲子草属

● 红苋草的头状花序

● 红苋草的叶

简介　多年生草本植物，高15~20厘米。叶对生，叶色紫红至紫黑色，极为雅致。头状花序密聚成粉色小球，无花瓣。花期冬季，花乳白色，小球形，酷似千日红。

原产于南美，在世界热带、亚热带各地多有栽培，我国早年引入并在南方大部分地区的园林绿化中栽培利用。生性强健，耐寒也耐热、耐旱、耐瘠、耐剪。性喜高温高湿环境。红苋草每一茎节均易开花，但以观叶为主。其生长密集，叶色优雅，最适合于庭院植为地被，构成图案美化，大面积栽培视觉效果极佳，也适合箱植或盆栽，可在花台、庭园中丛植、列植，以及在高楼大厦中庭作美化，以强调色彩效果。

红苋草可入药，具有改善消化功能、提高人体免疫、修复身体炎症和保护肝脏等功能。

植物文化　红苋草的花语是绝望的恋情、绝望的爱。

观赏地点　目前康乐园中仅见在贺丹青堂东北侧花槽种植有少量红苋草。

● 贺丹青堂东北侧花槽红苋草景观

十六、荨麻科

● 冷水花的花序

● 冷水花的叶

冷水花

学名：*Pilea notata* C. H. Wright
别名：透明草、透白草、铝叶草、白雪草
科属：荨麻科冷水花属

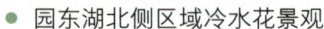
● 园东湖北侧区域冷水花景观

简介 多年生草本植物。具匍匐茎，茎肉质，纤细，中部稍膨大。叶纸质，同对的近等大，狭卵形、卵状披针形或卵形，上面深绿，有光泽，下面浅绿色，钟乳体条形，稍斜展呈网脉。叶柄纤细，常无毛，稀有短柔毛。托叶大，带绿色。花雌雄异株，花被片绿黄色，花药白色或带粉红色，花丝与药隔红色。瘦果小，圆卵形，熟时绿褐色。花期6～9月，果期9～11月。

产于我国广东、广西、湖南、湖北、贵州、四川、甘肃南部、陕西南部、河南南部、安徽南部、江西、浙江、福建和台湾等地。适应性强，喜温暖湿润的气候，耐阴，喜疏松、肥沃的沙土。具吸收有毒物质的能力，适于在新装修房间内盆栽摆放，也是较好的阳台布置植物，园林中更多用在比较阴生的环境中造景。

冷水花全草可入药，有清热利湿、生津止渴和退黄护肝之功效。

植物文化 冷水花的花语是爱的别离。

观赏地点 冷水花在康乐园的种植数量不是很多，目前仅见在园东湖北侧区域、第一教学楼东侧区域、317栋门前以及西区新建怡乐路教师公寓楼群周边有少量种植，是校园非常优良的观叶类地被植物。

● 第一教学楼东侧区域冷水花景观

十七、鸭跖草科

蚌花

学名：*Tradescantia spathacea* Sw.
别名：紫锦兰、紫背万年青、紫兰、红面将军、血见愁、蚌壳花
科属：鸭跖草科紫露草属

● 外国语学院楼西南侧绿化区蚌花景观

简介 多年生直立草本植物。植株较高，约50~60厘米。多分蘖，丛生。茎粗壮，具节，各节多能抽出分枝。叶互生、大型，全缘，叶基部边缘有众多白色细长毛。花序着生于主茎或分枝顶端的苞片内，苞片呈叶片状，左右分开，似葡萄串，又似海蚌含珠，故有"蚌花"之称。花朵簇生，两性花，紫色。花冠分离，蓝色，近圆形，全花呈果状而下垂。蒴果常不孕。花期8~10月。

原产于墨西哥和西印度群岛。1949年中国科学院植物所引入植物园温室栽培，目前全国各地已有大面积种植。性喜温暖湿润和阳光充足的环境，忌强光暴晒，宜生长于肥沃而保水力强的土壤。是优美的盆栽和园林绿化观叶植物，既适于室内装饰布置，又可以在绿化区造景等。

蚌花以花、叶入药，具有清热化痰、凉血止痢之功效。

植物文化 蚌花的花语是吉祥、健康长寿、富有、太平。

观赏地点 蚌花在康乐园很多区域都有零星种植，是校园优良的色斑类地被植物资源，主要以东区学生宿舍351栋东侧绿化槽、校医院东侧绿化区、外国语学院楼西南侧绿化区、学人馆东北侧、387栋周边以及641栋南侧绿化区等区域的景观最佳。

● 641栋南侧绿化区蚌花景观

● 蚌花的花

● 蚌花的植株

吊竹梅

学名：*Tradescantia zebrina* Bosse
别名：吊竹兰、斑叶鸭跖草、花叶竹夹菜、红莲
科属：鸭跖草科紫露草属

● 吊竹梅的花

● 吊竹梅的植株

简介 多年生草本植物。茎稍柔弱，半肉质，分枝，披散或悬垂。叶互生，无柄。叶片椭圆形，先端急尖至渐尖或稍钝，基部鞘状抱茎，叶鞘被疏长毛，叶腹面紫绿色而杂以银白色，中部和边缘有紫色条纹，背面紫色，通常无毛，全缘。花聚生于1对不等大的顶生叶状苞内，花瓣裂片3，玫瑰紫色。果为蒴果。花期6~8月。

原产于墨西哥，在我国主要分布于福建、浙江、广东、海南、广西等地。吊竹梅怕阳光暴晒，不耐寒，怕炎热，不耐旱而耐水湿，对土壤的酸碱度要求不严。吊竹梅枝条自然飘曳，独具风姿。叶面斑纹明快，叶色美丽别致，深受人们的喜爱。可放在花架、橱顶，或吊在窗前自然悬垂，也可种植在庭院进行造景等，观赏效果极佳。此外，它还是室内外绿化装饰不可多得的地被植物。

吊竹梅也可作药用，有凉血止血、清热解毒、利尿的功效。

植物文化 吊竹梅的花语为纯真、清雅、简洁。

观赏地点 康乐园中吊竹梅的种植数量不是很多，目前仅见在松园路管理学院MBA大楼南侧路边树池区域、西区527栋南侧和664栋高压水泵房东北角屋檐区域有少量种植，观赏性极佳。

● 松园路管理学院MBA大楼南侧路边树池吊竹梅景观

● 664栋高压水泵房东北角屋檐吊竹梅景观

十八、鸢尾科

巴西鸢尾

学名：*Neomarica gracilis*
别名：马蝶花、玉蝴蝶等
科属：鸢尾科巴西鸢尾属

● 巴西鸢尾的花

● 巴西鸢尾的植株

● 中文堂东侧绿化区域巴西鸢尾景观

● 环校道南段157大院西北区巴西鸢尾景观

简介 多年生草本植物，株高40~50厘米。叶从基部根茎处抽出，呈扇形排列，革质，深绿色。花期约春至夏季，花茎扁平似叶状，但中肋较明显突出，花从花茎顶端鞘状苞片内开出。花有6瓣，3瓣外翻的白色苞片，基部有红褐色斑块，另3瓣直立内卷，为蓝紫色并有白色线条。花通常上午开放，至下午3~4点就开始内卷枯萎，但花鞘内的花开完后，会长出小苗，小苗越长越大最后降至土表，发根成苗，而小苗隔年就有开花能力。

原产于墨西哥至巴西一带。巴西鸢尾是比较容易栽植的植物，对环境的适应性比较强，对光照的需求不高。巴西鸢尾的观赏价值很高，有助于美化环境，是优良的庭院绿化植物。

巴西鸢尾具有活血化瘀、祛风利湿的作用。

植物文化 巴西鸢尾的花语是好消息的使者，想念你、优雅的心、爱的使者。

观赏地点 康乐园中巴西鸢尾的种植面积达1000多平方米，以图书馆内庭花园、555栋爪哇堂周边、四墩楼周边、环校道南段157大院西北区小花园等区域的景观最佳。每逢开花季节，景观非常漂亮、壮观，吸引众多师生观赏拍照。

● 日本鸢尾的植株

● 逸夫楼内庭花园日本鸢尾景观

● 图书馆内庭花园日本鸢尾景观

日本鸢尾

学名：*Iris japonica* Thunb.
别名：白花射干、蝴蝶花、搜山虎、金盏子花、白花鸢尾、歧花鸢尾、扇扇草
科属：鸢尾科鸢尾属

简介 多年生草本植物。根状茎细，匍匐状，有长分枝。叶多自根生，2列，剑形，扁平，先端渐尖，下部折合，上面深绿色，背面淡绿色，全缘，叶脉平行，中脉不显著，无叶柄。春季叶腋抽花茎。花3~5朵一簇，白色，有少数紫褐色或红紫色斑点，外轮花被具白色斑块，近正方形，平展无髯毛，内轮花被倒披针形，较短。小花基部有苞片，剑形，绿色。蒴果狭长圆形，种子暗褐色。花期5~6月，果期7~8月。

原产地是中国、日本和韩国。耐阴、耐旱，喜肥沃湿润的土壤，较弱光照就能生长良好，保持土壤湿润即可。园林中常栽在花坛或林中作地被植物造景，也用作盆栽或切花。

● 日本鸢尾的花

日本鸢尾的根状茎可入药，具有活血、祛瘀、祛风、利湿、解毒、消积之功效。

植物文化 日本鸢尾的花语是纯真。

观赏地点 康乐园中日本鸢尾的种植目前仅见在逸夫楼和图书馆内庭花园中有少量，与该区域的旅人蕉、红刺露兜树、桂花等乔木资源一起勾勒出一幅非常靓丽和谐的庭院景观。

射干

学名：*Belamcanda chinensis* (L.) Redouté
别名：交剪草、野萱花
科属：鸢尾科射干属

● 射干的花

● 射干的叶

简介 多年生草本植物。根状茎为不规则的块状，斜伸，黄色或黄褐色。须根多数，带黄色。叶互生，嵌迭状排列，剑形，基部鞘状抱茎，顶端渐尖，无中脉。花序顶生，叉状分枝，每分枝的顶端聚生有数朵花。花橙红色，散生紫褐色的斑点。蒴果倒卵形或长椭圆形，顶端无喙，常残存有凋萎的花被，成熟时室背开裂，果瓣外翻，中央有直立的果轴。种子圆球形，黑紫色，有光泽，着生在果轴上。花期6～8月，果期7～9月。

在我国产于吉林、辽宁、河北、山西、山东、河南、安徽、江苏、浙江、福建、台湾、湖北、湖南、江西、广东、广西、陕西、甘肃、四川、贵州、云南、西藏等地。喜温暖和阳光，耐干旱和寒冷，对土壤要求不严，以肥沃、疏松、排水良好的沙质壤土为好。其花形飘逸，有趣味性，适用于花径，也可以散种于绿地造景。

射干的根状茎可入药，具有清热解毒、散结消炎、消肿止痛、止咳化痰之功效。

植物文化 射干的花语是诚实，相信者的幸福。

观赏地点 康乐园中射干的种植数量非常稀少，目前仅见在梁銶琚堂南侧小花园和203栋西侧区域有少量。

● 梁銶琚堂南侧小花园内射干景观

十九、竹芋科

● 孔雀竹芋的叶

孔雀竹芋

学名：*Goeppertia makoyana* (É.Morren) Borchs. & S.Suárez
别名：蓝花蕉、五色葛郁金
科属：竹芋科肖竹芋属

● 316栋北边绿化区孔雀竹芋景观

● 图书馆内庭花园绿化区孔雀竹芋景观

● 317栋西南角绿化区孔雀竹芋景观

简介　多年生常绿草本植物。基部具块茎，植株密集丛生挺拔。叶基生，全缘，卵状椭圆形，叶薄，革质，叶柄紫红色，具白色茸毛。绿色叶面上隐约呈现金属光泽，且明亮艳丽，沿中脉两侧分布着羽状、暗绿色、长椭圆形的绒状斑块，左右交互排列似美丽的孔雀尾羽，故得名孔雀竹芋。

原产于巴西，我国早年引种栽培。喜半阴的环境，具有较强的耐阴性，忌阳光直射，适宜生长在温暖湿润的环境中。对土壤的要求并不高，普通的疏松土壤即可，但要求保持适度湿润。是典型的观叶植物，风姿绰约，独具魅力。在华南地区已有越来越多的种类被应用于园林绿化。种植方法可片植、丛植或与其他植物搭配布置。根茎中含有淀粉，可食用。

孔雀竹芋的块茎可入药，具有清肺热、利尿等作用。

植物文化　孔雀竹芋的花语是美的光辉，美丽并且高傲。

观赏地点　孔雀竹芋目前在康乐园中仅见马岗顶316栋北边、317栋西南角、318栋西侧、图书馆内庭花园以及第三教学楼东边区域有少量种植，因管理粗放，景观一般。

苹果竹芋

学名：*Calathea orbifolia* (Linden) H.A.Kenn.
别名：青苹果竹芋
科属：竹芋科肖竹芋属

● 苹果竹芋的花序

● 苹果竹芋的叶

简介 多年生常绿草本植物。植株较为高大。根出叶，丛生状，叶鞘抱茎。叶柄为浅褐紫色，叶片圆形或近圆形，叶缘呈波状，先端钝圆。叶面淡绿或银灰色，羽状侧脉有6至10对银灰色条斑，中肋也为银灰色，叶背面淡绿泛浅紫色。花序穗状。

原产于美洲热带地区，我国早年引种栽培。苹果竹芋喜湿润，忌干旱，水分不足易导致叶缘枯焦、生长不良现象。是典型的观叶植物，在我国华南地区被应用于园林绿化进行造景。种植方法可片植、丛植或与其他植物搭配布置。

苹果竹芋叶形浑圆、叶质丰腴、叶色青翠，其上排列有整齐的条纹，具有极高的观赏价值，是国内各大园林中独特的风景，对城市的绿化有着非常卓越的贡献。兼之其比较喜阴，有净化空气的作用，适于较长时间在室内作盆栽观赏。其根茎中含有淀粉，可食用。

苹果竹芋的块茎可入药，具有清肺热、利尿等作用。

植物文化 苹果竹芋的花语是优雅标致、清新宜人。在家中摆放一盆苹果竹芋，能起到招纳福气和辟邪的作用。

观赏地点 苹果竹芋目前在康乐园中仅见马岗顶327栋南侧绿篱围墙沿线有少量种植，因管理粗放，景观一般。

● 327栋南侧绿篱围墙沿线苹果竹芋景观

紫背竹芋

学名：*Stromanthe sanguinea* Sond.
别名：红背卧花竹芋、红背肖竹芋、红背葛郁金
科属：竹芋科紫背竹芋属

● 校医院东侧绿化区域紫背竹芋景观

简介 多年生草本植物。株高30～80厘米，直立，具地下根茎或块茎。叶在基部簇生，具短柄，叶片长椭圆形至宽披针形，叶面深绿色，有光泽，中脉浅色，叶背血红色，形成鲜明的对比。花两性，不对称，常成对生于苞片中，组成顶生的穗状花序，苞片及萼鲜红色，花瓣白色。果为蒴果或浆果状。种子1～3颗，坚硬，有胚乳和假种皮。

原产于中美洲及巴西，我国南部各省区均有栽培。喜温暖、潮湿、荫蔽环境，不耐干旱，较耐热，稍耐寒，怕霜冻，喜疏松、肥沃、湿润而排水良好的酸性土壤。其叶色丰富多彩，观赏性极强，且具有较强的耐阴性，可种植在庭院、公园的林荫下或路旁。在华南地区已有越来越多的种类被应用于园林绿化。种植方法可片植、丛植或与其他植物搭配布置。还可直接种植于宾馆、商场、大型会场等公众场所的边角地段作永久布置。此外，由于其叶色斑斓，具有醒目的斑纹，是高档的切叶材料，可直接作插花或用作插花的衬材。其根茎中含有淀粉，可食用。

紫背竹芋的根茎可入药，具有清肺热、利尿等作用。

植物文化 紫背竹芋的花语是转身的奇迹。

观赏地点 康乐园中紫背竹芋的种植面积不是很大，总计300多平方米。目前仅见校医院东侧、图书馆周边、261栋东侧、316栋北侧以及318栋南侧等区域有种植，是校园非常优良的观叶观花类地被植物资源，以其独特的色彩和形态为校园增添美丽和活力。

● 261栋东侧绿化区域紫背竹芋景观

● 紫背竹芋的花

● 紫背竹芋的叶

第四部分
藤本类景观植物

  藤本植物，亦作藤蔓植物，是攀缘植物的主要种类，是指茎部细长，不能直立，只能依附在其他物体或匍匐于地面生长的一类植物。

  藤本植物依茎质地的不同，又可分为木质藤本（如葡萄、紫藤等）与草质藤本（如牵牛花、长豇豆等）。

  藤本植物一直是造园中常用的植物材料，在传统园林中的应用不是很广泛，但随着近年来城市建设的加速度发展，尤其是对立体绿化重视度的提升，藤本植物的开发和利用也呈加速度发展。可以说，充分利用各类藤本植物进行垂直绿化是拓展城市绿化空间、增加城市绿量、提高整体绿化水平、改善生态环境的重要途径。

  从客观角度看，中山大学康乐园的历史景观规划建设在藤本类景观植物的种植数量和品种上还存在明显不足。目前，大部分藤本植物都是教职工根据个人喜好随机引入种植的，校园的立体空间尚未得到合理的绿化和造景。未来，这一领域的景观建设任务艰巨，但发展潜力巨大。

  本书只对目前存在于康乐园的10多种藤本类景观植物进行简单的描述和文化再现。

一、豆科

常春油麻藤

学名：*Mucuna sempervirens* Hemsl.
别名：牛马藤、棉麻藤、大血藤、常绿油麻藤
科属：豆科油麻藤属

● 常春油麻藤的叶　● 常春油麻藤的花　● 常春油麻藤的果

简介　常绿木质藤本植物。树皮有皱纹，幼茎有纵棱和皮孔。羽状复叶具3小叶，托叶脱落。小叶纸质或革质，顶生小叶椭圆形、长圆形或卵状椭圆形，基部稍楔形，侧生小叶极偏斜，无毛。总状花序生于老茎上，每节上有花3朵，无香气或有臭味。花冠深紫色，干后黑色。果木质，带形，种子间缢缩，近念珠状。花期4～5月，果期8～10月。

产于我国四川、贵州、云南、湖北、浙江、江西、湖南、福建、广东、广西等省区。耐阴，喜光，喜温暖湿润气候，适应性强，耐干旱和瘠薄，对土壤要求不严。是园林价值较高的垂直绿化藤本植物，适宜种在房屋前后阳台、栅栏、高速公路护坡及绿化面积不足、不便绿化的地方。常春油麻藤还可防暑降温、吸滞尘埃、减少噪音、净化空气，可以利用它进行环境治理。

常春油麻藤的藤茎、花和种子均可入药，有活血化瘀、舒经活络之效。

植物文化　常春油麻藤有很强的缠绕树干的特性，主藤沿着寄主树干爬行，同时依靠扎入土中的附生根，争夺寄主的养料和水分，即使是参天大树，一旦被其缠上，生存的希望就很小了，因此被称为"凶狠的植物杀手"。

观赏地点　康乐园目前只有1株常春油麻藤种植在346栋原电话所楼的东北角区域，庞大的缠绕藤茎形成的景观非常壮观，极具观赏性。

● 常春油麻藤发达的藤茎

● 346栋原电话所楼东北角常春油麻藤景观

● 浅绿色禾雀花的花序

● 松园湖东侧区域禾雀花景观

禾雀花

学名：*Mucuna birdwoodiana* Tutch.
别名：白花油麻藤、花汕麻藤、雀儿花
科属：豆科油麻藤属

● 禾雀花的叶

简介 常绿大型木质藤本植物。老茎外皮灰褐色。羽状复叶，小叶近革质，顶生小叶卵形。总状花序生于老枝上或生于叶腋，常呈束状。苞片卵形，早落。果木质，带形，近念珠状，密被红褐色短绒毛，幼果常被红褐色脱落的刚毛。种子深紫黑色，近肾形，常有光泽。花期3~5月，果期6~11月。

产于我国江西、福建、广东、广西、贵州、四川等省区。喜温暖湿润气候，耐阴，耐旱，畏严寒。生性强健，生长迅速，攀缘力强。

晒干的禾雀花可以药用，是一种降火清热气的佳品。茎入药有强筋骨、通筋络、补血之功效。

植物文化 禾雀花植株开花时藤蔓会长出一簇簇串状花穗，就像成千上万只鸟栖在枝头，十分生动可爱。禾雀花的花语是欢乐、欢快，它是国家二类保护植物。据史料记载，江门公坑寺的禾雀花是广东禾雀花的发源地，有700多年的历史，古刹奇花，流传不少神话故事。

观赏地点 康乐园中种植的禾雀花目前有2处，其中黑石屋东南角的一棵禾雀花的景观最为壮观。禾雀花与该区域的白兰树缠绕共生，高十几米，气势磅礴，形成独特的园林景观。另外一处的禾雀花种植在松园湖东侧湖边区域的花架上，每逢禾雀花开花季节，都会引来无数校友现场观摩欣赏，拍照留念。

● 黑石屋东南角区域禾雀花景观

● 紫藤的花序

● 紫藤的叶

紫藤

学名: *Wisteria sinensis* (Sims) Sweet
别名: 藤萝、朱藤
科属: 豆科紫藤属

● 314栋屋顶沿线紫藤景观

简介 落叶攀缘缠绕性大藤本植物，干皮深灰色，不裂。嫩枝暗黄绿色，密被柔毛。一回奇数羽状复叶互生，小叶对生，卵状椭圆形。侧生总状花序，呈下垂状，总花梗、小花梗及花萼密被柔毛，花紫色或深紫色，花瓣基部有爪。荚果扁圆条形，密被白色绒毛，种子扁球形，黑色。花期4~5月，果熟8~9月。

产地广泛，我国大部分地区都有分布和种植。紫藤生性强健，喜阳，略耐阴，较耐寒，喜湿润、肥沃、排水良好的土壤，也有一定耐瘠薄和水湿的能力，对土壤酸碱度适应性较强。生长迅速，枝叶茂密，花大而美，颇有芳香，为优良的棚架材料，如植于水滨、池畔台坡之地，使沿他树攀缘生，极为幽美。因寿命长，故能形成盘曲古老之态，盆栽紫藤可形成千年古藤之趣。

植物文化 紫藤花的花语是沉迷的、执着的、缠绵悠长的爱，最幸福的时刻，对恋人的不舍，醉人的恋情，依依的思念。另外，在国际礼仪中，紫藤花还表示热烈欢迎的意思。

观赏地点 康乐园中紫藤的种植目前仅有3处，一处在紫荆园餐厅西侧小花园的拱形凉亭架上，一处在314栋屋顶沿线，一处在陈寅恪故居门前立柱旁，是校园优良的观赏类藤本植物资源。

● 陈寅恪故居门前立柱旁紫藤景观

二、萝藦科

球兰

学名：*Hoya carnosa* (L.f.) R. Br.
别名：爬岩板、草鞋板、马骝解、狗舌藤、壁梅、雪梅
科属：萝藦科球兰属

● 球兰的花

简介 攀缘灌木，常附生于树上或石上，茎节上生气根。叶对生，肉质，卵圆形至卵圆状长圆形，顶端钝，基部圆形，侧脉不明显，约有4对。聚伞花序伞形状，腋生，着花约30朵。花白色，花冠辐状，花冠筒短，裂片外面无毛，内面多乳头状突起。副花冠星状，外角急尖，中脊隆起，边缘反折而成1孔隙，内角急尖，直立。蓇葖线形，光滑。种子顶端具白色绢质种毛。花期4~6月，果期7~8月。

分布于我国的云南、广西、广东、福建和台湾等地。喜高温、高湿、半阴环境，忌烈日暴晒，若日照过强，叶色会泛黄，色彩粗涩而无光泽。在富含腐殖质且排水良好的土壤中生长旺盛，较适宜多光照和稍干土壤。球兰外形优美，可以用作观赏和园林布置，光照不足地区常盆栽观叶。

球兰可入药，具有清热解毒、祛风利湿的作用。用于治疗流行性乙型脑炎、肺炎、支气管炎、睾丸炎、风湿性关节炎、小便不利；外用治痈肿疔疮。

植物文化 球兰的花语是青春美丽。

观赏地点 康乐园中球兰的种植数量非常稀少，目前仅见343栋中大出版社办公楼前的盆架子树干上有少量分布。

● 球兰的叶片

● 343栋中大出版社办公楼前盆架子树干上的球兰景观

铁草鞋

学名：*Hoya pottsii* Traill
别名：厚叶藤、三脉球兰、味卖龙、娘鞋藤、三叶球兰
科属：萝藦科球兰属

● 铁草鞋的叶片

● 铁草鞋的花

简介　多年生草本植物。附生藤本，叶肉质。聚伞花序伞形状，着花多数。花萼短，花冠肉质，辐状，裂片在花蕾时镊合状排列，开放后扁平或反折，着生于雄蕊背部而成星状开展，花药靠合在柱头上，花粉块在每个药室有1个，直立，长圆形，边缘有透明的薄膜，柱头垂直，扁平。蓇葖细长，先端渐尖，平滑。种子顶端具有白色绢质种毛。4～5月开花，8～10月结果。

产于我国云南、广西、广东和台湾等地。喜散光，喜半阴环境，耐荫蔽，忌烈日直射，不耐寒，为美丽的观赏植物。室内可观叶、观花，适宜于盆栽，其茎、叶、花均美丽，花色鲜艳，花形奇特，极具观赏性。也能在园林景观中作独立的绿化景观，增加景观的丰富性。

铁草鞋的叶可入药，具有活血祛瘀、解毒消肿之功效。

观赏地点　康乐园中的铁草鞋仅见在563栋东南角的一棵高大榕树上和大钟楼东北角的一棵南岭黄檀上有分布，是校园难得一见的非常雅致的藤本植物资源景观。

● 563栋东南角榕树上铁草鞋景观

● 大钟楼东北角南岭黄檀上铁草鞋景观

三、落葵科

落葵薯

学名: *Anredera cordifolia* (Tenore) Steenis
别名: 马德拉藤、藤三七、心叶落葵薯、藤子三七、川七
科属: 落葵科落葵薯属

● 525栋北侧围墙上落葵薯景观

简介 缠绕藤本植物，长可达数米。根状茎粗壮。叶具短柄，叶片卵形至近圆形，顶端急尖，基部圆形或心形，稍肉质，腋生小块茎（珠芽）。总状花序具多花，花序轴纤细，下垂，宽椭圆形至近圆形。花被片白色，渐变黑，开花时张开，卵形、长圆形至椭圆形，顶端钝圆，雄蕊白色，花丝顶端在芽中反折，开花时伸出花外，花柱白色。果实、种子未见。花期6～10月。

原产于南美热带和亚热带地区，世界各地引种栽培，在温暖地区归化。我国南方至华北地区有栽培，在北京、天津地区以根状茎越冬，在重庆、贵州、湖南、广西、广东、香港、福建等地逸为野生。性喜湿润，耐旱，耐湿，对土壤的适应性较强。

落葵薯可入药，具有滋补强壮、散淤止痛、除风祛湿、降低血脂血压、补血活血之功效。

植物文化 落葵薯花的花语是平凡、奉献。落葵薯的果实、叶子、嫩芽均可食用，尤其适宜运动员、风湿或伤残患者、中老年人食用，可起到很好的保健作用。

观赏地点 康乐园中目前仅见在525栋北侧围墙区域有落葵薯种植。

● 落葵薯的花序

● 落葵薯的叶

四、马鞭草科

龙吐珠

学名：*Clerodendrum thomsoniae* Balf. f.
别名：麒麟吐珠、珍珠宝草、珍珠宝莲、臭牡丹藤
科属：马鞭草科赪桐属

● 龙吐珠的花

简介　攀缘状灌木，高2~5米。幼枝四棱形，被黄褐色短绒毛，老时无毛，小枝髓部嫩时疏松，老后中空。叶片纸质，狭卵形或卵状长圆形，顶端渐尖，基部近圆形，全缘。聚伞花序腋生或假顶生，二歧分枝。苞片狭披针形。花萼白色，基部合生，中部膨大，裂片三角状卵形，顶端渐尖。花冠深红色，外被细腺毛，裂片椭圆形。雄蕊4，与花柱同伸出花冠外。柱头2浅裂。核果近球形，外果皮光亮，棕黑色。宿存萼不增大，红紫色。花期3~5月。

原产于热带非洲西部、墨西哥，我国各地有温室栽培，在我国栽培的历史不长。龙吐珠喜温暖湿润和阳光充足的半阴环境，不耐寒。主要用于天台、围墙等立体绿化中栽培观赏。

龙吐珠可入药，具有清热、凉血、消肿、解毒之功效。

植物文化　龙吐珠的花语是珍贵纯洁、内心热诚。

观赏地点　康乐园中龙吐珠的种植数量比较少，并且基本上都分布在西区，目前仅见西区613栋南侧、620栋北侧、622栋南侧和697栋南侧围墙区域有少量种植。

● 622栋南侧围墙区域龙吐珠景观

● 龙吐珠的果实

● 龙吐珠的叶

● 613栋南侧围墙区域龙吐珠景观

五、木樨科

- 黄素馨的植株

黄素馨

学名：*Chrysojasminum floridum* (Bunge) Banfi
别名：野迎春、云南迎春、金腰带、南迎春
科属：木樨科素馨属

简介 直立或攀缘灌木。小枝褐色或黄绿色，当年生枝草绿色，扭曲，四棱形，无毛。叶互生，复叶。小叶片卵形、卵状椭圆形至椭圆形，稀倒卵形或近圆形。聚伞花序或伞状聚伞花序顶生。果长圆形或球形，成熟时呈黑色。花期5~9月，果期9~10月。

产于我国陕西、湖北西北部、山西、甘肃、河南、四川与陕西交界处的地区，现全国范围的园林绿化中均有栽培。喜温暖向阳，要求空气湿润，稍耐阴，畏严寒。特别适用于宾馆、大楼顶棚布置，也可作绿篱花槽种植，还可盆栽观赏。

黄素馨的叶入药，可解毒消肿、止血、止痛；花入药，可清热利尿、解毒。

植物文化 黄素馨的花语是优美、文雅。黄素馨是巴基斯坦的国花，原名耶悉茗，相传是汉朝陆贾从西域带回来的。南越王赵佗本是北方人，因思念故乡，便把此花带来广州种植。

观赏地点 康乐园中黄素馨的种植目前仅见103栋北侧花槽区域以及熊德龙活动中心内庭院各楼层的花槽有少量。

- 黄素馨的花

- 103栋北侧花槽区域黄素馨景观

六、葡萄科

● 204～205栋值班室围墙沿线锦屏藤景观

锦屏藤

学名：*Cissus sicyoides* L.
别名：蔓地榕、珠帘藤、一帘幽梦、富贵帘
科属：葡萄科白粉藤属

● 锦屏藤的花和叶

简介 多年生常绿草质藤蔓植物，具卷须，与叶对生。攀缘茎，气生根线形，着生于茎节处，短截的气生根可分生多条侧根，下垂生长。初生气根紫红色，质地光滑脆嫩，老熟气根黄绿色，柔韧，长度可达4米。单叶互生，叶色深绿，阔卵形，叶尖渐尖，叶基心形。多歧聚伞花序，花小，白绿色，两性花。花冠十字形，花盘杯状。果圆形，果顶有针状突出，果肉为浆果，单核。

原产于美洲热带，我国云南、广西、广东、海南等热带、亚热带地区有零星分布。为喜阳植物，耐旱、耐高温，也稍耐阴，排水、日照须良好。锦屏藤的生命力极强，是一种非常容易栽培的庭园植物，主要应用于篱垣、棚架、绿廊等方式的垂直绿化或盆栽。

植物文化 锦屏藤纤长的气生根纤弱如丝、柔顺如水，数百或上千条从棚架垂悬而下，洋洋洒洒，宛若屏风，恰似一帘幽梦，极富诗情画意。

观赏地点 康乐园中锦屏藤的种植目前仅见在学生宿舍204～205栋值班室围墙沿线有少量，独有的藤本植物景观给这个区域增添了一抹靓丽的春色。

● 锦屏藤的气生根

葡萄

学名：*Vitis vinifera* L.
别名：提子、草龙珠、山葫芦
科属：葡萄科葡萄属

● 葡萄的圆锥花序

● 葡萄的果实

简介 木质藤本植物。小枝圆柱形，有纵棱纹，无毛或被稀疏柔毛。叶卵圆形，显著3~5浅裂或中裂。圆锥花序密集或疏散，多花，与叶对生，基部分枝发达。果实球形或椭圆形，种子倒卵椭圆形。花期4~5月，果期8~9月。

原产于亚洲西部，世界各地均有栽培。葡萄对水分要求较高，正常生长期间必须有一定强度的光照，各种土壤（经过改良）均能栽培，但以壤土及细沙质壤土为最好。葡萄为著名水果，可生食或制葡萄干，还可酿酒。

葡萄的根和藤可入药，能止呕、安胎。

植物文化 葡萄是世界上最古老的果树树种之一，葡萄的植物化石发现于第三纪地层中，说明当时已遍布于欧洲、亚洲及格陵兰岛。中华人民共和国成立以来，先后育成鲜食品种有早红、早玫瑰、京早晶、京紫晶、脆红、红香蕉、早玛瑙、紫珍珠、凤凰系品种等；酿酒品种有公酿1号、公酿2号、泽玉、泽香、梅郁等。葡萄预示"多子多福"（寓意人丁兴旺）、"一本万利"（种一颗种子，结上万颗果实）。葡萄和葡萄酒除成为文学家创作的题材外，还出现在史传、图经、方志及文书档案中。

观赏地点 康乐园内的葡萄目前仅见在314栋南侧花架上有1棵种植，该葡萄已经种植十几年，主干粗壮，观赏性极佳。

● 314栋南侧花架上葡萄景观

七、茜草科

鸡屎藤

学名：*Paederia foetida* L.
别名：鸡矢藤、斑鸠饭、女青、主屎藤、却节等
科属：茜草科鸡屎藤属

● 鸡屎藤的叶

简介 多年生草质藤本植物。叶对生，纸质或近革质，形状变化很大，卵形、卵状长圆形至披针形，顶端急尖或渐尖，基部楔形或近圆或截平，有时浅心形，两面无毛或近无毛，有时下面脉腋内有束毛。圆锥花序式的聚伞花序腋生和顶生，扩展，分枝对生，末次分枝上着生的花常呈蝎尾状排列。果球形，成熟时近黄色，有光泽，平滑。小坚果无翅，浅黑色。花期5~7月。

产于我国陕西、甘肃、山东、江苏、安徽、江西、浙江、福建、台湾、河南、湖南、广东、香港、海南、广西、四川、贵州、云南等地。喜温暖湿润的环境，土壤以肥沃、深厚、湿润的沙质壤土较好。鸡屎藤既是中药植物，也是园林花卉景观植物，更是我国海南、广东、广西等省区在特定节日的传统美食。

鸡屎藤全草及根和果实均可供药用，有祛风除湿、消食化积、解毒消肿、活血止痛之功效。

植物文化 鸡屎藤的花语是末路之美。

观赏地点 康乐园中的鸡屎藤目前仅见在308栋党委楼南侧排水管和空调管上有寄生，因生长时间不是很长，因此景观一般。

● 鸡屎藤的花

● 308栋党委楼南侧排水管上鸡屎藤景观

● 308栋党委楼南侧空调管上鸡屎藤景观

八、忍冬科

● 金银花的果实

● 中大附属小学北侧围墙沿线金银花景观

金银花

学名： *Lonicera Japonica*
别名： 忍冬、金银藤、银藤、二色花藤、二宝藤
科属： 忍冬科忍冬属

简介 多年生半常绿缠绕及匍匐茎灌木。小枝细长，中空，藤为褐色至赤褐色。卵形叶子对生，枝叶均密生柔毛和腺毛。夏季开花，苞片叶状，唇形花有淡香，外面有柔毛和腺毛，雄蕊和花柱均伸出花冠，花成对生于叶腋，花色初为白色，渐变为黄色，黄白相映。浆果球形，熟时蓝黑色，有光泽。种子卵圆形或椭圆形，褐色。花期4～6月（秋季亦常开花），果熟期10～11月。

我国各省均有分布。金银花适应性很强，喜阳、耐阴、耐寒性强，也耐干旱和水湿，对土壤要求不严，但以湿润、肥沃的深厚沙质壤土最佳。由于金银花匍匐生长能力比攀缘生长能力强，因此更适合在林下、林缘、建筑物北侧等处作地被栽培，还可以作绿化矮墙，亦可以利用其缠绕能力制作花廊、花架、花栏、花柱以及缠绕假山石等。

金银花可入药，具有清热解毒、抗炎、补虚疗风的功效。

植物文化 金银花是忠贞之花，其花语是全心全意把爱奉献给你。1984年国家中医药管理局将其确定为35种名贵中药材之一，后来又确定为药食兼用品种。早在3000年前，我们的祖先就开始用它防治疾病，它在《名医别录》中被列为上品。

观赏地点 康乐园中金银花的种植数量不是很多，目前仅见在613栋南边围墙沿线、中大附属小学北侧围墙沿线有少量种植。

● 金银花的花

● 613栋南边围墙沿线金银花景观

九、桑科

● 薜荔的果实

薜荔

学名：*Ficus pumila* L.
别名：木莲、凉粉果、鬼馒头、凉粉子、木馒头
科属：桑科榕属

简介 攀缘匍匐灌木。叶两型，叶片卵状心形，纸质，先端渐尖，叶柄很短，叶表面无毛，背面被黄褐色柔毛，基生叶脉三出，托叶小，披针形。榕果单生叶腋，瘿花果大梨形，顶生苞片脐状，红色，基生苞片三角状卵形，宿存。瘦果倒卵形至近球形，成熟时褐色。5~8月开花，8~9月结果，果熟期10月。

分布于我国东南部，除西北、华北偶见栽培，其余地区常见野生。多攀附在各类古树、大树和断墙残壁、古石桥、庭园围墙等上面。由于薜荔的不定根发达，生存适应能力强，在园林绿化方面可用于各类垂直绿化，观赏价值高。薜荔花序托中瘦果可加工成凉粉食用，是我国南方民间传统的消暑佳品。

薜荔的叶可供药用，有祛风除湿、活血通络、消肿解毒、补肾、通乳的功效。

植物文化 薜荔又名"凉粉果"，其种子浸出的黏液可制造凉粉及清凉饮料。

观赏地点 康乐园内的薜荔主要以树体寄生的方式生长，很多树木的主干上都有寄生，这是热带植物的一大特点。其中237栋古建筑楼南边南洋楹树和256栋院内大王椰子上的薜荔景观最为壮观，观赏性最佳。

● 237栋古建筑楼南边南洋楹树上薜荔景观

● 薜荔的匍匐茎

● 256栋院内大王椰子上的薜荔景观

十、使君子科

使君子

学名：*Combretum indicum* (L.) Jongkind
别名：五棱子、索子果、冬均子、史君子、四君子
科属：使君子科使君子属

● 使君子的花　　● 使君子的果实

简介　攀缘状灌木，高2～8米。小枝被棕黄色短柔毛。叶对生或近对生，叶片膜质，卵形或椭圆形，先端短渐尖，基部钝圆，表面无毛，背面有时疏被棕色柔毛，幼时密生锈色柔毛。顶生穗状花序，组成伞房花序式。苞片卵形至线状披针形，被毛。果实具明显的锐棱角5条，成熟时外果皮脆薄，呈青黑色或栗色。种子白色，圆柱状纺锤形。花期初夏，果期秋末。

产于我国四川、贵州至南岭以南各处，目前我国南方地区园林多栽培。喜光，耐半阴，但日照充足开花更繁茂。喜高温多湿气候，不耐寒，不耐干旱，在肥沃富含有机质的沙质壤土上生长最佳。使君子攀缘性较强，可以制作绿篱和绿棚，还可以制作中型盆景，在园林观赏中是良好的应用树种。

使君子可入药，具有祛除蛔虫的药用价值，对小儿蛔虫寄生十分有效。

植物文化　使君子的花语是身体健康。

观赏地点　康乐园中使君子的种植数量不是很多，目前仅见在第一教学楼北侧的自行车棚架、572栋值班室屋顶沿线、马岗顶331栋西侧围墙以及西区531栋南侧和613栋南侧等区域有少量种植。

● 572栋值班室屋顶沿线使君子景观

● 第一教学楼北侧自行车棚架上的使君子景观

十一、天南星科

● 240栋古建筑门口白千层上的花叶绿萝景观

● 312栋东南侧白千层上的花叶绿萝景观

花叶绿萝

学名：*Scindapsus aureus* var. *wilcoxii*
别名：黄金葛
科属：天南星科藤芋属

简介 多年生常绿攀缘草本植物。发达茎蔓可长达数米，靠茎上的气生根吸附攀缘生长。叶生长较密，互生，心形，长15～30厘米，宽8～15厘米，纸质，有光泽，嫩绿色或橄榄绿色，上具有大面积的不规则黄色斑块或条纹，全缘。叶柄及茎秆黄绿色或褐色。

原产于所罗门群岛，现世界各地广为栽培。喜温凉、空气湿度较大的半荫蔽环境，较耐干旱，耐瘠薄，较耐寒冷。是庭院门柱、墙面等立体绿化的理想植物，其叶亦是插花配叶的佳品。此外，它还是非常优良的空气净化器，能有效吸收空气中的甲醛、苯和三氯乙烯等有害气体，因此非常适合摆放在新装修好的居室中。

花叶绿萝可入药，有治疗跌打损伤、淤青肿痛等功效。

植物文化 花叶绿萝的花语是坚韧善良、守望幸福。

观赏地点 康乐园中的花叶绿萝目前仅见240栋古建筑门口白千层和312栋东南侧白千层上有攀缘寄生，尤其是312栋东南侧白千层上的花叶绿萝，经多年生长，大气磅礴，景观非常壮观，观赏性极佳。

● 花叶绿萝的叶

● 花叶绿萝的匍匐茎

十二、西番莲科

百香果

学名：*Passiflora edulis* Sims
别名：鸡蛋果、受难果、巴西果
科属：西番莲科西番莲属

● 百香果的花　　● 百香果的果实　　● 百香果的叶

简介　草质藤本植物，长约6米。茎具细条纹，无毛。叶纸质，基部楔形或心形，掌状3深裂，无毛。聚伞花序退化仅存1花，与卷须对生。花芳香，花瓣5枚，与萼片等长，基部淡绿色，中部紫色，顶部白色。浆果卵球形，直径3～4厘米，无毛，熟时紫色。种子多数，卵形。花期6月，果期11月。

原产于安的列斯群岛，现广植于热带和亚热带地区。主要有紫果和黄果两大类。较耐旱，喜充足阳光，对土壤要求不高。果可生食或作蔬菜、饲料。花大而美丽，没有香味，可作庭园观赏植物。

百香果的根、茎、叶均可入药，有消炎止痛、活血强身、滋阴补肾、降脂降压、提神醒酒、消除疲劳、排毒养颜、增强免疫力等作用。

植物文化　百香果的花语是憧憬。目前已知百香果的果实含有超过132种以上的芳香物质，是世界上已知最芳香的水果之一，浓郁的香味集番石榴、菠萝、杧果、香蕉等多种热带、亚热带水果的香味于一体，有"果汁之王"的美誉。

观赏地点　康乐园目前有1株百香果种植在346栋的西北角，与校园唯一的一棵常春油麻藤缠绕共生，景观非常壮观，极具观赏性。

● 346栋西北角百香果景观

十三、仙人掌科

● 霸王花的花

● 霸王花的棱茎

霸王花

学名：*Hylocereus undatus* (Haw.) Britton et Rose
别名：剑花、量天尺、霸王鞭
科属：仙人掌科量天尺属

简介 攀缘肉质灌木，具气根。分枝多数，延伸，具3角或棱，棱常呈翅状，边缘波状或圆齿状，深绿色至淡蓝绿色，无毛，老枝边缘常呈胼胀状，淡褐色，骨质。花漏斗状，于夜间开放，瓣状花被片白色，长圆状倒披针形，先端急尖。浆果红色，长球形，果脐小，果肉白色。种子倒卵形，黑色。花期7~12月。

原产于墨西哥、南美热带雨林，现全世界的热带、亚热带地区均有栽培。在我国主要分布在广东、广西。喜温暖，宜半阴，在直射强阳光下植株发黄。对低温敏感。喜含腐殖质较多的肥沃壤土。

霸王花性微寒味甘，对治疗脑动脉硬化、肺结核、支气管炎、颈淋巴结结核、腮腺炎、心血管疾病有明显疗效，还具有清热润肺、除痰止咳、滋补养颜之功能。

植物文化 霸王花的花语是坚韧、强势、剑拔弩张。之所以叫它霸王花，是因为它的花冠硕大，怒放得无所顾忌，英姿无比，霸气十足，人们为其气势所震撼，就赞美它为霸王花。

观赏地点 康乐园目前仅见有2株霸王花，其中1株位于488栋西侧的樟树上，另外1株缠绕在253栋南侧的乌桕树上，经多年生长，景观非常壮观，极具观赏性。

● 488栋西侧樟树上的霸王花景观

● 253栋南侧乌桕树上的霸王花景观

十四、旋花科

五爪金龙

学名：*Ipomoea cairica* (L.) Sweet
别名：番仔藤、掌叶牵牛
科属：旋花科番薯属

● 马岗顶网球场西侧围网沿线五爪金龙景观

简介 多年生缠绕草本植物。全体无毛，老时根上具块根。茎细长，有细棱，有时有小疣状突起。叶掌状5深裂或全裂，裂片卵状披针形、卵形或椭圆形，中裂片较大，两侧裂片稍小，顶端渐尖或稍钝，具小短尖头，基部楔形渐狭，全缘或不规则微波状。聚伞花序腋生，具1~3朵花，或偶有3朵以上。花冠紫红色、紫色或淡红色，偶有白色，漏斗状。蒴果近球形，种子黑色，边缘被褐色柔毛。

原产于热带亚洲或非洲，现已广泛栽培或归化于全热带地区。喜阳光充足、温暖湿润气候和疏松、肥沃土壤。五爪金龙是一般性杂草，也是一种入侵植物，该种在华南地区广泛蔓延，覆盖小乔木、灌木和草本植物，成为园林中的一种害草。但如果合理利用，也是一种不错的绿篱造景植物。

五爪金龙全株可入药，具有清热利湿、解毒消肿、壮筋骨之功效。

植物文化 五爪金龙的花语是爱情永固、名誉，它象征着顽强，代表着不屈不挠的精神。

观赏地点 康乐园目前有2处五爪金龙景观最佳。一处是马岗顶网球场西侧围网沿线，还有一处是园林中心东侧篮球场围网沿线，经多年生长，景观非常壮观，极具观赏性。

● 园林中心东侧篮球场围网沿线五爪金龙景观

● 五爪金龙的花

● 五爪金龙的叶

十五、紫葳科

● 西区613栋南侧围墙沿线炮仗花景观

● 炮仗花的花

● 炮仗花的叶

炮仗花

学名：*Pyrostegia venusta* (Ker-Gawl.) Miers
别名：黄鳝藤、鞭炮花
科属：紫葳科炮仗藤属

简介 藤本植物。叶对生，小叶2～3枚，卵形。圆锥花序着生于侧枝的顶端，花萼钟状，花冠筒状，内面中部有一毛环，基部收缩，橙红色，长椭圆形，花蕾时镊合状排列，花开放后反折，边缘被白色短柔毛。果瓣革质，舟状，内有种子多列，种子具翅，薄膜质。花期长，通常在2～6月。

原产于南美洲的巴西，我国南方地区早年作为庭园观赏藤本植物栽培。喜向阳环境和肥沃、湿润、酸性的土壤。生长迅速，在华南地区能保持枝叶常青，可露地越冬。多种植于庭院、栅架、花门和栅栏作垂直绿化，是华南地区重要的攀缘花木。矮化品种可盘曲成图案形，作盆花栽培。

炮仗花的花和茎叶具有润肺止咳、清热利咽的药用价值。

植物文化 炮仗花每次开花的时候都像是火焰一般，极为艳丽，观赏性较高。它的花语寓意生活红红火火，深受人们的喜爱。此外，它还能驱除邪恶，给家人带来美好的祝福。

观赏地点 康乐园中炮仗花的种植数量不是很多，目前仅见于图书馆内庭花园立柱、325栋东侧围墙以及西区613栋南侧围墙等区域有少量种植。

● 图书馆内庭花园立柱上炮仗花景观

● 蒜香藤的花

● 蒜香藤的叶

蒜香藤

学名：*Mansoa alliacea* (Lam.) A.H.Gentry
别名：紫铃藤、张氏紫葳
科属：紫葳科蒜香藤属

● 343栋中大出版社办公楼前盆架子树上蒜香藤景观

简介 常绿攀缘植物。三出复叶对生，小叶椭圆形，顶小叶常呈卷须状或脱落。全圆锥花序腋生。花冠筒状，花瓣前端5裂，紫色。花期为春至秋季，一般在夏末初秋的9~10月开花最旺。花朵初开时，颜色较深，以后颜色渐淡，每朵花约可维持5~7天。花紫红色至白色，叶揉搓有蒜香味。蒴果，扁平长线形。

原产于南美洲的圭亚那和巴西，我国华南亚热带常绿阔叶林区、热带季雨林及雨林区有分布。性喜温暖湿润气候和阳光充足的环境，对土质要求不高，全日照的环境最佳。蒜香藤生性强健，病虫害少，一般作为篱笆、围墙美化或凉亭、棚架装饰之用。由于蒜香藤具有浓郁的蒜香，可作为蒜的替代物用于烹饪。

蒜香藤的根、茎、叶均可入药，可治疗伤风、发热、咽喉肿痛等呼吸道疾病。

植物文化 蒜香藤的花语是互相思念。新奇的是它的花色会随着时间的推移而改变，初开时为粉紫色，几天后慢慢转为粉红色，最后变成白色，然后掉落。

观赏地点 康乐园中蒜香藤的种植非常稀少，目前仅见在343栋中大出版社办公楼前的盆架子树上有1棵。

第五部分
05 寄（附）生类景观植物

  寄生植物是不含或只含很少叶绿素，不能自制养分，从其他绿色植物中取得其所需的全部或大部分养分和水分的植物，约占世界上全部植物种的1/10。

  附生植物不跟土壤接触，其根群附着在其他树的枝干上生长，利用雨露、空气中的水汽及有限的腐殖质为生。通常不会长得很高大，自身可进行光合作用，不会掠夺它所附着植物的营养与水分（区别于寄生植物）。

  美丽的寄生和附生植物已经大量被用作园艺栽培，用来进行各领域的造景。

  本书介绍的几种康乐园寄（附）生植物，基本上都是在几十年的校园植物生态演替和进化中存留下来的，这一美丽的自然资源值得挖掘出来展现给每一位中大人欣赏，让大家了解其独特的自然属性和优美景观。

一、兰科

石斛

学名：*Dendrobium nobile* Lindl.
别名：吊兰、林半、禁生、杜兰、悬竹、千年竹
科属：兰科石斛属

● 石斛的花

● 石斛的根茎

简介 附生草本类植物，多生于树上或岩壁上。茎肥厚，成簇，圆柱形，上部稍扁，具节，节上生叶。假鳞茎丛生，伸长呈茎状，多节。叶扁平，近革质，花期有叶或无叶。总状花序生茎上部节上，具花数朵或仅1朵。花大而艳丽，花被片开展，侧萼片宽阔的基部着生在蕊柱足上，与唇瓣基部共同形成萼囊。唇瓣完整或3裂，与蕊柱基部相连。有很多品种如细茎石斛、铁皮石斛、梳唇石斛、美花石斛、钩状石斛、霍山石斛等是中药"石斛"的原植物。

广泛分布于亚洲热带和亚热带地区至大洋洲。我国产于秦岭以南诸省区，尤以云南南部为多。对环境要求十分严格，喜温暖潮湿、半阴半阳的环境，对土肥要求不甚严格，野生多在疏松且厚的树皮或树干上生长，有的也生长于石缝中。随着花卉产业的兴起，石斛也成为一种观赏植物。

石斛全株可入药，具有滋阴清热、润肺养胃、强筋健骨之功效，主治热病伤津、口干烦渴、胃痛干呕、咳嗽少痰等症。

植物文化 石斛的花语是慈爱、勇敢、幸福、纯洁，象征无私深沉的父爱，被誉为"父亲之花"。

观赏地点 康乐园中石斛的种植数量非常稀少，目前仅见在343栋中大出版社楼前的盆架子树干上有少量附生。

● 附生在盆架子树干上的石斛

● 343栋中大出版社楼前盆架子树干上的石斛景观

● 纹瓣兰的花

● 纹瓣兰的植株

纹瓣兰

学名：*Cymbidium aloifolium* (L.) Sw.
别名：硬叶吊兰、剑兰、硬叶兰
科属：兰科兰属

● 园东路篮球场西边大草坪区域杧果树上纹瓣兰景观

简介 附生植物，假鳞茎卵球形，通常包藏于叶基之内。叶4～5枚，带形，厚革质，坚挺，略外弯。花葶从假鳞茎基部穿鞘而出，下垂，长20～60厘米。总状花序，花略小，稍有香气。萼片与花瓣淡黄色至奶油黄色，萼片狭长圆形至狭椭圆形，花瓣略短于萼片。蒴果长圆状椭圆形。花期4～5月，偶见10月。

我国广东、广西、贵州和云南东南部至南部等地区均有栽培和分布。纹瓣兰生长强健，抗病力强，具有较高观赏价值，为国家重点保护植物。

纹瓣兰全草可入药，具有治疗肺热咳嗽、肺结核、咽喉炎、腮腺炎等功效。

植物文化 纹瓣兰的花语是正义、忠贞、怀念、节节高升。

观赏地点 康乐园唯一的一丛纹瓣兰生长在园东路篮球场西边大草坪区域的一棵杧果树上，经过十几年的生长，已经与杧果树融为一体，形成该区域独有的景观。

二、蕨科

槲蕨

学名：*Drynaria roosii* Nakaike
别名：骨碎补、猴姜、胡狲姜、石毛姜、过山龙、石良姜、申姜、毛贯仲
科属：蕨科槲蕨属

简介 附生蕨类，通常附生在树干上或岩石上，螺旋状攀缘。密被鳞片，鳞片斜升，盾状着生，边缘有齿。叶二型，厚干膜质，下面有疏短毛。叶片深羽裂到距叶轴2~5毫米处，裂片互生，披针形，叶脉两面均明显，叶干后纸质，仅上面中肋略有短毛。孢子囊群圆形或椭圆形，成熟时有圆形孢子囊群，混生有大量腺毛。

分布于我国江苏、安徽、江西、浙江、福建、台湾、海南、湖北、湖南、广东、广西、四川、重庆、贵州、云南。槲蕨适于生存在中性或偏酸性环境中，是一种较为喜欢光照且耐旱的附生植物。

植物文化 槲蕨的根状茎可作为药材"骨碎补"使用，具有补肾坚骨、活血止痛，治跌打损伤、腰膝酸痛之功效。

观赏地点 康乐园中的槲蕨主要附生在樟树的枝干上，其中以新建博物馆东南侧樟树上附生的槲蕨景观最为奇特美观。

● 槲蕨的孢子囊群

● 附生在树干上的槲蕨植株

● 新建博物馆东南侧樟树上的槲蕨景观

三、桑寄生科

广寄生

学名：*Taxillus chinensis* (DC.) Danser
别名：桑寄生、桃树寄生、寄生茶
科属：桑寄生科钝果寄生属

● 广寄生的枝叶

简介 常绿寄生小灌木。嫩枝、叶密被锈色星状毛，有时具疏生叠生星状毛，稍后绒毛呈粉状脱落，枝、叶变无毛。小枝灰褐色，具细小皮孔。叶对生或近对生，厚纸质，卵形至长卵形，顶端圆钝，基部楔形或阔楔形。伞形花序，1~2个腋生或生于小枝已落叶腋部，花序和花被具星状毛。花褐色。果椭圆状或近球形，果皮密生小瘤体，具疏毛，成熟果浅黄色，果皮变平滑。花果期4月至翌年1月。

产于我国广西、广东、福建南部。寄生于桑树、桃树、李树、龙眼、荔枝、榕树、木棉、白兰或马尾松、水松等多种植物上。广寄生是半寄生植物，它的叶和茎内还有叶绿素，自身能够通过光合作用制造有机物。同时，它的根也可以侵入寄主植物体内，吸取生长发育所需要的水分和矿物质。

广寄生全株可药用，有祛风湿、补肝肾、强筋骨、安胎、催乳之功效。

观赏地点 康乐园中广寄生的分布范围极广，很多乔木上基本都有广寄生存在，其中以木兰科的白兰、荷花玉兰，木棉科的木棉，千屈菜科的小叶紫薇，桑科的榕树、构树，锦葵科的澳洲火焰木、假苹婆，以及樟科的樟树、阴香等树种上的寄生数量最多，形成这类树木独有的景观特色。但与此同时，广寄生也对这些树木的生长造成一定的伤害，还增加了行道树在台风季节的安全隐患。

● 广寄生的花

● 寄生在榕树上的广寄生景观

● 寄生在白兰树上的广寄生景观

四、水龙骨科

● 附生于校园樟树上的石韦景观

● 附生于校园榕树上的石韦景观

● 石韦的孢子囊

石韦

学名：*Pyrrosia lingua* (Thunb.) Farwell
别名：石樜、石皮、石葦、金星草、石兰、生扯拢、石剑、潭剑、金汤匙
科属：水龙骨科石韦属

简介 附生蕨类。根状茎长而横走，密被鳞片。鳞片披针形，长渐尖头，淡棕色，边缘有睫毛。叶远生，近二型。叶柄与叶片的大小和长短变化很大，能育叶通常远比不育叶长得高而狭窄，两者的叶片略比叶柄长，少为等长，罕有短过叶柄的。主脉下面稍隆起，上面不明显下凹，侧脉在下面明显隆起，清晰可见，小脉不显。孢子囊群近椭圆形，在侧脉间整齐成多行排列，布满整个叶片背面，或聚生于叶片的上半部，初时为星状毛覆盖而呈淡棕色，成熟后孢子囊开裂外露而呈砖红色。

产于长江以南各省区，北至甘肃（文县），西到西藏（墨脱），东至台湾。印度（阿萨姆）、越南、朝鲜和日本也有分布。附生于低海拔林下树干上，或稍干的岩石上。喜阴凉干燥的气候。

石韦全株可入药，有利水通淋、清肺泄热之功效。

观赏地点 康乐园中的石韦主要附生在樟树、榕树等乔木以及苏铁类植物的枝干上，校园中很多高大乔木的树干上都或多或少有一定数量的分布，形成热带、亚热带附生类植物和乔木共生一体的独有景观。

● 石韦的叶

五、天南星科

● 麒麟叶的叶

● 园东路篮球场西边桃花心木上的麒麟叶景观

● 新体育馆西侧道路旁榕树上的麒麟叶景观

麒麟叶

学名：*Epipremnum pinnatum*
别名：苣蒻蕉、百足藤、上树龙、爬树龙、飞天蜈蚣
科属：天南星科麒麟叶属

● 麒麟叶发达的附生茎

简介　多年生常绿附生藤本植物，攀缘极高。茎圆柱形，粗壮，多分枝。气生根具发达的皮孔，平伸，紧贴于树皮或石面上。叶片薄革质，幼叶狭披针形或披针状长圆形，基部浅心形，成熟叶宽长圆形，基部宽心形，沿中肋有2行星散小穿孔，两侧不等羽状深裂。圆锥花序，孕生于嫩枝先端，花小，白色，有香气，很像白玫瑰，开花时一片雪白。花期4～5月。浆果黄色、有刺。

原产于我国南部的广东、广西、海南、台湾等地。喜温暖、湿润、荫蔽，不耐寒，较耐旱，忌阳光直晒。要求土质肥沃、排水良好，适生于富含腐殖质比较肥沃的土壤中。

麒麟叶全株可入药，具有清热润肺、消炎解毒、舒筋活络之功效。

观赏地点　康乐园中附生的麒麟叶数量不是很多，目前仅见在园东路篮球场西边区域的几棵桃花心木和新体育馆西侧道路旁的一棵榕树上有生长。其奇特的根茎和美丽的叶片给寄生的树木平添一份特有的情调与雅韵。

第六部分
水生类景观植物

能在水中生长的植物统称为水生植物。根据水生植物的生活方式，可将其分为挺水植物、浮叶植物、沉水植物、漂浮植物以及湿生植物。

水生植物在各大水体中的应用，对水体生态系统的稳态转化（从浊水到清水）具有重要作用，是水体生态修复的主要措施，更是水体景观再造的必要元素之一。

康乐园具有丰富的水体资源，包括园东湖、松园湖、园北湖、小北湖、园西湖五大水体资源，总面积达2.4万平方米。受历史原因等多方面的因素影响，康乐园内几大水体的景观和生态建设一直处于停滞状态，几大水体在校园的生态效益和景观价值远没有得到科学合理的开发。

2022年，建造松园路的过程中，曾在松园湖进行了简单的种植，几十盆荷花被沉入湖中进行简单造景，而无其他任何水生植物的植入。至于其他校园水体，未种植任何水生植物，使得这些水体的景观得不到应有的提升，尤其是每到冬季干旱季节，水体质量非常差，景观一般。

历史上，园东湖一直有荷花造景，一度成为众多中大学子的美好记忆。但随着2016年园东湖围栏建设，原有荷花景观也一并消失，再无重现。

本书客观地描述和展示目前康乐园仅有的3种水生景观植物，供中大人闲暇之余欣赏。同时，也希望能为中大未来几大水体景观的提升提供参考。

一、睡莲科

荷花

学名：*Nelumbo* sp.
别名：莲花、水芙蓉等
科属：睡莲科莲属

● 荷花的花叶

● 荷花的莲蓬

简介　多年生水生草本植物。根状茎横生，肥厚，节间膨大，内有多数纵行通气孔道，节部缢缩，上生黑色鳞叶，下生须状不定根。叶圆形，盾状，表面深绿色，背面灰绿色。叶柄粗壮，圆柱形中空。花单生于花梗顶端，高托水面之上，美丽，芳香。有单瓣、复瓣、重瓣及重台等花型。花色有白、粉、深红、淡紫、黄色或间色等变化。坚果椭圆形或卵形，坚硬，熟时黑褐色。种子（莲子）卵形或椭圆形，种皮红色或白色。花期6～9月，果期8～10月。

原产于亚洲热带和温带地区，我国早在周朝就有栽培记载，现在全国大部分地区都有分布。荷花是水生植物，性喜相对稳定的平静浅水、湖沼、泽地、池塘。荷花的需水量由其品种而定，非常喜光，生育期需要全光照的环境。极不耐阴，在半阴处生长就会表现出强烈的趋光性。

荷花全身皆宝，藕和莲子能食用，荷叶能清暑解热、减肥瘦身，荷梗能通气行水、泻火清心，莲瓣能治暑热烦渴，莲子能健脾止泻，莲芯能清火安神，莲房能消瘀止血，藕节有止血和散瘀的作用。

● 松园湖中的荷花景观

植物文化　1985年5月，荷花被评为中国十大名花之一。荷花"出淤泥而不染，濯清涟而不妖，中通外直，不蔓不枝"的高尚品格，历来都是诗人墨客歌咏绘画的题材之一。

观赏地点　康乐园中现有荷花仅见于松园湖区域，是在2022年松园路改造时种植的。荷花的种植使得该水体整体景观得到极大提升。

睡莲

学名：*Nymphaea tetragona* Georgi
别名：子午莲、茈碧莲、白睡莲
科属：睡莲科莲属

● 睡莲的叶

简介 多年生水生草本植物。根状茎肥厚。叶柄圆柱形，细长。叶椭圆形，浮生于水面，全缘，叶表面浓绿，背面暗紫。沉水叶薄膜质，脆弱。花单生，花萼4枚，绿色。花大形、美丽，浮在或高出水面，白天开花夜间闭合。花瓣通常8片，白色、蓝色、黄色或粉红色，成多轮，有时内轮渐变成雄蕊。浆果倒卵形，海绵质，不规则开裂，在水面下成熟。种子坚硬，为胶质物包裹，有肉质杯状假种皮，胚小，有少量内胚乳及丰富外胚乳。

从我国东北至云南、西至新疆皆有分布。生于池沼、湖泊等静水水体中。许多公园水体栽培作为观赏植物。根状茎可食用或酿酒，全草可作绿肥。

睡莲的根状茎还可入药，能治小儿慢惊风。

植物文化 睡莲的花语是洁净、纯真、妖艳。在古埃及神话里，太阳是由荷花绽放诞生的，睡莲因此被奉为"神圣之花"，成为遍布古埃及寺庙廊柱的图腾，象征着"只有开始，不会幻灭"的祈福。

观赏地点 康乐园中现有睡莲仅见梁銶琚堂南侧水池内有2盆，为中航物业公司于2023年年初植入造景，极大程度地提升了该水池整体的景观效果，让这一小水体景观瞬间多了一份灵动和雅致。

● 睡莲的花

● 梁銶琚堂南侧水池内睡莲景观

二、莎草科

● 风车草的叶

● 风车草的花序

风车草

学名：*Cyperus involucratus* Rottboll
别名：旱伞草、水竹、伞草、水棕竹
科属：莎草科莎草属

简介 多年生草本植物。根状茎短，粗大。叶片伞状，叶鞘棕色。叶状苞片，苞片20枚，近相等，较花序长，向四周展开，平展。多次复出长侧枝聚伞花序具多数第一次辐射枝，小穗密集，椭圆形或长圆状披针形，鳞片呈紧密的覆瓦状排列，膜质，卵形，苍白色，花药线形，花柱短。小坚果椭圆形，近于三棱形，褐色。花果期8~11月。

原产于非洲，我国南北各省均见栽培。性喜温暖、阴湿及通风良好的环境，适应性强，对土壤要求不严格，以保水强的肥沃土壤最适宜。风车草常依水而生，植株茂密，丛生，茎秆秀雅挺拔，叶伞状，奇特优美。可种植于溪流岸边，与假山、礁石搭配，四季常绿，风姿绰约，尽显安然娴静的自然美，是园林水体造景常用的观叶植物。

风车草可入药，用于治疗吐血、衄血、崩漏、外伤出血、经闭瘀阻、关节痹痛、跌扑肿痛。

植物文化 风车草的花语是离别。因为植株的寿命较长，风车草还有着幸福和健康的花语。

观赏地点 康乐园目前仅见在冼为坚堂庭院花园水池假山上有少量风车草种植，与假山上的龟背芋、炮仗竹等一起，营造出一幅非常美观雅致的园景。

● 冼为坚堂庭院花园水池假山上的风车草景观

第七部分
竹类景观植物

　　竹类植物是属禾本科竹亚科的一类再生性很强的多年生草本植物,是重要的造园材料,更是构成中国园林的重要元素。中国是竹类植物分布的中心地区之一,除黑龙江、吉林、内蒙古、新疆外,全国均有分布。

　　中国是世界上研究、培育和利用竹类植物最早的国家。竹类植物是集文化美学、景观价值于一身的优良品种,用于造园至少已有2200多年的历史了。

　　值得一提的是,康乐园中分布着大量的竹类植物资源,这些植物从岭南大学时期就开始引入种植。经过百年的变迁,康乐园中的竹类植物数量之多、分布之广,在国内高校中是独一无二的。虽然改革开放后校园建设速度加快,使得当年建立的5个竹圃现在仅剩1个,但竹类植物资源在校园景观的打造中仍然占据非常重要的地位。尤其是目前位于西大球场南侧的竹园,仍然保存了数十个竹种,成为康乐园独特景观的重要组成部分。

　　考虑到竹园的特殊性,本书未介绍竹园内的竹种资源,只是将分布于康乐园其他各区域的竹类品种进行简单的介绍和景观再现,供中大人闲暇之余雅俗共赏,提升情趣。

一、禾本科

粉单竹

学名：*Bambusa chungii* McClure
别名：单竹
科属：禾本科簕竹属

● 280栋工会楼西南侧区域粉单竹景观

简介 乔木状竹类植物。竿直立，顶端微弯曲，节间幼时被白色蜡粉，无毛，竿环平坦。箨环稍隆起，箨鞘早落，质薄而硬，叶鞘无毛，叶片质地较厚，披针形乃至线状披针形。花枝极细长，无叶，假小穗含小花，形肿胀，小穗轴节间无毛。成熟颖果呈卵形，腹面有沟槽。

分布于我国湖南南部、福建、广东、广西。适生土壤酸性至中性，宜土层深厚、疏松、肥沃、水气通透性良好。竹材韧性强，节间长，节平，适合劈篾编织精巧竹器、绞制竹绳等，是两广主要篾用竹种，亦是造纸业的上等原料。竹丛疏密适中，挺秀优姿，宜作为庭园绿化之用。

植物文化 粉单竹为我国南方特产竹种。在我国，竹与梅、兰、菊并称为"四君子"，竹子中空、有节、挺拔的特性历来为国人称道，是国人所推崇的谦虚、有气节、刚直不阿等美德的生动写照。

观赏地点 康乐园内目前有40多丛大小不一的粉单竹竹丛分布在不同区域，为校园营造出许多独特雅致的竹林景观。其中冼为坚堂西侧、贺丹青堂东侧、280栋工会楼西南侧以及马岗顶等区域的分布最多，景观也最壮观、雅致。

● 粉单竹的叶

● 粉单竹的竹竿

● 冼为坚堂西侧区域粉单竹景观

凤尾竹

学名：*Bambusa multiplex*
别名：观音竹、米竹、筋头竹、蓬莱竹
科属：禾本科簕竹属

● 凤尾竹的叶

● 凤尾竹的竹竿

简介 植株较高大，竿高可达6米，竿中空。小枝稍下弯，下部挺直，绿色，竿壁稍薄，节处稍隆起，无毛。叶片线形，上表面无毛，下表面粉绿而密被短柔毛。小穗含小花，中间小花为两性。成熟颖果未见。

原产于我国，华东、华南、西南以至台湾、香港均有栽培。凤尾竹喜酸性、微酸性或中性土壤，忌黏重、碱性土壤。该种观赏价值较高，宜作庭院丛栽，也可作盆景植物。在南方地区也常作为低矮绿篱的配植材料被广泛应用。凤尾竹既能够供人观赏，也能制造氧气、吸收有害气体和调节空气湿度等，为人们营造出良好健康的生活环境。

植物文化 凤尾竹的花语为平安，寓意和谐幸福、美满健康和事业顺利。

观赏地点 康乐园中凤尾竹的种植数量不是很多，目前仅见268栋古建筑西侧有1丛、园东湖南侧有3丛、314栋南侧有1排种植。

● 园东湖南侧绿化区凤尾竹景观

● 268栋古建筑西侧区域凤尾竹景观

• 佛肚竹的竹节

佛肚竹

学名：*Bambusa ventricosa* McClure
别名：佛竹（广东）、罗汉竹、密节竹、大肚竹、葫芦竹
科属：禾本科簕竹属

• 黑石屋西南侧绿化区佛肚竹景观

简介 丛生型竹类植物。幼竿深绿色，稍被白粉，老时转榄黄色。竿二型，正常圆筒形。畸形竿通常节间较正常短。箨叶卵状披针形。箨鞘无毛。箨耳发达，圆形或卵形至镰刀形。箨舌极短。叶片线状披针形至披针形，上表面无毛，下表面密生短柔毛。假小穗单生或以数枚簇生于花枝各节。颖果未见。

原产于我国华南地区，目前我国南方各地多有栽培。性喜温暖湿润，不耐寒。喜光，亦稍耐阴。喜肥沃、湿润的酸性土，要求疏松和排水良好的酸性腐殖土及沙壤土。在华中至华北的广大地区，均只宜盆栽，置温室或室内防寒越冬。该种常作盆栽，施以人工截顶培植，形成畸形植株以供观赏。佛肚竹也是很多工艺品、文玩物品如扇子、竹雕、乐器等的加工对象。

佛肚竹的嫩叶可入药，有清热、除烦的药用价值。

植物文化 佛肚竹是观赏竹类的佼佼者，观赏价值很高。苏东坡有"宁可食无肉，不可居无竹"和"无竹则俗"等诗句，可见竹在园林中占有非常重要的位置。

观赏地点 佛肚竹在康乐园的种植面积近年有所减少，目前有20多丛大小不一的佛肚竹分布在不同区域，与不同特色的建筑物一起构建出一幅幅美丽典雅的校园景观。其中，黑石屋西南侧、278栋西南侧、324栋门前、387栋内庭院和410栋西南侧等区域景观的观赏性最佳。

• 278栋西南侧绿化区佛肚竹景观

• 324栋门前绿化区佛肚竹景观

刚竹

学名：*Phyllostachys sulphurea* (Carr.) A.' Viridis '
别名：榉竹、胖竹、柄竹、台竹、光竹、打雷竹、燕竹
科属：禾本科刚竹属

● 刚竹的叶　　● 刚竹的植株

简介　灌木状竹类植物。竿高可达15米，幼时无毛，微被白粉，绿色，成长的竿呈绿色或黄绿色，竿环在较粗大的竿中于不分枝的各节上不明显。箨环微隆起。箨鞘背面有绿色脉纹，无毛，微被白粉，箨耳及鞘口繸毛俱缺。箨舌绿黄色，拱形或截形，边缘生淡绿色或白色纤毛。箨片狭三角形至带状，外翻，微皱曲，绿色，但具橘黄色边缘。叶鞘几无毛或仅上部有细柔毛。叶耳及鞘口繸毛均发达。叶片长圆状披针形或披针形。5月中旬出笋。

原产于我国，黄河至长江流域及福建均有分布。刚竹抗性强，适应酸性至中性土，但忌排水不良。能耐-18℃的低温。刚竹竿高挺秀，枝叶青翠，是长江下游各省区重要的观赏和用材竹种之一，可配植于建筑前后、山坡、水池边、草坪一角，宜在居民新村、风景区种植作绿化美化。笋可供食用，唯味微苦。

植物文化　刚竹是园林造景中配植松、梅形成"岁寒三友"之景的竹种，在景观植物中占据非常重要的位置。

观赏地点　康乐园中的刚竹以316栋西北侧区域和318栋门前东南侧区域的种植面积最多，已蔓延成片，形成独一无二的竹林景观。此外，在西区新建怡乐路教师公寓楼围墙区域也有少量种植。

● 西区新建怡乐路教师公寓楼围墙区域刚竹景观

● 黄金间碧玉竹的叶

● 黄金间碧玉竹的竿

● 241栋西北侧区域黄金间碧玉竹景观

黄金间碧玉竹

学名：*Bambusa vulgaris* cv.
别名：黄皮刚竹、黄皮绿筋竹、金竹
科属：禾本科簕竹属

简介 南方大型丛生竹，竿高6~10米，直径4~6厘米。竿直立，鲜黄色，间以绿色纵条纹，节间圆柱形，节凸起。箨鞘草黄色，具细条纹，背部密被暗棕色短硬毛，易脱落。箨耳发达，大小约略相等，暗棕色，边缘具继毛。箨舌先端细齿裂。箨叶直立，卵状三角形，腹面脉上密被短硬毛。叶披针形或线状披针形，两面无毛。笋期6~9月。

阳性植物，喜肥沃、排水良好的壤土或沙壤土。黄金间碧玉竹是南方大型丛生竹子，是可营造岭南特色大型竹林景观的优良观赏植物，在竹海景观、竹子长廊、绿化广场、竹径通幽、园林点缀、隔音围墙、室内绿化、天井绿化工程等地方设计种植会有很好的效果，能把竹子的美发挥得淋漓尽致，在园林绿化中增加中国竹文化，实现人文景观和自然景观的和谐统一，营造出朴素、自然、清新的山水园林氛围。

植物文化 黄金间碧玉竹名蕴含万两黄金的寓意，象征事业辉煌、财源滚滚。

观赏地点 康乐园中种植的黄金间碧玉竹数量不是很多，主要以竹丛形式造景为主。其中，马岗顶312栋南侧、316栋东南角、319栋东南角门前，以及241栋周边、游泳池西北侧等区域的大竹丛景观最佳，极具观赏性。

● 游泳池西北侧区域黄金间碧玉竹景观

梨竹

学名：*Melocanna humilis* Kurz
别名：象鼻竹、矮梨何（广西）
科属：禾本科梨竹属

● 梨竹的花

● 梨竹的叶

简介 乔木状竹类植物。地下茎合轴型，假鞭圆柱形，实心。竿劲直，末梢点垂，高可达20米，节间圆筒形，幼时绿色，薄被白粉并混生柔毛，老则呈枯草色，光滑无毛，竿环不隆起，箨鞘硬革质，箨耳不明显。叶片披针形至矩状披针形，上表面无毛，下表面灰绿色，两边缘均具纤毛。花枝下垂，假小穗稍作两侧扁，无毛，苞片披针形，外稃卵状披针形，内稃席卷，无脊，花丝扁平，花药黄色。子房卵球形，果实大型，呈梨形，果皮坚硬肉质，肥厚，种子内无胚乳。

原产于印度、孟加拉国和缅甸。我国台湾、广东和香港等地都有引种栽培。喜生于温暖湿润的环境。梨竹竿为造纸上等原料，劈篾可供编织，竹叶可酿酒，果可食。地下茎的假鞭类似黄藤，可作为黄藤的代用品。

植物文化 其他竹子虽然也会开花结果，但是它们的果子非常小，而梨竹的果实特大，浆果肉质肥厚，味道酸甜可口，除了能鲜吃，也能烤着吃。其花果期比较长，一般在生长几十年后才会开花结果，所以这种水果在市场上很稀罕。梨竹叶可以酿酒，酿出来的酒很香醇。

观赏地点 康乐园目前只有1丛梨竹种植在陈寅恪故居门前西北绿化区域，是非常宝贵的竹科植物资源。

● 陈寅恪故居门前西北绿化区域梨竹景观

● 梨竹的果实

琴丝竹

学名：*Bambusa multiplex* cv. Alphonse-Karr
别名：花孝顺竹
科属：禾本科孝顺竹属

386栋庭院内琴丝竹景观

简介 丛生竹。竿高2~8米，直径1~4厘米。竹竿多为金黄色，纵槽为绿色，竿上有数条绿色纵纹。本种为孝顺竹的变种，其区别在于竿与枝金黄色，并间有粗细不等的纵条纹，初夏出笋不久，竹箨脱落，竿呈鲜黄色。

产地主要在我国四川、广东及浙江南部，目前我国南北方都有栽培。适应性强，可耐-20℃低温，较耐干旱贫瘠。在立地条件差的地方生长低矮。琴丝竹丛态优美且竿色秀丽，为庭园观赏或盆栽的上佳植物品种。

植物文化 琴丝竹为孝顺竹属下的竹类植物，有小琴丝竹和大琴丝竹，都是孝顺竹的变种，康乐园目前种植的主要是小琴丝竹。竹子大多数象征着坚强的气节，如郑板桥所画的竹子，很有风骨。

观赏地点 康乐园中琴丝竹的种植数量不是很多，目前在386栋庭院内东北角、图书馆西南侧区域有少量种植。此外，在竹园也有少量种植。

琴丝竹的叶

琴丝竹的竹竿

图书馆西南侧绿化区域琴丝竹景观

青皮竹

学名：*Bambusa textilis* McClure
别名：篾竹、山青竹、黄竹、小青竹等
科属：禾本科簕竹属

简介 灌木或乔木状竹类植物。竿高可达10米，尾梢弯垂，下部挺直。节间绿色，竿壁薄。节处平坦，无毛。箨鞘早落，革质，箨耳较小，大耳狭长圆形至披针形，小耳长圆形，不倾斜，箨片直立，卵状狭三角形，叶鞘无毛，背部具脊，叶耳发达，镰刀形，叶舌极低矮，无毛。叶片线状披针形至狭披针形，上表面无毛，下表面密生短柔毛，先出叶宽卵形。顶生小花不孕，外稃椭圆形，内稃披针形，花丝细长，花药黄色，子房宽卵球形，花柱被短硬毛。成熟颖果未见。

分布于我国广东和广西，西南、华中、华东各地均有引种栽培。青皮竹具有适应性强、繁殖容易、速生丰产的特点，也可美化环境、绿化荒山、护岸固沙。

植物文化 青皮竹有很多栽培变种，是笋材两用竹种。

观赏地点 康乐园中目前仅见在415栋旧生物楼南侧挡土墙沿线种植有少量青皮竹，为新建的生命科学楼落成后随周边绿化一起种植的。

● 415栋旧生物楼南侧挡土墙区域青皮竹景观

● 青皮竹的叶

● 青皮竹的竹竿

● 青皮竹的竹笋

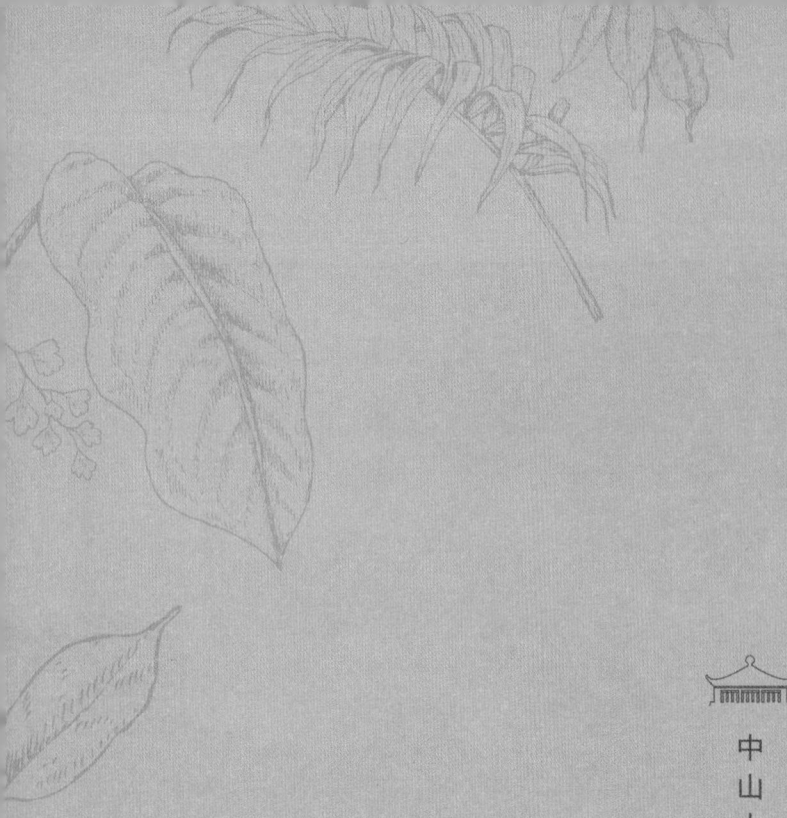

中山大学康乐园景观植物彩色图鉴

下编

裸子植物、单子叶植物和双子叶植物类景观乔木

第一部分
裸子植物类景观乔木

　　裸子植物是地球上最早用种子进行有性繁殖的植物，而在它之前出现的藻类和蕨类植物则是使用孢子进行有性生殖的。

　　裸子植物是指它们结出的种子没有果皮包裹，而是呈现裸露的状态，不能形成果实。这是一类原始的种子植物，其发生和发展历史悠久。最初的裸子植物出现在古生代，在中生代至新生代，它们是遍布各大陆的主要植物。

　　裸子植物的孢子体非常发达，在植物界中占据了绝对的优势。

　　人们最熟悉的裸子植物包括松树、柏树、银杏树等，它们大部分是高大的乔木，当然也有少数如苏铁类是灌木形态。

　　康乐园内分布着大量的裸子植物，其中部分品种是早年从北美等地引进的。这些丰富而宝贵的裸子植物资源为康乐园的植物多样性和生态景观的丰富度提供了坚实的物质基础。

一、柏科

柏树

学名：*Platycladus orientalis* (L.) Francoptmxjjkmsc
别名：柏木
科属：柏科侧柏属

● 柏树的果实

● 柏树的枝叶

简介 常绿乔木。分枝稠密，小枝细弱众多，枝叶浓密，树冠完全被枝叶包围，从一侧看不到另一侧，多为墨绿色的圆锥体。树皮红褐色，纵裂。小枝扁平。叶鳞片状，小形。雌雄同株或异株，球花单生枝顶。球果近卵形。种子卵形，顶端稍尖，基部圆形，灰褐色至紫褐色，稍有3棱，无翅或有极窄翅。花期4月，果熟期10月。

在我国分布极广，北起内蒙古、吉林，南至广东及广西北部，人工栽培范围几遍全国，是优良的园林绿化树种。喜光，但幼苗、幼树有一定耐阴能力。较耐寒，耐干旱，喜湿润，但不耐水淹。耐贫瘠，可在微酸性至微碱性土壤中生长。木材木质软硬适中，细致，有香气，耐腐力强，多用于建筑、家具、细木工等。种子可榨油，供制肥皂、食用或药用。

柏树全身是宝，树脂、树油、果实、枝节、树叶、种子、根和树皮均能入药使用。

植物文化 柏树的花语是坚强不屈。柏树斗寒傲雪、坚毅挺拔，乃百木之长，素为正气、高尚、长寿、不朽的象征。

观赏地点 康乐园中柏树的种植数量非常稀少，目前仅见有4棵种植在外国语学院大楼南侧区域，与周边草本、灌木、乔木植物以及建筑物一起，打造出一片观赏性极佳的校园景致。

● 外国语学院大楼南侧区域柏树景观

● 西大球场东边沿线绿化区侧柏景观

● 西翠园东南侧区域侧柏景观

● 侧柏的枝叶

● 侧柏的果实

侧柏

学名：*Platycladus orientalis* (L.) Franco
别名：黄柏、香柏、扁柏、扁桧、香树、香柯树
科属：柏科侧柏属

简介 常绿乔木。树冠广卵形，小枝扁平，排列成1个平面。叶小，鳞片状，紧贴小枝上，呈交叉对生排列，叶背中部具腺槽。雌雄同株，花单性。雄球花黄色，由交互对生的小孢子叶组成，每个小孢子叶生有3个花粉囊，珠鳞和苞鳞完全愈合。花期3~4月。球果当年成熟，种鳞木质化，开裂，种子不具翅或有棱脊。

侧柏为我国特产，除青海、新疆外，全国均有分布。侧柏耐旱，喜光，稍耐阴，适应性强，对土壤要求不严。侧柏在园林绿化中有着不可或缺的地位，可种植于行道、庭园、大门两侧、绿地周围、路边花坛及墙垣内外，均极美观。木材可作建筑和家具等用材。

侧柏的叶和枝均可入药，具有收敛止血、利尿健胃、解毒散瘀之功效。侧柏的种子入药，有安神、滋补强壮之功效。

植物文化 侧柏是北京的市树。侧柏是中国应用最广泛的园林绿化树种之一，寿命很长，常有百年和数百年以上的古树。常栽植于寺庙、陵墓和庭园中，营造肃静庄严的氛围。

观赏地点 康乐园中侧柏的种植数量不是很多，目前可见在西翠园东南侧区域有2株，以及2018年随着西大球场地下停车场项目完工后，球场周边环境进行整治提升时种植了80多棵，观赏性极佳。

龙柏

学名：*Sabina chinensis* (L.) Ant. cv. Kaizuca
别名：龙爪柏、爬地龙柏、匍地龙柏、刺柏、红心柏、珍珠柏
科属：柏科圆柏属

• 龙柏的植株

简介 灌木或小乔木，是圆柏的人工栽培变种。树冠圆柱状或柱状塔形，枝条向上直展，常有扭转上升之势，犹如盘龙姿态，故名"龙柏"。小枝密，在枝端成几相等长之密簇。鳞叶排列紧密，幼嫩时淡黄绿色，后呈翠绿色。球果蓝色，微被白粉，有1~4粒种子。种子卵圆形，扁，顶端钝，有棱脊及少数树脂槽。

主要产于我国长江流域、淮河流域，经过多年的引种，在我国山东、河南、河北等地也有栽培。喜阳，稍耐阴。喜温暖湿润环境，抗寒，抗干旱，忌积水，排水不良时易产生落叶或生长不良。适生于干燥、肥沃、深厚的土壤，对土壤酸碱度适应性强，较耐盐碱。对氧化硫和氯抗性强，但对烟尘的抗性较差。龙柏树形优美，枝叶碧绿青翠，多种植于公园、庭园、绿墙和高速公路中央隔离带，是园林绿化中使用最多的灌木品种，其本身清脆油亮，生长健康旺盛，观赏价值极高。

龙柏的枝叶具有凉血止血之功效，种子具有润肠通便和清热解毒的功效。

植物文化 龙柏的花语是名誉，寓意着祥瑞以及长寿。

观赏地点 康乐园中种植的龙柏数量不是很多，目前仅见在进士牌坊东边道路两侧种植6棵，曾宪梓堂北院西北区域、曾宪梓堂北院东北区域以及紫荆园西北侧小花园区域各种植1棵。

• 龙柏的果实

• 进士牌坊东边道路两侧龙柏景观

水松

学名：*Glyptostrobus pensilis*
别名：稷木、水石松
科属：柏科水松属

● 水松的枝叶

● 水松的果实

简介 乔木，高8～10米。树干基部膨大成柱槽状，并且有伸出土面或水面的吸收根，树干有扭纹。树皮褐色或灰白色而带褐色，纵裂成不规则的长条片。枝条稀疏，大枝近平展，上部枝条斜伸。叶多型，鳞形叶较厚或背腹隆起，螺旋状着生于多年生或当年生的主枝上，有白色气孔点，冬季不脱落。条形叶两侧扁平，薄，常列成2列，先端尖，基部渐窄，淡绿色，背面中脉两侧有气孔带。条状钻形叶两侧扁，背腹隆起，先端渐尖或尖钝，微向外弯。条形叶及条状钻形叶均于冬季连同侧生短枝一同脱落。球果倒卵圆形。花期1～2月，球果秋后成熟。

为我国特有树种，主要分布在广东珠江三角洲和福建中部及闽江下游海拔1000米以下地区。此外，南京、武汉、庐山、上海、杭州等地有栽培。为喜光树种，喜温暖湿润的气候及水湿的环境，耐水湿，不耐低温，对土壤的适应性较强，除盐碱土之外，在其他各种土壤中均能生长。树形优美，可作庭园树种。木材淡红黄色，材质轻软，纹理细，耐水湿，也可作建筑、桥梁、家具等用材。

水松可入药，具有化痰理气、活血散发之功效。

植物文化 1999年水松被列入国务院批准的《国家重点保护野生植物名录（第一批）》，保护级别为国家一级重点保护。在《世界自然保护联盟濒危物种红色名录》中，水松的评估级别为易危（VU）。

观赏地点 康乐园中目前只有1棵水松种植在园西湖东侧的岸边区域。

● 园西湖东侧岸边区域水松景观

二、红豆杉科

● 红豆杉的枝叶

● 红豆杉的果实

红豆杉

学名：*Taxus wallichiana* var. *chinensis* (Pilger) Florin

别名：扁柏、红豆树、紫杉

科属：红豆杉科红豆杉属

● 332栋东南角红豆杉景观

简介 乔木，高达30米。树皮灰褐色、红褐色或暗褐色，裂成条片脱落。大枝开展。叶排列成2列，条形，微弯或较直。雄球花淡黄色。种子生于杯状红色肉质的假种皮中，常呈卵圆形，上部渐窄，稀倒卵状，微扁或圆，上部常具2钝棱脊，稀上部三角状具3条钝脊，先端有突起的短钝尖头，种脐近圆形或宽椭圆形，稀三角状圆形。花期一般在4～5月，果期6～11月。

为我国特有树种，产于甘肃南部、陕西南部、四川、云南东北部及东南部、贵州西部及东南部、湖北西部、湖南东北部、广西北部和安徽南部（黄山）。红豆杉的适应性较强，在我国的南北方均可种植，耐寒，也耐阴。喜湿润，但怕涝。土壤要求疏松、肥沃且排水性良好，以沙质土壤为佳。红豆杉造型十分美观，非常适合放在室内观赏，特别适合放在办公区、书房、卧室等地方，不仅利于观赏，而且利于身体健康。

红豆杉被公认为抗癌植物，从红豆杉提炼出来的紫杉醇对癌症的疗效突出，被称为"治疗癌症的最后一道防线"。紫杉醇对肿瘤具有独特的抵抗机制，同时又有显著的抑制肿瘤生长的作用。

植物文化 红豆杉的花语为高雅、高傲、相思、想念。红豆杉有着长寿健康、吉祥喜庆的寓意，在基督教中被视为不朽的象征。

观赏地点 康乐园内红豆杉的种植数量非常稀少，目前仅见在332栋东南角区域种植1棵，西区758栋西北侧区域种植1棵。

● 758栋西北侧区域红豆杉景观

三、罗汉松科

鸡毛松

学名：*Dacrycarpus imbricatus* (Blume) de Laubenfels
别名：爪哇罗汉松
科属：罗汉松科鸡毛松属

● 鸡毛松的果实   ● 鸡毛松的针叶

简介 乔木，树干通直，树皮灰褐色。枝条开展或下垂。小枝密生，纤细，下垂或向上伸展。叶异型，螺旋状排列，下延生长，两种类型之叶往往生于同一树上。老枝及果枝上之叶呈鳞形或钻形，覆瓦状排列，形小，先端向上弯曲，有急尖的长尖头。雄球花穗状，生于小枝顶端。雌球花单生或成对生于小枝顶端，通常仅1个发育。种子无梗，卵圆形，有光泽，成熟时肉质假种皮红色，着生于肉质种托上。花期4月，种子10月成熟。

产于我国海南岛五指山、尖峰岭等地，在广西金秀、云南东南部及南部亦有分布。喜光，耐阴。喜温暖湿润的环境。耐瘠薄，喜土层深厚、质地疏松且富含有机质的土壤。鸡毛松树干通直，叶簇朴雅，苍翠亮绿，树姿优美，为庭园美化的优良树种。心材黄色，边材淡黄带灰，纹理直而均匀，结构细密，有光泽，耐腐力强，易加工，可供建筑、桥梁、造船、家具及器具等用材。

鸡毛松的叶可入药，具有散热消肿、杀虫止痒之功效。

植物文化 鸡毛松是罗汉松科鸡毛松属分布在中国的唯一代表，是海南中部山地雨林的标志种，对研究植物区系及罗汉松科分类、分布有科学意义。它属我国经济价值比较大的珍稀渐危保护植物。

观赏地点 康乐园目前仅有1棵鸡毛松种植在园东路篮球场的西南侧区域。

● 园东路篮球场西南侧区域鸡毛松景观

• 罗汉松的花序

• 罗汉松的果实

• 278栋西北角罗汉松景观

罗汉松

学名：*Podocarpus macrophyllus* (Thunb.) Sweet
别名：罗汉杉、金钱松、仙柏、罗汉柏
科属：罗汉松科罗汉松属

简介 常绿针叶乔木，高达20米，胸径达60厘米。树皮灰色或灰褐色，浅纵裂，成薄片状脱落。枝开展或斜展，较密。叶螺旋状着生，条状披针形，微弯。雄球花穗状、腋生，基部有数枚三角状苞片。雌球花单生叶腋，有梗，基部有少数苞片。种子卵圆形，先端圆，熟时肉质假种皮紫黑色，有白粉，种托肉质圆柱形，红色或紫红色。花期4~5月，种子8~9月成熟。

分布于我国多省区。喜温暖湿润气候，耐寒性弱，耐阴性强，喜排水良好、湿润之沙质壤土，对土壤适应性强，盐碱土中亦能生存，对二氧化硫、硫化氢、氧化氮等多种污染气体抗性较强，抗病虫害能力强。树形古雅，种子与种柄组合奇特，惹人喜爱，南方寺庙、宅院多有种植，为高档绿化树种。在广东更可作为家庭式盆栽植物。木材材质细致均匀，易加工，可作家具、器具、文具及农具等用。

罗汉松的果有益气补中的药用价值。根皮有活血止痛、杀虫的药用价值。

植物文化 罗汉松为国家二级保护植物。罗汉松神韵清雅挺拔，自有一股雄浑苍劲的傲人气势，再加上契合中国文化中"长寿""守财吉祥"等寓意，因此，追求高品位庭院美化的主人往往喜欢种上一两株罗汉松，为打造自己的"园式物语"添上神来之笔。

观赏地点 康乐园中种植的罗汉松数量目前有90多棵，主要分布在博士后公寓169、170、171栋周边，236栋北侧，278栋西北角，312栋南侧，314栋北侧篮球场围栏沿线，334栋马丁堂南侧，梁銶琚堂门口两侧，小礼堂北边两侧花园，493栋研究生院楼门前沿线，572栋北边沿线以及岭南三堂周边区域。

• 493栋研究生院楼门前罗汉松景观

竹柏

● 竹柏的果实

学名：*Podocarpus nagi* (Thunb.) Kuntze
别名：罗汉柴、大果竹柏、山杉、竹叶柏
科属：罗汉松科竹柏属

● 竹柏的花和叶

简介 常绿乔木。树皮近于平滑，红褐色或暗紫红色。枝条开展或伸展，树冠广圆锥形。叶对生，革质，卵状披针形，有多数并列的细脉，无中脉。种子圆球形，成熟时假种皮暗紫色，有白粉。花期3~4月，种子10月成熟。

产于我国的浙江、福建、江西、湖南、广东、广西、四川等省区，往往与常绿阔叶树组成森林。喜欢温暖湿润的生长环境，耐阴，对土壤的要求较高，在贫瘠的土壤中生长比较缓慢。竹柏的枝叶青翠而有光泽，树冠浓郁，树形美观，是我国南方地区良好的庭荫树和园林中的行道树。竹柏有净化空气、抗污染的作用和强烈的驱蚊效果，也是雕刻和制作家具、胶合板的优良用材。

竹柏的根、茎、叶及种子均可入药，具有舒筋活血、止血接骨的药用价值。

植物文化 竹柏为古老的裸子植物，起源于中生代白垩纪，被称为植物活化石，是国家二级保护植物。竹柏的花语是坚贞、忠贞不渝。

观赏地点 康乐园中种植的竹柏目前有11棵，其中陈寅恪故居南边有1棵，572栋北边有3棵，游泳池北侧道路沿线有6棵，管理学院楼东侧区域有1棵。

● 游泳池北侧绿化区竹柏景观

● 陈寅恪故居南边绿化区竹柏景观

四、南洋杉科

南洋杉

学名：*Araucaria cunninghamii* Sweet
别名：肯氏南洋杉、花旗杉、塔形南洋杉
科属：南洋杉科南洋杉属

● 管理学院楼西北区南洋杉景观

简介 高大乔木。树皮灰褐色或暗灰色，粗糙，横裂。大枝平展或斜伸，幼树冠尖塔形，老则成平顶状，侧生小枝密生，下垂，近羽状排列。大枝及花果枝上之叶排列紧密而叠盖，斜上伸展，微向上弯，卵形、三角状卵形或三角状，无明显的背脊或下面有纵脊。球果卵圆形或椭圆形，上面灰绿色，有白粉。种子椭圆形，两侧具结合而生的膜质翅。

原产于大洋洲东南沿海地区。我国海南、广州、厦门等地有栽培。喜温暖、湿润、光照环境，不耐寒，忌干旱。非常适合作为园景树或者纪念树，也可作为大型雕塑或风景建筑的背景树，为世界著名的庭园树种之一。南洋杉还是珍贵的室内盆栽装饰物，具有极高的观赏价值。南洋杉木材材质优良，可供建筑、器具、家具等用。

植物文化 南洋杉有着高尚、坚韧以及长寿的寓意。

观赏地点 康乐园中种植的南洋杉有50多棵，与各建筑一起营造出特有的园林景观。其中以广寒宫东北区、英东体育馆东北侧、303栋保卫处南侧、312栋东南角、管理学院楼西北区、曾宪梓堂北院北侧、346栋东北区、游泳池门口两侧、冼为坚堂门口两侧以及梁銶琚堂门口两侧等区域的景观最为壮观，气势磅礴、景色宜人。

● 梁銶琚堂门口东南角区域南洋杉景观

● 南洋杉的枝叶

● 南洋杉的果实

大叶南洋杉

学名：*Araucaria bidwillii* Hook.
别名：阔叶南洋杉
科属：南洋杉科南洋杉属

● 大叶南洋杉的枝叶

● 大叶南洋杉的树干

简介 乔木，在原产地高达50米，胸径达1米。树皮厚，暗灰褐色，成薄条片脱落。大枝平展，树冠塔形，侧生小枝密生，光滑无毛。叶辐射伸展，卵状披针形、披针形或三角状卵形，扁平或微内曲，坚硬，厚革质，光绿色。花果枝、老树及小枝两端的叶排列较密。雄球花单生叶腋，圆柱形。球果大，宽椭圆形或近圆球形。种子长椭圆形，无翅。花期6月，球果第3年秋后成熟。

原产于大洋洲东南沿海地区。我国海南、广州、厦门等地有栽培。

植物文化 大叶南洋杉也有着高尚、坚韧以及长寿的寓意。

观赏地点 康乐园种植的大叶南洋杉总共只有2棵，早年引自美洲，位于英东田径场西南区路边位置，经过几十年的生长，越显气势磅礴的景观效果。

● 英东田径场西南区路边大叶南洋杉景观

五、杉科

落羽杉

学名：*Taxodium distichum* (L.) Rich.
别名：落羽松
科属：杉科落羽杉属

● 落羽杉的叶和果

● 108栋南侧绿化区域落羽杉景观

简介 落叶乔木。树干尖削度大，干基通常膨大，常有屈膝状的呼吸根。树皮棕色，裂成长条片脱落。枝条水平开展，幼树树冠圆锥形，老则呈宽圆锥状。新生幼枝绿色，到冬季则变为棕色。叶条形，扁平，基部扭转在小枝上列成2列，羽状。雄球花卵圆形，有短梗，在小枝顶端排列成总状花序状或圆锥花序状。球果球形或卵圆形，有短梗，向下斜垂，熟时淡褐黄色，有白粉。种子呈不规则三角形，有锐棱，褐色。球果10月成熟。

原产于北美及墨西哥，我国广州、杭州、上海、南京、武汉等地均引种栽培。为强阳性树种，适应性强，耐低温、干旱、涝渍和土壤瘠薄，耐水湿，抗污染，抗台风，且病虫害少，生长快。常栽种于平原地区及湖边、河岸、水网地区。木材轻软，纹理细致，易于加工，耐腐朽，可作建筑、船舶、家具等用材。种子是鸟雀、松鼠等野生动物喜食的饲料，对各类园区生物链起到很好作用。

植物文化 落羽杉的寓意是空灵、神秘，它所表达的含义是具有独特性和与众不同。它是古老的"孑遗植物"，树形优美，羽毛状的叶入秋后会成为古铜色，是良好的秋季观叶树种。

观赏地点 康乐园目前有90多棵落羽杉种植在不同区域，其中以108栋南侧、园东湖东南侧沿线、曾宪梓堂北院西南区和园西湖南边沿线等区域的景观最佳。其羽状复叶的季节性变化，形成特有的自然景观，为校园打造出一幅幅非常壮观的季节性园林美景。

● 曾宪梓堂北院西南区落羽杉景观

● 园东湖南侧沿线落羽杉景观

六、松科

湿地松

学名：*Pinus elliottii* Engelmann
别名：爱利松
科属：松科松属

● 湿地松的球果

● 湿地松的针叶

简介 常绿速生乔木。树皮灰褐色或暗红褐色，纵裂成鳞状块片剥落。枝条每年生长3~4轮，春季生长的节间较长，夏秋生长的节间较短。小枝粗壮，橙褐色，后变为褐色至灰褐色，鳞叶上部披针形，淡褐色，边缘有睫毛，干枯后宿存数年不落。针叶2~3针一束并存，刚硬，深绿色，有气孔。球果圆锥形或窄卵圆形，成熟后至第二年夏季脱落。种子卵圆形，黑色，有灰色斑点，易脱落。

原产于美国东南部暖带潮湿的低海拔地区。我国湖北武汉、江西吉安、浙江安吉、江苏南京、安徽泾县、福建闽侯、广东广州、广西柳州和桂林等地均有引种栽培。喜光，极不耐阴，喜生于低海拔的潮湿土壤，较耐旱，抗风力强。

湿地松苍劲而速生，适应性强。我国已引种驯化成功达数十年，在长江以南的园林和自然风景区中作为重要树种应用。其可作庭园树或丛植、群植于河岸、池边。湿地松还是很好的经济树种，松脂和木材的收益率都很高。

植物文化 湿地松的寓意是坚定、忠贞、长寿。

观赏地点 康乐园内种植有湿地松130多棵，主要分布在康乐路英东体育馆路段、岭南路和松园路沿线、黑石屋东边、马丁堂北侧、图书馆文化广场、十友堂南侧以及马岗顶332栋北侧等各建筑物周边区域。

● 康乐路英东体育馆路段湿地松景观

● 松园路沿线湿地松景观

松树

学名：*Pinus* sp.
别名：常绿树
科属：松科松属

● 松树的雄花

简介 常绿针叶乔木，雌雄同株。枝轮生，每年生1节或数节，冬芽显著，芽鳞多数。针叶2、3或5针一束，生于不发育的短枝上。球花单性，雌雄同株。球果多数由种鳞组成，成熟后木质化。种鳞的裸露增厚部分称鳞盾，鳞盾先端的瘤状突起称鳞脐。球果成熟时种鳞张开，种子脱落。每个种鳞具种子2粒，种子上部具1长翅，少数具短翅或无翅。

我国各省市都有分布。耐干旱、贫瘠，喜阳光，可生长在各种不同类型的土壤上，是著名的先锋树种。松树全身是宝，树干是用途极广的木材和造纸原料，脂液可制松香、松节油，松叶不仅有非常好的药用价值，而且有养生保健的功效。

植物文化 松树具有阳刚之美，它的枝干更是柔中带刚，松叶给人以清脱之感。松树是人们心目中的吉祥树，是常青不老的象征。松与竹、梅一起，素有"岁寒三友"之称。此外，在中国山水画里，松树的表现占了重要的位置，已成为一个独立的题材，有其特有的文化寓意。

观赏地点 康乐园中有50多棵松树。其中以学生宿舍135～136栋北侧、137～138栋南侧，松园路松涛园食堂路段沿线，314栋东北区，344栋东侧，广寒宫西北侧以及小礼堂西北角区域的景观最佳。

● 松树的球果

● 小礼堂西北角绿化区松树景观

● 137栋与138栋之间的松树景观

七、苏铁科

篦齿苏铁

学名：*Cycas pectinata* Griff.
别名：无
科属：苏铁科苏铁属

● 篦齿苏铁的花球

● 篦齿苏铁的种子

简介 树干圆柱形，高达3米。羽状叶，叶轴横切面圆形或三角状圆形，两侧有疏刺，刺略向下弯，羽状裂片条形或披针状条形，厚革质，坚硬，直或微弯，边缘稍反曲，上部微渐窄，先端渐尖，基部窄，两侧不对称，上面深绿色，下面绿色，有散生短柔毛或渐变无毛，中脉显著隆起。雄球花长圆锥状圆柱形，有短梗，密生褐黄色绒毛。种子卵圆形或椭圆状倒卵圆形，熟时暗红褐色，具光泽，干后外种皮常同中种皮分离开。

产于云南西南部，目前在我国南方地区引种栽培。篦齿苏铁耐旱忌水，要求栽培于光照良好、通风透光、排水性好的地方。其树形优美，苍劲质朴，茎干坚硬如铁，顶生大羽叶，洁滑光亮，油绿可爱，四季常青，既可作庭园观赏树用，也可用来制作盆景，是珍贵的观叶植物。

苏铁的叶具有抗癌效果。其根、茎、花具有抗炎等药用价值。

植物文化 篦齿苏铁被列入2010年《世界自然保护联盟濒危物种红色名录》。因其大孢子叶的形状与二叠纪的化石苏铁相似，其对研究苏铁类植物的演化、分布及古地理、古气候等都有价值。

观赏地点 目前康乐园中仅有2棵篦齿苏铁种植在392栋林护堂西北侧区域。

● 392栋林护堂西北侧区域篦齿苏铁景观

▸ 广东苏铁的花球

● 329栋屈林宾屋东北侧区域广东苏铁景观

广东苏铁

学名：*Cycas taiwaniana*
别名：台湾苏铁、海铁鸥（台湾）
科属：苏铁科苏铁属

简介 树干圆柱形，高1~3.5米，有残存的叶柄。羽状叶条状矩圆形，先端钝，基部渐狭，两侧有刺，薄革质，斜上伸展。雄球花近圆柱形或长椭圆形，小孢子叶近楔形，有刺状尖头。种子椭圆形或矩圆形，稍扁，熟时红褐色，顶端微凹，有微小的尖头。

产于广东罗浮山、海南、福建厦门和台湾东部卑南大溪、清水等地。喜充足的阳光和湿润、肥沃的土壤，也能耐短期干旱。具有抗火烧、喜温暖、畏冷湿、忌遮阴等特征。目前在广东广州，福建厦门、永泰，以及台湾各地庭园均有栽培。

广东苏铁全株可入药，具有清热、活血散瘀的药用价值。

植物文化 广东苏铁是古老的残遗植物，为我国国家一级保护植物，已处于濒临灭绝的境地。该物种的存在对地史的变迁和植物地理区系有一定的研究价值。

观赏地点 康乐园中目前仅种植有5棵广东苏铁，其中2棵在329栋屈林宾屋东北侧区域、1棵在梁銶琚堂南边庭院、1棵在广寒宫西侧区域、1棵在西翠园区域，为康乐园增添了独特的景观。

● 梁銶琚堂南边庭院广东苏铁景观

● 广东苏铁的叶

攀枝花苏铁

学名：*Cycas panzhihuaensis* L.Zhou et S.Y.Yang
别名：鹅包公、鹅公菜
科属：苏铁科苏铁属

● 攀枝花苏铁的叶

● 攀枝花苏铁的花球

简介 棕榈状常绿植物，茎干通常单一，覆被着宿存的叶柄基部。叶螺旋状排列，簇生于茎干的顶部，羽状全裂，叶柄上部两侧有平展的短刺，羽片线形，直或微曲，厚革质。雌雄异株。小孢子叶球单生茎顶，常偏斜，纺锤状圆柱形或椭圆状圆柱形，通常微弯曲，梗弯曲，密被锈褐色绒毛。种子近球形或微扁，假种皮橘红色，具薄纸质分离而易碎的外层，种子倒卵状圆球形，种皮骨质，平滑。

产于我国四川（渡口、宁南、德昌、盐源）、云南（元谋）等地。喜冬季温和、日照充足、热量丰富的气候。树形优美、洁滑光亮、油绿可爱、四季常青，常用作庭园观赏树，也可用于制作盆景，是珍贵的观叶植物。

全株可入药。叶有清热、止血、散瘀之功效；花有理气止痛、益肾固精之功效；种子有平肝、降压之功效；根用于治疗肺结核咯血、牙痛、腰痛、肾虚、跌打损伤等。

植物文化 攀枝花苏铁是古老的残遗植物，为我国国家一级保护植物，是我国的特有种。苏铁类植物最早出现在距今约2亿8千万年前的地球古生代二叠纪，被誉为"植物活化石"，对植物地理区系和古气候、古地理研究有重要价值。

观赏地点 康乐园只有2棵攀枝花苏铁种植在岭南堂东南侧区域，与其他景观植物一起，营造出独具风格、靓丽气派的岭南园林景观。

● 岭南堂东南侧绿篱区域攀枝花苏铁景观

● 校医院东侧靠英东田径场区域苏铁景观

● 苏铁的雄球花

● 苏铁的种子

苏铁

学名：*Cycas revoluta* Thunb.
别名：铁树、凤尾铁、凤尾蕉、凤尾松
科属：苏铁科苏铁属

简介　树干高约2米，稀达8米或更高，圆柱形，有明显螺旋状排列的菱形叶柄残痕。羽状叶从茎的顶部生出，下层的向下弯，上层的斜上伸展，整个羽状叶的轮廓呈倒卵状狭披针形。雄球花圆柱形，有短梗，小孢子叶窄楔形。种子红褐色或橘红色，倒卵圆形或卵圆形，稍扁。花期6~8月，种子10月成熟。

产于福建、台湾、广东，目前各地常有栽培。北方各省区多栽于盆中，冬季置于温室越冬。苏铁喜暖热湿润的环境，不耐寒冷，生长甚慢，寿命约200年。苏铁为优美的观赏树种，栽培极为普遍。

苏铁的种子可药用，有治痢疾、止咳和止血之药效。

植物文化　苏铁科植物是世界上最古老的裸子植物，曾与恐龙同时称霸地球，被地质学家誉为"植物活化石"。苏铁最为出名的是其开花，被称为"铁树开花"。在中国南方热带及亚热带南部树龄10年以上的树木几乎每年都开花结实，而长江流域及北方各地栽培的苏铁常终生不开花，或偶尔开花结实。

观赏地点　康乐园目前有80多棵苏铁种植在不同的区域进行造景，其中以学生宿舍136栋北边、保卫处门前、校医院东侧、中区大草坪中心花坛、岭南堂西南侧绿化槽、319栋南侧以及冼为坚堂南侧等区域的景观最佳。

● 岭南堂西南侧绿化槽区域苏铁景观

八、银杏科

银杏

学名：*Ginkgo biloba* Linn.
别名：白果、公孙树、鸭脚树、蒲扇
科属：银杏科银杏属

简介 落叶大乔木。幼树树皮近平滑，浅灰色；大树之皮灰褐色，不规则纵裂，粗糙。有长枝与生长缓慢的距状短枝。叶互生，在长枝上辐射状散生，扇形，两面淡绿色，有多数叉状并列细脉，在短枝上簇生，秋季落叶前变为黄色。球花雌雄异株，单性。4月开花，10月种子成熟，假种皮骨质，白色。

在我国，银杏主要分布在温带和亚热带气候区内。其适于生长在水热条件比较优越的亚热带季风区，对气候和土壤的要求都很宽泛，抗烟尘、抗火灾、抗有毒气体。银杏树体高大，树干通直，姿态优美，春夏翠绿，深秋金黄，是理想的园林绿化行道树种，可于园林绿化行道、公路、田间林网、防风林带处栽培。银杏被列为中国四大长寿观赏树种（即松、柏、槐、银杏）之一。银杏树的果实俗称白果，具有较好的医疗保健作用。

植物文化 银杏是裸子植物中唯一一种阔叶落叶乔木，是几亿年前第四纪冰川运动后遗留下来的裸子植物中最古老的孑遗植物，和它同纲的所有其他植物皆已灭绝，所以银杏又有"活化石"的美称。

观赏地点 康乐园中银杏的种植数量不是很多，目前仅见在校医院护养院门口两侧各种植1棵，387栋西北角绿化区种植1棵。此外，在中大附属中学植物园北侧花槽区域也有少量小苗成绿篱状种植造景。

● 387栋西北角绿化区银杏景观

● 银杏的叶

● 银杏的果实

● 校医院护养院门口银杏景观

第二部分
单子叶植物类景观乔木

　　单子叶植物是被子植物的一个纲。该类植物胚内具1片子叶，一般主根不发达，常为须根系；茎内维管束散生，无形成层；叶脉常为平行脉或弧形脉；花部常3基数，花粉具单个萌发孔。

　　全世界约有单子叶植物65000种，其中大多为草本植物。

　　康乐园中具有非常丰富的单子叶乔木植物资源，这些丰富的单子叶景观植物资源为康乐园的立体生态景观打造和历史人文沉淀等打下了坚实的物质基础。同时，这些植物资源的分布和配置也体现了康乐园的历史人文沉淀，见证着康乐园的历史变迁，成为校园文化的重要组成部分。

一、芭蕉科

● 香蕉树的叶片

● 香蕉树的果实

香蕉树

学名：*Musa nana* Lour.
别名：甘蕉、芎蕉、香牙蕉、蕉子、蕉果
科属：芭蕉科芭蕉属

● 园南路竹园西南角区域香蕉树景观

简介 多年生常绿大型乔木状单子叶草本植物，无主根。叶片长圆形，先端钝圆，基部近圆形，两侧对称，叶面深绿色，叶背浅绿色，被白粉。穗状花序下垂，雄花苞片不脱落，花乳白色或略带浅紫色。果长圆形，果棱明显，果柄短，果皮青绿色，果肉甜滑，无种子，香味特浓。花果期全年。

分布在我国广东、广西、福建、台湾、云南和海南，贵州、四川、重庆也有少量栽培。喜高温多湿，对土壤要求较严，尤以冲积土壤或腐殖质壤土为适宜。在园林中常作为观果类植物小范围应用。

香蕉树果实除鲜食外，还可以制成各种加工制品和提取香精原料。香蕉树植株具有很高的药用价值：果实性寒，能滑大肠、通便、润肺；茎、叶可利尿，能治水肿、脚气；根捣碎后可治疮毒、结热和痢疾；花和花苞可治吐血和便血。

植物文化 我国是世界上栽培香蕉树历史悠久的国家之一，目前国外主栽的香蕉树品种大多由我国传去。香蕉与菠萝、龙眼、荔枝一起号称"南国四大果品"。非洲、美洲等热带地区将其作为粮食食用，欧洲称它为"快乐水果"。香蕉又被称为"智慧之果"，传说佛祖释迦牟尼因吃了香蕉而获得智慧。香蕉树的花语是相亲相爱和为心仪的人梳妆打扮。

观赏地点 康乐园中香蕉树的种植数量不是很多，其中，中东区主要分布在环校道电房西边，314栋西北角，马岗顶330栋南边、326栋和327栋周边，以及园南路竹园西南角等区域。此外，西区部分住宅楼周边有少量种植。

● 314栋西北角区域香蕉树景观

二、鹤望兰科

旅人蕉

学名：*Ravenala madagascariensis*
别名：旅人木、扁芭槿、扇芭蕉、水木
科属：鹤望兰科旅人蕉属

● 旅人蕉的叶

● 旅人蕉的穗状花序

简介　常绿乔木状多年生草本植物。树干直立丛生，圆柱形，像棕榈，叶片硕大奇异，左右排列，对称均匀，犹如一把摊开的大折扇，互生于茎顶。花为穗状花序腋生，两性，每边花序轴长有佛焰苞，内有花排列成蝎尾状聚伞花序。果为蒴果，形似香蕉，果皮坚硬富含纤维质。种子肾形，被碧蓝色撕裂状假种皮。

原产于马达加斯加，我国广东、台湾有少量栽培。喜光，喜高温多湿气候，夜间温度不能低于8℃。要求疏松、肥沃、排水良好的土壤，忌低洼积涝。旅人蕉叶硕大奇异，姿态优美，极富热带风光，适宜在公园、风景区栽植观赏。

植物文化　旅人蕉不仅可为人们遮挡烈日强光，而且每个叶柄底部都有一个"贮水器"，只要在这个位置上划开一个小口子，就像打开了水龙头，清凉甘甜的泉水立刻涌出，供人们开怀畅饮，消暑解渴。这个"水龙头"拧开后还会自动关闭，一天后又可为其他旅行者提供饮水。因此，旅人蕉又被称为"旅行家树""水树""沙漠甘泉""救命之树"等。

观赏地点　康乐园中目前有27丛旅人蕉分散种植在校园各处，其中学生宿舍135、136栋西边区域有3丛，学生宿舍137、138栋北边区域有4丛，管理学院楼东边小花园有2丛，逸夫楼东南角区域和庭院各有1丛，573栋配电房西边区域有3丛，第三教学楼西边区域有1丛，高等学术研究中心周边有9丛，紫荆园宾馆院内有4丛。其景观优美雅致，观赏性极佳。

● 管理学院楼东边小花园旅人蕉景观

● 逸夫楼东南角绿化区域旅人蕉景观

三、露兜树科

红刺露兜树

学名：*Pandanus utilis* Borg.
别名：扇叶露兜树、红章鱼树、麻露兜树
科属：露兜树科露兜树属

简介 常绿灌木或小乔木。叶片螺旋排列，剑状长披针形，叶色深绿，有光泽，叶背、叶缘有红色锐刺。基部茎节处会着生许多粗壮气生根，状似章鱼须，既有支撑稳固植株的作用，又具优雅姿态。雌雄异株，花密，雄株开白花，具香味，聚状花序。雌株结果实，聚花果大，圆球形或长圆形，外形似凤梨，成熟后为红色，极具观赏性。种子成熟缓慢，需4~5个月时间，采收期为11~12月。

原产于马达加斯加，现全世界亚热带和热带地区均有栽培。喜光，喜高温多湿气候，抗风性强，适于海岸沙地。适用于庭园、草坪等绿化地作配景植物。花含芳香油，香气袭人。果实可食用。叶片可用来盖茅草屋等。杆可制乐器。

红刺露兜树的根可入药，可治肾炎、水肿。叶、花、果也可供药用，有助于控制血糖。

植物文化 红刺露兜树果实的核果和果核燃烧后会产生大量无味的白烟，是养蜂人家整理蜂房熏蜂的最好材料。台湾雅美人则用其叶子做成美味的林投叶糯米饭。内部的种子经修饰打磨后可制成文玩市场中所谓的"滴血莲花"菩提子。

观赏地点 红刺露兜树在康乐园中种植的数量不是很多，目前仅见紫荆园宾馆停车场东北绿化区种植3棵、测试大楼庭院北边区域种植1棵、逸夫楼内庭院种植1棵、地环学院大楼内庭院种植2棵、图书馆东侧绿化槽区域种植3棵，是校园非常珍贵的观叶观果类景观植物资源。

● 地环学院大楼内庭院红刺露兜树景观

● 红刺露兜树发达的气生根

● 红刺露兜树的果实

● 紫荆园宾馆停车场东侧区域红刺露兜树景观

四、天门冬科

● 海南龙血树的果实

● 海南龙血树的花序

海南龙血树

学名：*Dracaena cambodiana* Pierre ex Gagn.
别名：柬埔寨龙血树、云南龙血树、山海带、小花龙血树
科属：天门冬科龙血树属

简介 乔木状，高3~4米以上。茎不分枝或分枝，树皮带灰褐色，幼枝有密环状叶痕。叶聚生于茎、枝顶端，几乎互相套叠，剑形，薄革质，向基部略变窄而后扩大，抱茎，无柄。圆锥花序长30厘米以上。花每3~7朵簇生，绿白色或淡黄色。浆果。花期7月。

在我国广东、海南等地区均有分布，是生长缓慢而耐干旱的喜光性植物。其树形优美，可用于园林观赏，也可放室内。

海南龙血树是中国珍贵的南药树种之一，从龙血树分泌的树脂可提取中药，《本草纲目》称其为"麒麟竭"或"血竭"，有活血功能，可以治疗筋骨疼痛。

植物文化 海南血龙树的野生资源已非常稀有，属国家三级保护植物。中国人为长辈祝寿常用的对联"南山不老松"指的就是海南龙血树，其树龄可长达8000年以上，是名副其实的延年益寿、福运吉祥的象征。民间传说树内血色液体是龙血，因为龙血树是在巨龙与大象交战时，血洒大地而生出来的，这便是龙血树名称的由来。

观赏地点 康乐园内海南龙血树的种植数量不是很多，目前仅见马岗顶318栋东侧，爪哇堂西北角，314栋北侧，东区博士后公寓169、170、171栋西侧等区域有种植。

● 东区博士后公寓169栋周边海南龙血树景观

● 314栋北侧区域海南龙血树景观

- 园北湖南侧绿化区剑叶龙血树景观

- 剑叶龙血树的花序

- 剑叶龙血树的植株

剑叶龙血树

学名：*Dracaena cochinchinensis* (Lour.) S. C. Chen
别名：中国龙血树、越南龙血树
科属：天门冬科龙血树属

简介 常绿乔木，高可达5～15米。茎粗大，分枝多，树皮灰白色，光滑，老干皮部灰褐色，片状剥落，幼枝有环状叶痕。叶聚生在茎、分枝或小枝顶端，互相套叠，剑形，薄革质，向基部略变窄而后扩大，抱茎，无柄。圆锥花序，花序轴密生乳突状短柔毛，幼嫩时更甚。花每2～5朵簇生，乳白色，花丝扁平，上部有红棕色疣点。浆果橘黄色，具1～3颗种子。花期3月，果期7～8月。

产于云南南部（孟连、普洱、镇康）和广西南部（窑头圩）等地，我国热带地区有引种栽培。剑叶龙血树为强耐旱、强阳性的喜钙植物。其树态美观，能适应石隙生境，可配以山石丛植作为草坪中独树一帜的景观，盆栽者主要作为室内角隅和门廊走道两旁摆设，具有犹如棕榈植物那样的装饰效果，富于热带情调。

植物文化 其茎干上能分泌深红色的黏液，可提取中医传统外伤科用药，俗称"龙血"或"血竭"，具有活血祛瘀、消肿止痛、收敛止血之效。其与"云南白药"齐名，被称为"云南红药"，迄今已有1500余年的应用历史，人们视其为治疗伤科和血液病的"活血之圣药"。我国一些传统中成药产品，如七厘散、跌打丸、再造丸中就含有血竭。

观赏地点 康乐园中的剑叶龙血树目前仅见307栋体育部办公楼西南侧、紫荆园餐厅西北花园、园北湖南侧绿化区和415栋旧生物楼西南角区域有少量种植。

- 旧生物楼西南角区域剑叶龙血树景观

● 654栋北侧区域金心香龙血树景观

● 691栋北侧区域金心香龙血树景观

金心香龙血树

学名：*Dracaena fragrans* cv. Massangeana.
别名：金心巴西铁、巴西千年木、中斑香龙血树
科属：天门冬科龙血树属

● 金心香龙血树的花序

简介 乔木状，树皮灰褐色或淡褐色，皮状剥落。树干直立，有时分枝。叶片宽大，簇生于茎顶，长椭圆状披针形，无柄，叶弯曲成弓形，叶缘呈波状起伏，叶尖稍钝，鲜绿色，有光泽。穗状花序，花小，黄绿色，芳香。花果期5~8月。

原产于非洲西部。20世纪50年代末云南西双版纳热带植物园引种，随后在国内逐步推广栽培。喜高温多湿和阳光充足的环境，不耐寒，怕积水，但耐阴，要求肥沃、含钙量高、排水良好的土壤。金心香龙血树植株挺拔清雅，叶大、有光泽，是著名的新一代室内观叶植物，也是各类植物园和公园的优良绿植。

金心香龙血树的植株可入药，具有一定的活血、止血作用。

植物文化 金心香龙血树寓意着坚贞不屈、坚定不移、长寿富贵、吉祥如意。

观赏地点 康乐园中金心香龙血树的种植数量不是很多，中东区目前仅见顺客隆超市东北区花槽和紫荆园宾馆内庭花园等区域有少量种植，西区在526栋北侧、654栋北侧、691栋北侧、696栋东侧和南侧等区域也有少量种植。

● 696栋东侧区域金心香龙血树景观

● 酒瓶兰的花序

● 酒瓶兰膨大的茎干

● 酒瓶兰的叶

酒瓶兰

学名：*Beaucarnea recurvata* Lem.
别名：象腿树
科属：天门冬科酒瓶兰属

简介 常绿小乔木。地下根肉质，茎干直立，下部肥大，状似酒瓶，可以储存水分。膨大茎干具有厚木栓层的树皮，呈灰白色或褐色。单一的茎干顶端长出丛生的带状内弯的革质叶片。叶线形，全缘或细齿缘，软垂状，革质而下垂，叶缘具细锯齿。叶丛中长出圆锥状花序，花小，白色，10年以上的植株才能开花。

原产于墨西哥干热地区。1870年被法国人发现，后来引入世界各地。我国早年引入并在南方地区广泛栽培，北方多作盆栽。其性喜温暖湿润及日光充足的环境，较耐旱、耐寒，喜肥沃土壤。酒瓶兰作为观茎赏叶花卉，被广泛用于园林造景，也可以多种规格栽植作为室内装饰，极富热带情趣，颇耐欣赏。酒瓶兰对室内装修以后出现的有毒气体有很强的吸收性，可以吸收空气中的苯、甲醛以及二氯乙烯等物质，对净化环境作用明显。人们可以在装修以后把酒瓶兰摆放于室内，这样对清除空气中的有毒气体特别有利，也就减少了这些有毒气体对人体的伤害。

植物文化 酒瓶兰的花语是落落大方，寓意一种自在的态度，对困难不退缩，而是坦然面对。酒瓶兰是一种很吉利的植物，将它摆放在家中，能给人们带来好运。

观赏地点 康乐园中目前仅见园北湖南边绿化区种植有1棵酒瓶兰。此外，部分楼宇还有师生以其作少量盆栽观赏。

● 园北湖南边绿化区酒瓶兰景观

单子叶植物类景观乔木

三色千年木

学名：*Dracaena marginata* 'Tricolor'
别名：三色缘龙血树、彩虹龙血树、彩虹竹蕉、彩纹竹蕉
科属：天门冬科龙血树属

• 南草坪餐厅东侧区域三色千年木景观

• 三色千年木的叶片

简介 常绿小乔木，为千年木的栽培品种。茎干挺拔，高可达3米以上。叶无柄，叶片剑形，常多枚簇生于茎顶。叶片边缘具红色条纹，有时兼有黄白色条纹，在光线较强的条件下，叶片背面会形成多条红色条纹。叶片脱落时，在茎干上由叶痕围成明显的鳞片状图案。

原产于非洲马达加斯加。性喜高温多湿及光照充足的环境，但在光照和湿度方面适应范围很广，十分耐阴，耐北方冬季室内干燥空气，通常在明亮的散射光下或明亮的灯光照明场所均能正常生长。三色千年木既可孤植，又可丛植为簇生状，还可选取小型植株与山石构成具椰树风情的盆景。其叶片色彩艳丽，细长飘逸，犹如披挂多条彩虹，潇洒大方，独具风韵，是室内观叶植物的理想品种。

植物文化 三色千年木寓意高洁，象征着品行高洁的人。它的生长速度很缓慢，但寿命很长，因此也有长寿、健康的寓意。它的生命力很强，所以它还寓意着能永远保持活力和年轻。此外，它还有步步高升的寓意。

观赏地点 康乐园中三色千年木的种植数量不是很多，目前仅见在南草坪餐厅东侧区域有1棵、黑石屋西北侧区域有2棵，是校园内难得一见的优良观叶类景观植物，极大地提升了校园彩叶类景观植物的丰富度。

• 黑石屋西北侧区域三色千年木景观

香龙血树

学名： *Dracaena fragrans* (L.) Ker Gawl.
别名： 芳香龙血树、花虎斑木、王莲千年木、香花龙血树
科属： 天门冬科龙血树属

● 香龙血树的花序

● 650栋西侧区域香龙血树景观

简介 乔木状植物，在原产地可高达6米以上。茎粗大，多分枝。树皮灰褐色或淡褐色，皮状剥落。树干直立，有时分枝。叶片宽大。叶簇生于茎顶，长椭圆状披针形，无柄，弯曲成弓形，叶缘呈波状起伏，叶尖稍钝，鲜绿色，有光泽。穗状花序，花小，黄绿色，芳香。花果期5~8月。

原产于美洲的加那利群岛和非洲几内亚等地，现在我国已广泛引种栽培。该种性喜高温高湿及通风良好环境，较喜光，也耐阴，怕烈日，忌干燥干旱，喜疏松、排水良好的沙质壤土。香龙血树植株挺拔清雅，株形整齐优美，叶片宽大，富有光泽，苍翠欲滴，富有热带情调，是著名的新一代室内观叶植物，同时也是各类植物园和公园的优良绿植。

香龙血树的植株可入药，有润肝止咳、清热凉血之功效。

植物文化 香龙血树的花语是坚定不移、富贵吉祥和长命百岁。

观赏地点 康乐园中目前种植的香龙血树数量不多，中东区仅见博士后公寓周边、图书馆内庭花园、顺客隆超市北侧花槽等区域有少量种植，西区主要在525栋东南角、529栋北侧、620栋北侧、649栋西侧、650栋西侧、654栋北侧、756栋北侧以及老干部活动中心门口两侧等区域有少量种植，极具观赏性，是康乐园内非常珍贵的景观植物资源。

● 529栋北侧区域香龙血树景观

● 老干部活动中心门口香龙血树景观

五、棕榈科

大王椰子

学名：*Roystonea regia* (Kunth.) O. F. Cook
别名：王棕、文笔树、大王棕、棕榈树
科属：棕榈科王棕属

● 大王椰子发达的气生根

● 大王椰子的果穗

简介 常绿乔木。单干高耸挺直，干面平滑，上具明显叶痕环纹，茎基部会有不定根伸展，幼株基部膨大，成株中央部分稍膨大，膨大部分是含水多的地方，乃为适应旱地生活所产生。叶羽状全裂，小叶披针形，叶鞘绿色，环抱茎顶。肉穗花序着生于最外侧的叶鞘着生处，花乳白色，雌雄同株，穗状花序，着生于叶鞘的下部，最初包被于一圆筒状的佛焰苞内，花开时则脱佛焰苞而出，状如扫帚。果为浆果，含种子1枚。

原产于古巴、牙买加等地。我国华南、东南及西南省区均有引种栽培。喜阳光充足且温暖的环境，不耐寒，对土壤要求不高。因其高大雄伟，姿态优美，四季常青，树干挺直，被广泛应用于城市各类绿化，主要作行道树、园景树等。果实含油，可作猪饲料。

植物文化 大王椰子寓意挺拔、坚强、坚挺、积极向上、欣欣向荣。它是古巴的国树，在当地受到法律保护。

观赏地点 康乐园有近千棵大王椰子种植在不同区域，形成康乐园独有的热带风情景观。其中，除在校训牌周边、文科楼南边道路沿线、岭南堂周边、生命科学楼群周边、486栋南边、康乐路沿线、园北湖周边等区域成排种植造景外，校园其他区域也有以散生方式种植造景。

● 康乐路英东田径场沿线大王椰子景观

● 校训牌区域大王椰子景观

短穗鱼尾葵

学名： *Caryota mitis* Lour.
别名： 丛生鱼尾葵、丛生孔雀椰子、酒椰子
科属： 棕榈科鱼尾葵属

● 短穗鱼尾葵的果穗

● 短穗鱼尾葵的叶

简介 丛生，小乔木状，高5~8米。茎绿色，表面被微白色的毡状绒毛。叶长3~4米，下部羽片小于上部羽片。羽片呈楔形或斜楔形，外缘笔直，内缘1/2以上弧曲成不规则的齿缺，且延伸成尾尖或短尖，淡绿色，幼叶较薄，老叶近革质。叶柄被褐黑色的毡状绒毛。叶鞘边缘具网状的棕黑色纤维。佛焰苞与花序被糠秕状鳞秕，花序短，具密集穗状的分枝花序。果球形，成熟时紫红色，具1颗种子。花期4~6月，果期8~11月。

产于我国海南、广西等省区。喜温暖，但具有较强的耐寒力，其抗寒力较散尾葵强，为较耐寒的棕榈科热带植物之一。短穗鱼尾葵植株丛生状生长，树形丰满且富层次感，叶片翠绿，花色鲜黄，果实如圆珠成串，适宜栽培于公园、庭院中观赏，也可盆栽作室内装饰用。其茎的髓心含淀粉，可供食用；花序液汁含糖分，可供制糖或酿酒。

短穗鱼尾葵茎的髓心可入药，治小儿消化不良、腹痛泻下、赤白痢疾等。

植物文化 短穗鱼尾葵的花语是富足有余。

观赏地点 康乐园中短穗鱼尾葵的分布很广，有400多棵（丛）分布于学生公寓楼群以及教学科研楼群周边造景。其中，以英东体育场（馆）周边、游泳池周边、280栋工会楼南侧小花园、园东湖北侧、逸仙大道南段道路两侧以及马岗顶各建筑物周边区域的分布最多，其独有的景观让每一个中大学子印象深刻、流连忘返。

● 康乐路英东篮球场南边沿线短穗鱼尾葵景观

● 工会楼南侧小花园短穗鱼尾葵景观

● 海枣的花序

海枣

学名: *Phoenix dactylifera* L.
别名: 波斯枣、番枣、伊拉克枣、枣椰子、枣椰树、仙枣
科属: 棕榈科刺葵属

简介 乔木状，茎具宿存的叶柄基部，上部的叶斜升，下部的叶下垂，形成一个较稀疏的头状树冠。叶柄长而纤细，多扁平。羽片线状披针形，灰绿色，具明显的龙骨突起，下部的羽片变成长而硬的针刺状。佛焰苞长、大而肥厚，花序为密集的圆锥花序。果实长圆形或长圆状椭圆形，成熟时深橙黄色，果肉肥厚。种子1颗，扁平，两端锐尖，腹面具纵沟。花期3～4月，果期9～10月。

原产于西亚和北非。我国福建、广东、广西、云南等省区有引种栽培。耐高温、水淹、干旱、盐碱、霜冻，喜阳光，对栽培土壤要求不严，是常植于公园、庭园的风景树。可盆栽作室内布置，也可室外露地栽植。除果实可供食用外，其花序汁液可制糖，叶可造纸，树干可作建筑材料。

海枣可入药，有补中益气、除痰嗽、补虚损、消食、止咳之功效。

● 进士牌坊西北角区域海枣景观

植物文化 海枣的花语是赐福。它是世界公认最高贵典雅的棕榈科植物，被加纳定为国树。

观赏地点 康乐园目前只种植有2棵海枣，1棵在进士牌坊西北角，1棵在园西湖南边位置。经过几十年的生长，它们气势磅礴，景观非常大气，观赏性极佳。

● 园西湖南边区域海枣景观

● 海枣的果穗

假槟榔

学名：*Archontophoenix alexandrae* (F. Muell.) H. Wendl. et Drude
别名：亚历山大椰子
科属：棕榈科假槟榔属

● 园东湖南边绿化区假槟榔景观

简介 常绿乔木，高达10~25米。茎圆柱状，基部略膨大。叶羽状全裂，生于茎顶。花序生于叶鞘下，呈圆锥花序式，下垂。花雌雄同株，白色。果实卵球形，红色。种子卵球形。花期4月，果期4~7月。

原产于澳大利亚。我国福建、广东、海南、广西、云南等热带、亚热带地区的园林中都有栽培。喜光，喜高温多湿气候，不耐寒。其根系很浅，吸水能力较差，极不耐旱，也怕水涝。常植于庭园或作行道树，是华南地区园林绿化中栽植最多的观叶造景植物。此外，还可大盆栽植，供展厅、会议室、主会场等处陈列。大树叶片可作花篮围圈，幼龄期叶片可作切花配叶。

植物文化 假槟榔的叶鞘纤维煅炭，可止外伤出血。槟榔摇曳、茅舍掩映的槟榔文化习俗已经成为我国海南观光旅游农业的新兴产业。

观赏地点 康乐园中有106棵假槟榔分布于各景观区。其中，园东湖南边区域的假槟榔景观最为雅致，其与该区域的众多棕榈科植物一起，在园东湖周边营造出一片美丽的热带风光。此外，校园很多古建筑物的门口两侧都会种植两棵假槟榔进行造景，再配以棕榈科其他树种，形成非常典雅的热带园林风情，让一栋栋古建筑洋溢出特有的文化韵味，给人留下深刻的印象。

● 308栋党委楼门口两侧假槟榔景观

● 假槟榔的花序

● 假槟榔的果穗

● 酒瓶椰子的花序　● 酒瓶椰子的茎干

● 英东田径场西侧绿化区酒瓶椰子景观

酒瓶椰子

学名：*Hyophorbe lagenicaulis* (L. H. Bailey) H.E. Moore
别名：匏茎亥佛棕
科属：棕榈科酒瓶椰子属

● 256栋北边绿化区酒瓶椰子景观

简介　单干，树干短，肥似酒瓶，高可达3米。其茎干膨大奇特，叶形株姿别致优美。羽状复叶，小叶披针形，淡绿色，叶鞘圆筒形，叶数较少，常不超过5片。肉穗花序多分枝，油绿色。浆果椭圆，熟时黑褐色。

原产于马斯克林群岛，我国台湾、广西、海南、广东、福建等地均有引种栽培。性喜高温湿润、阳光充足的环境，怕寒冷，耐盐碱，生长慢，冬季须在10℃以上越冬。以种子繁殖，但须即采即播。酒瓶椰子生长慢，怕移栽，故播种宜用营养袋或透气性良好的花盆。酒瓶椰子属典型的热带棕榈植物，既可盆栽用于装饰宾馆的厅堂和大型商场，也可孤植于草坪或庭院之中，观赏效果极佳。

植物文化　酒瓶椰子的椰子油具有祛暑气、疗齿疾、治冻疮之功效，也用于治神经性皮炎。

观赏地点　康乐园中酒瓶椰子的种植数量非常少，目前仅见5棵孤植在256栋北边绿化区、1棵种植在英东田径场西侧绿化区，观赏性极佳。

老人葵

学名： *Coccothrinax crinita* (Griseb. & H.Wendl. ex C.H.Wright) Becc.
别名： 丝葵、加州蒲葵、华盛顿棕榈
科属： 棕榈科银棕属

● 老人葵的果穗

简介 乔木，最高可长至25米，茎通常不分枝，单生，茎干呈褐色，基部膨大，有大量白色卷曲的丝状纤维。叶互生，在芽时折叠，羽状或掌状分裂。叶间花序，四回分枝，两性花，花瓣米色，肉穗，花期6~8月。果实为核果，椭球形至球形，黑褐色。种子椭圆形，棕黑色。

原产于美国加州南部、墨西哥北部。我国广东、广西和海南地区早年引种栽培。老人葵喜温暖湿润、向阳的环境，较耐寒，较耐旱，耐瘠薄土壤，不宜在高温高湿处栽培。其树干挺直，叶大如扇，可列植作行道树，给人以威武雄壮之感。树枝整齐，枝叶繁茂，可作庭园树种植，或在公园、广场种植成景观林。

老人葵的叶子可入药，具有活血化瘀的功效。其根入药，能治疗人类的风湿骨痛等症状。

植物文化 老人葵的花语是阳光、希望。

观赏地点 康乐园目前只有1棵老人葵种植在幼儿园西湖园区西南角区域。

● 老人葵的叶子

● 幼儿园西湖园区西南角区域老人葵景观

● 美丽针葵的花序

● 美丽针葵的果穗

美丽针葵

学名：*Phoenix roebelenii*
别名：江边刺葵、针葵、软叶刺葵
科属：棕榈科刺葵属

● 进士牌坊西北角美丽针葵景观

简介 常绿木本植物。茎丛生，栽培时常为单生，具宿存的三角状叶柄基部。羽片线形，叶较柔软，长20~40厘米，两面深绿色，背面沿叶脉被灰白色的糠秕状鳞秕，呈2列排列，下部羽片变成细长软刺。雄花序与佛焰苞近等长，雌花序短于佛焰苞。果实长圆形，顶端具短尖头，成熟时枣红色，果肉薄而有枣味。花期4~5月，果期6~9月。

原产于印度和中南半岛及我国西双版纳等地，现分布于我国云南、广东、广西等省区。喜光，不耐寒，抗干旱能力较强。美丽针葵为观叶树种，是良好的庭院观赏植物，也可用作园林绿化植物和室内观叶植物。

植物文化 美丽针葵的寓意为胜利。

观赏地点 康乐园中的美丽针葵比较多，有180多棵分布于校园各景观区。其中园北湖周边、586栋伍沾德堂门前两侧、园东湖东侧雕塑旁边、校医院东侧区域、280栋工会楼南侧、爪哇堂西北区、岭南三堂西南区、进士牌坊西北角、386栋内庭花园、梁銶琚堂南侧小花园以及西翠园等区域的美丽针葵景观最为靓丽，与各类建（构）筑物一起构造出美丽的热带风光。

● 园北湖周边区域美丽针葵景观

● 蒲葵的叶

● 蒲葵的果穗

蒲葵

学名：*Livistona chinensis* (Jacq.) R. Br.
别名：扇叶葵
科属：棕榈科假槟榔属

● 305栋门前两侧蒲葵景观

简介 多年生常绿乔木，高可达20米，基部常膨大。叶阔肾状扇形，直径达1米余，掌状深裂至中部，两面绿色。花序呈圆锥状，粗壮，总梗上有佛焰苞，每分枝花序基部有1个佛焰苞。花小，两性。果实椭圆形橄榄状，黑褐色。种子椭圆形，胚约位于种脊对面的中部稍偏下。花果期4月。

原产于我国南部，尤以广东江门新会种植为多。喜温暖湿润，不耐旱，能耐短期水涝。蒲葵四季常青，叶大如扇，是热带、亚热带地区重要的绿化树种，也是一种经济林树种。其嫩叶可用来编制葵扇，老叶用来制蓑衣等，叶裂片的肋脉可制牙签。

蒲葵的果实及根均可入药，具有败毒抗癌、消淤止血之功效。

植物文化 蒲葵有两个花语，一个是怀念，而另一个则是张扬。之所以有这样的花语，跟它本身的形态特征有很大关系。在广东新会，葵叶既可制成蓑衣、船篷、盖房顶的遮盖物，也能制成精美的蒲葵扇等高级工艺品远销日本、欧美和南洋等地。

观赏地点 康乐园中蒲葵的种植数量非常多，生长年份也不同。据初步统计，目前有600多棵蒲葵分布于校园各区域，其中既有生长近百年的老蒲葵树，也有生长十来年的小蒲葵；有成排种植形成行道树的景观，也有校园各建筑尤其是古建筑门庭两边点缀种植的景观，还有散种于不同绿化区的景观。其中，园东湖西边沿线、松园湖周边以及康乐路沿线的蒲葵景观最为靓丽壮观，漫步其中，犹如身处仙境。

● 园东湖西边沿线蒲葵景观

● 三角椰子的花序

● 三角椰子的叶

三角椰子

学名：*Dypsis decaryi* (Jum.) Beentje & J.Dransf.
别名：三角棕
科属：棕榈科金果椰属

简介 常绿乔木，高5~7米。干基部略大。树干灰白色，表面有圈纹。叶羽状全裂，蓝绿色，形成V形横截面。靠近树干的小叶顶端会抽出长长的细丝，可垂挂于地面。裂片线状披针形，先端弯垂。叶轴和叶柄有灰白色至褐色的鳞秕及粗伏毛。叶常3列排列于茎干上，叶柄基部成鞘状，常互相抱合呈三角形。花小，呈奶油白色，在叶子底部周围形成短小的圆锥花序。果卵形，熟时黄绿色，中果皮具纤维。种子卵状纺锤形，种皮骨质。花期7~9月，果期秋冬。

原产于非洲马达加斯加。喜高温湿热气候，喜光照充足，幼树稍耐荫蔽。不耐寒，喜疏松、肥沃、深厚的微酸性土壤。不耐积水，稍耐干旱。生长速度较慢。因三角椰子叶鞘呈三角形，树形清秀亮丽，优美奇特，所以是优良的园林造景树种，可作为行道树及在各种庭园栽培应用。幼树也可在室内栽培摆设。

三角椰子可入药，具有促进消化、提高免疫力和保护心脏等功用。

观赏地点 康乐园目前只有1棵三角椰子种植在英东体育场西侧绿化区，与周边其他绿化景观植物一起，形成该区域独有的景观特色。

● 英东体育场西侧绿化区三角椰子景观

· 三药槟榔的果实

三药槟榔

学名：*Areca triandra* Roxb.
别名：三雄芯槟榔
科属：棕榈科槟榔属

· 415栋旧生物楼北边绿化区三药槟榔景观

简介 丛生常绿小乔木，具明显的环状叶痕。叶羽状全裂，下部和中部的羽片披针形，镰刀状渐尖，上部及顶端羽片较短而稍钝，具齿裂。佛焰苞革质，压扁，光滑，花后脱落。花序和花与槟榔相似，但雄花更小。果实比槟榔小，卵状纺锤形，顶端变狭，具小乳头状突起，果熟时由黄色变为深红色。种子椭圆形至倒卵球形。果期8~9月。

原产于印度、中南半岛及马来半岛等亚洲热带地区。我国广东、云南等省区均有栽培。喜温暖湿润和背风、半荫蔽的环境，不耐寒，耐阴性很强。为热带观叶植物，既是庭园、别墅绿化美化的珍贵树种，更是可作会议室、展厅、宾馆、酒店等豪华建筑物厅堂装饰用的主要观叶植物。

三药槟榔可入药，具有杀虫、破积、降气行滞、行水化湿的药用功效。

植物文化 三药槟榔的花语是相互思念、爱情久远。

观赏地点 康乐园中有80多株三药槟榔种植在不同区域，其中以学生宿舍135~136栋北边、博士后公寓169~171栋西侧、园东路篮球场北边、校医院东侧、415栋旧生物楼北侧、外国语学院楼周边、565栋陆佑堂东北区以及388栋马应彪招待所东边等区域的景观最好，与建筑物一起，形成独有的热带园林景观。

· 565栋陆佑堂东北绿化区三药槟榔景观

· 三药槟榔的花序

散尾葵

学名：*Chrysalidocarpus lutescens* H. Wendl.
别名：黄椰子、紫葵
科属：棕榈科散尾葵属

● 308栋党委楼门前两侧散尾葵景观

简介 丛生常绿灌木或小乔木，茎基部略膨大。茎干光滑，黄绿色，无毛刺，嫩时披蜡粉，上有明显叶痕。叶面光滑、细长，羽状全裂，黄绿色，披针形，先端柔软，叶柄稍弯曲。花序生于叶鞘之下，呈圆锥花序式。花小，卵球形，金黄色，螺旋状着生于小穗轴上。果实略为陀螺形或倒卵形，鲜时土黄色，干时紫黑色。种子略为倒卵形。花期5月，果期8月。

原产于非洲马达加斯加，现在我国南方一些园林单位常见栽培。为热带植物，喜温暖潮湿、半阴环境。耐寒性不强，适宜疏松、排水良好、肥沃的土壤。多作观赏树栽种于草地、树荫、宅旁，在北方地区主要作高档盆栽观叶植物。

散尾葵的叶子对吐血、咯血、便血、崩漏等有一定的治疗效果。

植物文化 散尾葵的花语为柔美，在我国常被视为高档室内植物应用，有着吉利祥瑞、事业腾达的寓意，同时它还能够有效去除空气中的苯、甲醛等有害物质。此外，它也是为数不多的可以有效提高室内空气湿度的高端景观植物。

观赏地点 康乐园中散尾葵的种植数量比较多，有300多棵（丛）分布于校园各景观区。其中以梁銶琚堂南北花园、第三教学楼西边、英东体育场西北角、415栋旧生物楼北边、马岗顶一带各建筑物周边等区域的景观最为靓丽，彰显热带园林景观风情。

● 散尾葵的花序　● 散尾葵的果穗

● 第三教学楼西边绿化区域散尾葵景观

● 西翠园西北区域砂糖椰子景观

砂糖椰子

学名：*Arenga pinnata*
别名：桄柳、莎木、桄榔、糖树
科属：棕榈科桄榔属

● 砂糖椰子的花序

简介 乔木状，茎较粗壮，有疏离的环状叶痕。叶簇生于茎顶，羽状全裂，羽片呈2列排列，线形或线状披针形。叶鞘具黑色强壮的网状纤维和针刺状纤维。花序腋生，从上部往下部抽生几个花序，当最下部的花序的果实成熟时，植株即死亡。果实近球形，具三棱，顶端凹陷，灰褐色（未熟果实干后呈黑色）。种子3颗，黑色，卵状三棱形，悬胚乳均匀，胚背生。花期6月，果实约在开花后2~3年成熟。

我国产地位于海南、广西及云南西部至东南部、福建、台湾等地。砂糖椰子喜温暖湿润和背风向的环境，不耐寒，较耐荫蔽，不耐干旱，最适于种植在林荫下。其叶片巨大、挺直，树姿雄伟优美，宜孤植、对植、丛植，是优美的城市观赏绿化树种，也可作为行道树。

砂糖椰子的花序汁液可制糖、酿酒。其茎髓入药，可治疗月经不调和头晕；根入药，可治疗肾结石。

植物文化 砂糖椰子是一种极为雄伟壮丽的稀有观叶植物，是棕榈科植物中的林中神树，也是观光植物中的明星品种。

观赏地点 康乐园目前仅有2棵砂糖椰子种植在西翠园西边区域。

● 砂糖椰子的果穗

鱼尾葵

学名：*Caryota maxima* Blume ex Martius
别名：假桃榔、青棕、钝叶、董棕、假桃榔
科属：棕榈科鱼尾葵属

● 鱼尾葵的叶　　● 鱼尾葵的果穗

简介　常绿大乔木，高可达20米。单干直立，有环状叶痕。二回羽状复叶，大而粗壮，先端下垂，羽片厚而硬，形似鱼尾，富含热带情调。肉穗花序多分枝，悬垂，小花黄色。果球形，成熟后淡红色，有种子1~2颗，果实浆液与皮肤接触能导致皮肤瘙痒。花期7月，果期8~11月。

原产于我国福建、广东、海南、广西、云南等省区，后逐渐引入园林进行造景，也适于布置客厅、会场、餐厅等处，羽叶还可剪作切花配叶。其性喜温暖湿润，较耐寒，能耐受短期霜冻。根系浅，不耐干旱。

鱼尾葵的根和茎可入药，治感冒、发热、咳嗽、肺结核、胸痛、小便不利。外敷治跌打损伤、骨折。

植物文化　鱼尾葵的花语是生意兴隆、吉祥，因它的果实呈现出沉甸甸的丰收感。

观赏地点　康乐园中鱼尾葵的分布数量不是很多，目前仅见在熊德龙活动中心西侧区域种植有2棵，游泳池西南侧绿化区种植有1棵。

● 熊德龙活动中心西侧区域鱼尾葵景观

● 游泳池西南侧绿化区鱼尾葵景观

第三部分
双子叶植物类景观乔木

　　双子叶植物是被子植物中的重要一纲。其特点在于胚拥有2片子叶，主根发达，多为直根系。茎内维管束作环状排列，具有形成层，叶具网状脉。此外，花部通常以5或4基数排列，花粉具3个萌发孔。

　　作为植物界中种类最多、适应性最强的类群，双子叶植物在植物界的等级仅次于单子叶植物。双子叶植物通常被分为离瓣花类和合瓣花类两类。全世界约有20万~25万种双子叶植物，占植物界总种数的一半以上，展示了其丰富的生物多样性和适应性。

　　康乐园拥有极其丰富的双子叶景观植物资源，其种类繁多，数量庞大，文化底蕴深厚，传承悠久，在国内高校中罕见。这些丰富的植物资源为康乐园的生态景观打造和历史文化沉淀与传承奠定了坚实的物质基础。

一、酢浆草科

阳桃

学名： *Averrhoa carambola* L.
别名： 洋桃、五棱果、酸五棱、三棱子、木踏子、鬼桃、杨梅桃、酸桃
科属： 酢浆草科阳桃属

● 阳桃的花

简介 常绿小乔木，高可达12米。分枝甚多，树皮暗灰色。羽状复叶互生，卵形至椭圆形。花小，两性，微香，花枝和花蕾深红色。花瓣背面淡紫红色，边缘色较淡，有时为粉红色或白色，腋生圆锥花序。浆果肉质，下垂，卵形至长椭球形，淡绿色或蜡黄色，有时带暗红色。果实横切面呈五角星形。种子黑褐色。花期4~12月，果期7~12月。

原产于马来西亚、印度尼西亚，现广泛种植于热带各地。我国广东、广西、福建、台湾、云南有栽培。喜高温湿润气候，不耐寒。喜半阴而忌强烈日照，特别是在开花期和幼果期。对土壤的要求不严，各种土壤均可生长，但以土层深厚、肥沃沙壤土为宜。

植物文化 阳桃分酸、甜两种，甜种的阳桃作新鲜水果食用，性稍寒，有助消化、滋养、保健功能，对疟原虫有抗生作用。而入药一般选酸者。酸阳桃的根、枝、叶、花及果实都可入药。根涩精、止血、止痛；枝叶祛风利湿、消肿止痛；花清热；果生津止咳。

观赏地点 康乐园中共种植有30多棵阳桃，主要分布在游泳池东侧、311栋周边、312栋南侧、黑石屋东南侧、校医院东侧、南草坪餐厅东侧、346栋东侧、测试大楼内庭院、马文辉堂门口以及西区部分住宅楼周边等区域。

● 阳桃的果实

● 马文辉堂门口东侧区域阳桃景观

● 311栋东北角区域阳桃景观

二、大戟科

● 蝴蝶果的果实

● 蝴蝶果的花

● 学生宿舍122栋东南角绿化区蝴蝶果景观

蝴蝶果

学名：*Cleidiocarpon cavaleriei* (Levl.) Airy Shaw
别名：山板栗、猴果、红翅槭
科属：大戟科蝴蝶果属

● 游泳池东南侧绿化区蝴蝶果景观

简介 常绿乔木，高可达30米。植株各部常被星状毛。叶互生，长椭圆形，全缘。叶柄两端膨大，顶端具2枚小腺体。穗状花序，花单性，无花瓣。核果及种子常近球形，子叶2枚，似蝴蝶状。花期3~4月，果8月成熟。有时9月再次开花，次年3月果熟，结果量少。

原产于云南东南部、广西西部和贵州南部。偏阳性树种，喜光，喜温暖多湿气候。树形美观，常绿，可作行道树或庭园绿化树。木材淡黄白色，纹理直，结构略粗，材质轻，可作建筑及家具等用材。种子含丰富的淀粉和油，煮熟并除去胚后可食用。

蝴蝶果的种子可入药，具有清热、利咽喉之功效。

植物文化 蝴蝶果为寡种属，我国仅此一种，是一种粮油兼用的经济树木，同时为我国三级重点保护植物。

观赏地点 蝴蝶果在康乐园中目前仅种植有2棵，其中学生宿舍122栋东南角区域种植1棵、游泳池东南区大草坪区域种植1棵。

麻疯树

学名：*Jatropha curcas* L.
别名：羔桐、臭油桐、黄肿树、小桐子、假白榄、假花生
科属：大戟科麻风树属

● 麻疯树的花

● 麻疯树的果实

简介 灌木或小乔木，具水状汁液，树皮平滑。枝条苍灰色，无毛，疏生突起皮孔，髓部大。叶纸质互生，卵状圆形或近圆形，顶端短尖，基部心形，上面亮绿色，无毛，下面灰绿色，初沿脉被微柔毛，后变无毛。聚伞花序，花序腋生，花雌雄同株，花瓣长圆形，黄绿色。蒴果近球形，熟时黄色。种子椭圆状，黑色。花期9~10月。

原产于美洲热带地区，现广布于全球热带地区。我国福建、台湾、广东、海南、广西、贵州、四川、云南等地有栽培或少量逸为野生。麻疯树为喜光阳性植物，根系粗壮发达，具有很强的耐干旱、耐瘠薄能力，对土壤条件要求不严，生长迅速，抗病虫害，适宜于我国北纬31度以南（即秦岭淮河以南）地区种植。

麻疯树的树皮、叶、果实（包括榨油后的渣饼）及根均可入药，可治跌打肿痛、骨折、创伤、皮肤瘙痒、湿疹和急性胃肠炎等。

植物文化 麻疯树果实含油率高达60%，可以提炼出不含硫、无污染、符合欧四排放标准的生物柴油，是我国重点开发的绿色能源树种。

观赏地点 康乐园中目前仅见曾宪梓堂南院西侧区域种植有1棵麻疯树。

● 曾宪梓堂南院西侧区域麻疯树景观

- 石栗的果实

石栗

学名：*Aleurites moluccanus* (L.) Willd.
别名：烛果树、油桃、黑桐油树
科属：大戟科石栗属

简介 常绿乔木，高可达18米，树皮暗灰色。嫩枝密被灰褐色星状微柔毛，成长枝近无毛。叶纸质，卵形至椭圆状披针形，顶端短尖至渐尖，基部阔楔形或钝圆，嫩叶两面被星状微柔毛，成长叶上面无毛，下面疏生星状微柔毛或几无毛。花雌雄同株，同序或异序。花瓣长圆形，乳白色至乳黄色。核果近球形或稍偏斜的圆球状，种子圆球状，侧扁，种皮坚硬，有疣状突棱。花期4～10月。

产于我国福建、台湾、广东、海南、广西、云南等地，分布于亚洲热带、亚热带地区。石栗喜光、耐旱、怕涝，对土壤要求不太严，只要是光照充足、地下水位低的地方都可以种植，尤以新开垦的土层深厚坡地较宜种植。

石栗树冠开展，枝叶浓密，观赏、遮阴和吸尘效果好，抗台风能力强，是优良的行道树种和庭院栽植树种。其新鲜坚果有毒，可提取生物柴油。

石栗的树皮、叶和果均可入药，有活血、润肠之功效。

观赏地点 康乐园中目前共种植140多棵石栗，遍布校园各个区域，其中以岭南路英东体育场沿线、康乐路沿线、278栋西侧、四墩楼周边、572栋北边以及模范村古建筑群周边等区域的石栗景观最为壮观。

- 石栗的花序

- 岭南路英东体育场沿线石栗景观

- 第一饭堂西北角区域石栗景观

乌桕

学名：*Triadica sebifera* (Linnaeus) Small
别名：腊子树、桕子树、蜡烛树
科属：大戟科乌桕属

● 乌桕的花序

● 乌桕的果实

简介 落叶乔木，高可达15米，各部均无毛而具乳状汁液。树皮暗灰色，有纵裂纹。枝广展，具皮孔。叶互生，纸质，叶片菱形、菱状卵形或稀有菱状倒卵形，叶柄纤细。花单性，雌雄同株，聚集成顶生的总状花序。蒴果梨状球形，成熟时黑色，种子扁球形，黑色。花期4~8月。

分布于我国黄河以南各省区。喜光树种，能耐间歇或短期水淹，对土壤适应性较强，在含盐量为0.3%以下的盐碱土中也能生长良好。乌桕树冠整齐，叶形秀丽，秋叶经霜时色彩如火，十分美观，有"乌桕赤于枫，园林二月中"之赞。古人就有"偶看桕树梢头白，疑是江海小着花"的诗句。在城市园林中，乌桕既可作行道树，栽植于道路景观带，也可栽植于广场、公园、庭院中，或成片栽植于景区、森林公园中，能产生良好的造景效果。木材质量优良。

乌桕的根皮、树皮、叶均可入药，有杀虫、解毒、利尿、通便之功效。

植物文化 乌桕的叶片在秋冬季会变红，和枫叶有些相似，带给人一种喜庆、欢乐和祥和的气氛，这种红红火火的景象让人感觉到幸福和欢乐。

观赏地点 康乐园中目前种植有十几棵乌桕，主要分布在熊德龙活动中心西侧、110栋东南侧、253栋南侧、329栋东侧、338栋西南侧、488栋北侧以及园西湖北侧等区域，是非常优良的观叶乔木资源，为师生提供了多彩的校园秋冬景观。

● 熊德龙活动中心西侧区域乌桕景观

● 110栋东南侧绿化区域乌桕景观

血桐

学名：*Macaranga tanarius*
别名：橙栏、橙桐、面头果、大有树
科属：大戟科血桐属

● 血桐的花序

● 血桐的果实

简介 乔木，高5~10米。嫩枝、嫩叶、托叶均被黄褐色柔毛或有时嫩叶无毛。小枝粗壮，无毛，被白霜。叶纸质或薄纸质，近圆形或卵圆形，顶端渐尖，基部钝圆，盾状着生，全缘或叶缘具浅波状小齿，上面无毛，下面密生颗粒状腺体，沿脉序被柔毛。花序圆锥状。蒴果密被颗粒状腺体和软刺。种子近球形。花期4~5月，果期6月。

产于我国台湾、广东和广西等地。喜光，喜高温湿润气候，生活力甚强，抗风，耐盐碱，抗大气污染。血桐因树液呈红色而得名，树冠圆伞状，树姿健壮，生长繁茂，为优良的绿荫树，生长快速，木材轻软，可供建筑用材及制造箱板。树皮及叶子的粉末可充当防腐剂，树叶可当作羊、牛或鹿的饲草。

血桐的种子可入药，具有泻下通便、抗癌之功效。

观赏地点 康乐园中血桐的种植数量不是很多，目前仅见3棵种植在曾宪梓堂南院西侧区域，枝繁叶茂，观赏性极佳。

● 曾宪梓堂南院西侧围墙区域血桐景观

● 曾宪梓堂南院西侧绿化区血桐景观

三、冬青科

枸骨

学名：*Ilex cornuta* Lindl. et Paxt.
别名：猫儿刺、老虎刺
科属：冬青科冬青属

● 枸骨的花和叶

● 枸骨的果实

简介 常绿灌木或小乔木。树皮灰白色。叶片厚革质，四角状长圆形或卵形，先端具尖硬刺齿，叶面深绿色，具光泽，背面淡绿色，无光泽。花序簇生于二年生枝的叶腋内，基部宿存鳞片近圆形。花淡黄色。花萼盘状。果球形，成熟时鲜红色，基部具四角形宿存花萼，顶端宿存柱头盘状。花期4~5月，果期10~12月。

产于我国江苏、上海、安徽、浙江、江西、湖北、湖南等省市，现长江中下游地区各省庭园常有栽培。耐干旱，喜肥沃的酸性土壤，不耐盐碱，较耐寒，喜阳光，也能耐阴，宜放于阴湿的环境中生长。其叶形奇特，碧绿光亮，四季常青，入秋后红果满枝，经冬不凋，艳丽可爱，是优良的观叶观果树种。

全株可入药。根有滋补强壮、活络、清风热、祛风湿之功效；枝叶用于治疗肺痨咳嗽、劳伤失血、腰膝痿弱、风湿痹痛；果实用于治疗阴虚身热、淋浊、崩带、筋骨疼痛等症。

植物文化 枸骨的花语是平安、幸福、友好。它在欧美国家常被用于圣诞节的装饰，故也称"圣诞树"。

观赏地点 目前康乐园内种植有3棵枸骨，其中1棵位于模范村永芳堂西侧区域、1棵位于园东湖北侧区域、1棵在317栋西北角区域。经过几十年生长，它们的胸径已达10厘米左右，呈小乔木景观，观赏性极佳。

● 园东湖北侧绿化区枸骨景观

● 模范村永芳堂西侧绿化区枸骨景观

铁冬青

学名：*Ilex rotunda* Thunb.
别名：救必应、熊胆木、白银香、白银木、羊不食、七星香、万紫千红等
科属：冬青科冬青属

● 332栋北边铁冬青景观

简介　常绿灌木或乔木，高可达20米。树皮灰色至灰黑色。小枝圆柱形，挺直。叶仅见于当年生枝上，叶片薄革质或纸质，卵形，叶面绿色，背面淡绿色，两面无毛。聚伞花序或伞形花序单生于当年生枝的叶腋内。果近球形，成熟时红色。花期4月，果期8～12月。

分布于我国长江流域以南。耐阴树种，喜生于温暖湿润气候和疏松、肥沃、排水良好的酸性土壤。适应性较强，耐瘠、耐旱、耐霜冻。铁冬青树叶厚而密，适宜在园林中孤植或群植，亦可混植于其他树群尤其是色叶树群中。枝叶可作造纸糊料原料。树皮可提制染料和栲胶。木材可作细工用材。

铁冬青入药，有清热解毒、消肿止痛之效。外用治跌打损伤、痈疖疮疡、外伤出血、烧烫伤。

植物文化　铁冬青从夏季开始边开花边结果，到秋季的时候果实会慢慢变为红色，且挂果的时间比较长，可持续到第二年春季，即便冬天也不会掉落，所以花语寓意顽强的生命。

观赏地点　康乐园中铁冬青的种植数量目前仅剩11棵。其中春晖园食堂东面1棵、241栋古建筑西北角1棵、325栋东边1棵、332栋北边1棵、388栋东南侧2棵、管理学院楼北边2棵，以及西区637栋西边、639栋西北边和721栋东边各1棵，观赏性极佳。

● 春晖园食堂东面区域铁冬青景观

● 铁冬青的花

● 铁冬青的果实

四、豆科

白花洋紫荆

学名：*Bauhinia variegata* var. *candida* (Roxb.) Voigt L.

别名：老白花、白花羊蹄甲、白花紫荆

科属：豆科羊蹄甲属

● 白花洋紫荆的花

● 东区清真饭堂门口白花洋紫荆景观

简介 半落叶乔木。树皮暗褐色，近光滑，幼嫩部分常被灰色短柔毛。枝广展，硬而稍呈"之"字曲折，无毛。单叶互生，近革质，叶脉由叶基部呈放射形伸展，叶面光滑，浅绿色叶背的叶脉上被短毛，叶形与羊蹄甲近似。总状花序顶生或腋生，花无退化雄蕊，白色，芳香，近轴的一片或全部花瓣均杂以淡黄色的斑块。荚果长形，成熟时呈黑色。在华南地区，花期为1～4月，3月最盛，通常早于新叶开放，果期2～5月。

产于我国南部。喜阳光和温暖潮湿环境，不耐寒。白花洋紫荆是广东省内园林应用频率较高的树种，花期在春天，其花姣白清雅，中间一瓣有一抹淡淡的黄色，与白色的花瓣交相辉映，美意甚足。它适合组合配置造景，为春季优美的庭院绿化和行道树种，同时也是良好的蜜源植物。

白花洋紫荆的皮、果、木、花皆可入药，有清热解毒、活血行气、消肿止痛之功效。

植物文化 白花洋紫荆的花语是矢志不渝的纯洁爱情。

观赏地点 康乐园中白花洋紫荆的种植数量不是很多，主要分布在康乐路沿线、东区清真饭堂门口、550栋北边、565栋陆佑堂北边、校医院东边等区域。它是中山大学早年引进栽培的品种，目前广州地区仅在中山大学南校园、华南理工大学石牌校区和华南农业大学校园有栽培，其他区域很少见。

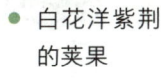

● 白花洋紫荆的荚果

● 文献与文化遗产管理部楼前白花洋紫荆景观

刺桐

● 刺桐的花

● 刺桐的荚果

学名：*Erythrina variegata* L.
别名：山芙蓉、空桐树、木本象牙红
科属：豆科刺桐属

简介 大乔木。树皮灰褐色。枝有明显叶痕及短圆锥形的黑色直刺，髓部疏松，颓废部分成空腔。羽状复叶常密集枝端。托叶披针形，早落。小叶膜质，宽卵形或菱状卵形，先端渐尖而钝，基部宽楔形或截形。小叶柄基部有一对腺体状的托叶。总状花序顶生，上有密集、成对着生的花。总花梗木质，粗壮，具短绒毛。花萼佛焰苞状口部偏斜，一边开裂。花冠红色，旗瓣椭圆形，先端圆，瓣柄短，翼瓣与龙骨瓣近等长。荚果黑色，肥厚，种子间略缢缩。种子1~8颗，肾形，暗红色。花期3月，果期8月。

产于我国台湾、福建、广东、广西等地。性强健，萌发力强，生长快，喜温暖湿润、光照充足的环境，耐旱也耐湿，对土壤要求不严，不甚耐寒，稍耐阴。刺桐适合单植于草地或建筑物旁进行造景，也是公路及市街的优良行道树。

刺桐的树叶、树皮和树根均可入药，有解热和利尿的功效。

植物文化 刺桐花是泉州的市花。《异物志》记载：苍梧即刺桐，岭南多此物，因以名郡。泉州因为刺桐普遍可见，古时别称刺桐城；而广西梧州也多刺桐，故以苍梧命名。

观赏地点 康乐园目前种植的刺桐仅剩10多棵，分布在园东湖北边、278栋北边、336栋东北侧、马丁堂南侧、激光楼东南侧、571栋哲生堂东北角、岭南三堂东边以及冼为坚堂东北边等区域。

● 336栋东北侧刺桐景观

● 马丁堂南侧刺桐景观

● 571栋哲生堂东北角刺桐景观

大叶合欢

学名：*Archidendron turgidum* (Merrill) I. C. Nielsen

别名：夜合树、火七树、缅甸合欢、印度合欢、合欢

科属：豆科合欢属

大叶合欢的叶

大叶合欢的花

英东排球场西北侧区域大叶合欢景观

简介 小乔木。嫩枝、叶轴密被锈色绒毛。二回羽状复叶，总叶柄近顶部及叶轴上每对小叶着生处均有1枚腺体。小叶纸质，长圆形、椭圆形或斜披针形至斜椭圆形，先端具长或短的尖头，基部急尖或浑圆，上面无毛，下面有极稀少的伏贴短柔毛，在脉上多些。头状花序排成腋生或顶生的圆锥花序。花白色，无梗。花萼杯状，花冠与萼同被白色绒毛。荚果膨胀，带状。种子椭圆形，棕色，光滑。花期4～5月，果期7～12月。

原产于非洲及亚洲的热带地方，现大部分的热带国家均有种植。喜温暖湿润气候，喜光，耐半阴，喜肥沃、排水良好的土壤。生长迅速，抗风，抗空气污染。其深褐色的木材，可作家具用料。

大叶合欢的树皮有药用价值，可消肿止痛。

植物文化 大叶合欢在我国代表着吉祥如意，寓意言归于好、阖家欢乐、幸福美满。

观赏地点 在康乐园中目前仅见1棵大叶合欢种植在英东排球场西北侧区域。

● 凤凰木的果实

凤凰木

学名 *Delonix regia*
别名 红花楹、金凤花、火树
科属 豆科凤凰木属

● 图书馆文化广场区域凤凰木景观

● 凤凰木的花

简介 高大落叶乔木。树皮粗糙，灰褐色。树冠扁圆形，分枝多而开展。小枝常被短柔毛并有明显的皮孔。叶为二回偶数羽状复叶，具托叶，下部的托叶明显地羽状分裂，上部的成刚毛状。伞房状总状花序顶生或腋生。花大而美丽，鲜红至橙红色，具长的花梗。花托盘状或短陀螺状。荚果带形，扁平，稍弯曲，暗红褐色，成熟时黑褐色。种子横长圆形，平滑，坚硬，黄色染有褐斑。花期6~8月，果期8~10月。

原产于非洲，我国南方地区均有栽培。凤凰木为热带树种，喜高温多湿和阳光充足的环境，不耐寒，较耐干旱，以深厚肥沃、富含有机质的沙质壤土为宜。凤凰木树冠高大，花期花红叶绿，满树如火，富丽堂皇，"叶如飞凰之羽，花若丹凤之冠"，故取名凤凰木，是著名的热带观赏树种。

凤凰木甘甜、味淡、性寒，可平肝潜阳，对高血压、眩晕、心烦不宁有很好疗效。

植物文化 凤凰木的花语为离别、思念、火热青春。它是非洲马达加斯加的国树，也是我国广东汕头、福建厦门、四川攀枝花的市树。

观赏地点 康乐园不同区域共分布有50多棵凤凰木，其中康乐路英东体育馆沿线和图书馆文化广场区域种植数量最多。另外，在110栋东南角、268栋北边、中文堂东南侧、387栋西侧、507栋北侧、模范村513栋东边、614栋西侧、康乐餐厅西边、745栋东南角和第三教学楼东边角区域各有1棵，进士牌坊东边道路两侧各有2棵，园东湖南边区域有3棵，西区住宅区还有几棵。

● 中文堂东南侧鲁迅雕塑前凤凰木景观

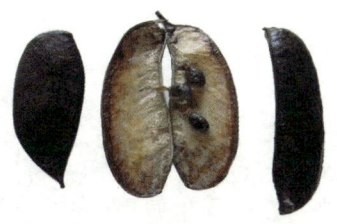

● 格木的果实

格木

学名：*Erythrophleum fordii* Oliv.
别名：铁木、斗登凤、赤叶木、赤叶柴
科属：豆科格木属

● 格木的叶

● 格木的树干

简介 常绿乔木。幼嫩部分小枝初时均被锈色柔毛。叶互生，二回羽状复叶，托叶小，早落。小叶互生，卵形或卵状椭圆形，先端渐尖，基部浑圆或略偏斜，革质。花密生，总状花序，通常由十多条排成圆锥状；花、萼瓣均5枚，多被毛。荚果扁平带状，近木质，棕褐色或黑褐色。种子长圆形，稍扁，种皮黑褐色。生长15~18年后才开花结果。花期3~5月，果期8~10月。

分布于我国浙江、福建、台湾、广西、广东等地。喜光，喜温暖湿润气候，适生于年平均气温21℃以上的地方。树冠苍绿荫浓，不仅是优良的园林观赏树种，也是贫瘠地的造林先锋树种。格木还是珍贵的硬材树种，木材坚硬，被称为铁木，极耐腐，为优良的建筑、工艺及家具用材，耐水湿，可供船板、榫插和上等家具等用材。横切面管孔与薄壁组织构成花纹，形如深海鱼群，美丽壮观。格木结构均匀，材质坚硬，特适宜车旋，车旋制品亮丽无比。

格木的种子可入药，有益气活血之功效，可治疗心气不足等疾病。

植物文化 格木属植物在全世界约有17种，分布于亚洲东部、大洋洲北部和非洲的热带及亚热带地区，我国仅有格木1种。近十几年我国格木种群数量急剧减少，被《中国植物红皮书》列为二级重点保护珍稀濒危植物。

观赏地点 康乐园目前仅有1棵格木种植在550栋北侧区域。

● 550栋北侧区域格木景观

● 宫粉紫荆的花

● 宫粉紫荆的荚果

● 东区博士后公寓168栋西侧区域宫粉紫荆景观

宫粉紫荆

学名：*Bauhinia variegata* L.
别名：洋紫荆、弯叶树、素心花、宫粉羊蹄甲、红花紫荆
科属：豆科羊蹄甲属

简介 半落叶乔木。单叶互生，肾形，先端2裂，基部心形，叶脉由叶基部呈放射形伸展，浅绿色，叶面光滑，叶背的叶脉上被短毛，叶形与羊蹄甲近似。花两性，总状花序顶生或腋生，花粉红色或淡紫色，芳香，由5枚分离的花瓣组成，其中1枚花瓣带红色及黄绿色条纹。荚果长形，成熟时呈黑色，会裂开释放种子。花期1~3月，通常早于新叶开放，果期8~9月。

产于我国南部。喜阳光和温暖潮湿的环境，不耐寒。树冠卵圆形，花大色艳，在其半落叶的仲春时节，花先叶开放，满树繁花似锦，红绿相映，显出一派春意盎然、生机勃勃的热烈气氛，实为春季优美的行道树种。

宫粉紫荆的皮、果、木、花皆可入药，有清热解毒、活血行气、消肿止痛之功效。

植物文化 宫粉紫荆的花语是亲情、兄弟和睦、家业兴旺。

观赏地点 康乐园中宫粉紫荆的种植数量有几十棵，尤以东区博士后公寓楼群主干道两侧、紫荆园宾馆停车场南边、园东湖南侧康乐路东段等区域的景观效果为好。

● 康乐路东段道路两侧宫粉紫荆景观

海红豆

学名： *Adenanthera microsperma* Teijsmann & Binnendijk
别名： 孔雀豆、红豆、相思豆、美国刺桐
科属： 豆科海红豆属

● 海红豆的荚果

简介 落叶小乔木。嫩枝微被柔毛。二回羽状复叶，具短柄，叶柄和叶轴被微柔毛，无腺体。羽片3~5对，小叶4~7对，互生，长圆形或卵形，先端圆钝，两面均被微柔毛。总状花序单生于叶腋或在枝顶排成圆锥花序，被短柔毛。花小，白色或淡黄色，有香味，具短梗。荚果狭长圆形，盘旋，开裂后果瓣旋卷。种子近圆形至椭圆形，鲜红色，有光泽。花期4~7月，果期7~10月。

原产于热带地区，在我国分布于福建、台湾、广东、海南、广西、贵州、云南等地。喜温暖湿润气候，喜光，稍耐阴，对土壤条件要求较严格，喜土层深厚、肥沃、排水良好的沙壤土。海红豆是一种比较优良的观果园景树。其心材暗褐色，质坚而耐腐，可为支柱、船舶、建筑用材和制作箱板。其种子鲜红色而光亮，甚为美丽，可作装饰品，在日常生活中，其种子所制作的手镯等首饰品比较常见。

海红豆的根有催吐、泻下作用；叶则有收敛作用，可用于止泻、疏风清热、燥湿止痒、润肤养颜。

植物文化 海红豆的寓意为爱情、婚姻、平安，象征着相思，通常作为恋人之间的定情信物，也有祝福恋人分别路上一路平安的美好寓意。

观赏地点 康乐园目前种植有十几棵海红豆，主要分布在486栋西侧、501栋北侧、岭南三堂北侧、522栋东北侧、524栋马应彪屋西侧、536栋陆达理堂南侧、幼儿园西侧以及745栋东南侧等区域。

● 501栋北侧海红豆景观

● 524栋西侧海红豆景观

合欢花

学名：*Albizia julibrissin* Durazz.
别名：夜合欢、夜合树、绒花树、鸟绒树、苦情花
科属：豆科合欢属

● 合欢花的花

● 合欢花的叶

简介 落叶乔木。树冠开展，小枝有棱角，嫩枝、花序和叶轴被绒毛或短柔毛。二回羽状复叶，总叶柄近基部及最顶一对羽片着生处各有1枚腺体。羽片4~12对，线形至长圆形，向上偏斜，先端有小尖头，有缘毛。头状花序于枝顶排成圆锥花序。花粉红色。花萼管状，花萼、花冠外均被短柔毛。荚果带状，嫩荚有柔毛，老荚无毛。花期6~7月，果期8~10月。

合欢花产自我国东北至华南及西南部各省市。对土壤要求不严，较耐干旱、贫瘠土壤，其根具有根瘤菌，有改良土壤的能力。属浅根性树种，其萌芽力不强，不耐修剪。

合欢花的树形优美，叶形独特，树冠宽大，夏季浓荫蔽日，羽状复叶昼开夜合，十分神奇。夏日开花，花为粉红色绒毛状，不仅外形好看，还能吐露阵阵芬芳，形成轻柔的气氛，非常适合作为庭院树、绿化树栽培。

合欢花的树皮可供药用，有驱虫之效。它还有宁神、滋阴补阳的作用，主要用于治疗郁结胸闷、失眠健忘、眼疾、神经衰弱等。

植物文化 合欢花象征永远恩爱、两两相对，是夫妻好合的象征。

观赏地点 康乐园中种植的合欢花目前仅见东区168栋南侧停车场出口围墙南侧区域有3棵，为该区域停车场建设绿化工程栽植，目前呈小乔木状造景。

● 168栋南侧停车场出口围墙南侧合欢花景观一

● 168栋南侧停车场出口围墙南侧合欢花景观二

红花羊蹄甲

学名：*Bauhinia blakeana* Dunn
别名：红花紫荆、洋紫荆、香港紫荆
科属：豆科羊蹄甲属

● 红花羊蹄甲的花

简介 常绿乔木。分枝多，小枝细长。叶革质，圆形或阔心形，基部心形，有时近截平，顶端2裂，状如羊蹄。总状花序或有时分枝而呈圆锥花序状。花瓣红紫色，具短柄，倒披针形，花有近似兰花的清香，故又被称为"兰花树"。花期几乎达全年，盛花期通常一年2次，分别在夏季和冬季。通常不结果。

最早发现于香港，现广泛栽培于世界各热带地区。性喜温暖湿润、阳光充足、多雨的气候环境，有一定耐寒能力，喜土层深厚、肥沃、排水良好的偏酸性沙质壤土。终年繁茂常绿，繁花满树，是我国华南地区优良的园林绿化树种，也适合用作庭荫树和孤赏树，更是优良的行道树和园路树。

红花羊蹄甲的树根、树皮和花朵均可入药，具有健脾燥湿、消炎止血等功效。

● 紫荆路沿线红花羊蹄甲景观

植物文化 紫荆花代表着亲情，有着合家团圆、兄弟和睦的美好寓意。1965年，它被选定为香港区花，1990年4月4日，又被《中华人民共和国香港特别行政区基本法》定为区旗和区徽图案。它在康乐园的存在，已经远远超出了本属的植物学含义，创立于1983年的紫荆诗社及《紫荆诗刊》《紫荆诗集》等都伴随着一代代中大学子们成长，可以说，"紫荆"已渐渐成为中山大学校园文化中的一种独特符号和一代代师生们的共同记忆与情怀。

观赏地点 康乐园中红花羊蹄甲的种植数量比较多，达到300多棵，遍布校园各个区域，其中康乐路东段、逸仙大道校训牌以南路段、哲生堂南边道路两侧、进士牌坊道路两侧以及紫荆园紫荆路沿线等区域均成行种植，形成校园独有的行道树景观，每逢开花季节，十分壮观，引来无数校友和师生拍照留念，留下一个个美丽的瞬间。

● 进士牌坊道路两侧红花羊蹄甲景观

● 逸仙大道南段红花羊蹄甲景观

黄槐

学名： *Senna surattensis*
别名： 金凤树、豆槐、金药树、黄槐决明
科属： 豆科决明属

● 黄槐的花

● 黄槐的荚果

简介 落叶小乔木。分枝多，小枝有肋条。树皮颇光滑，灰褐色。羽状复叶，倒卵状椭圆形，先端圆，基部稍偏斜，叶轴下部有一棒状腺体。总状花序生于枝条上部的叶腋内，花大，花瓣鲜黄至深黄色，卵形至倒卵形。荚果扁平，条形，开裂，顶端具细长的喙。种子有光泽。几乎全年开花，但主要集中在3~12月。在热带地区花果期几乎全年。

原产于亚洲热带至大洋洲。我国各热带地区现已广泛栽培。其性喜高温、高湿、光照，不耐寒，要求深厚而排水良好的土壤。黄槐树形优美，开花时满树黄花，为优良的行道树、孤植树树种。

黄槐的叶入药，有清凉解毒、润肺之功效；种子入药，有泻下作用。

植物文化 黄槐的花语是隐蔽的爱。

观赏地点 康乐园中种植的黄槐数量不多，目前中东区只有3棵种植在黄传经堂东侧，西区有18棵，其中747栋东南角区域有1棵、749栋南侧绿化区有1棵、西区新建怡乐路教师公寓区域有16棵。

● 黄传经堂东侧绿化区黄槐景观

● 747栋东南角区域黄槐景观

● 陈寅恪故居西边绿化区鸡冠刺桐景观

鸡冠刺桐

学名：*Erythrina crista-galli* L.
别名：鸡冠豆、巴西刺桐、象牙红
科属：豆科刺桐属

● 鸡冠刺桐的花

简介 落叶灌木或小乔木，茎和叶柄稍具皮刺。羽状复叶具3小叶。小叶长卵形或披针状长椭圆形，先端钝，基部近圆形。花与叶同出，总状花序顶生，每节有花1~3朵。花深红色，稍下垂或与花序轴成直角。花萼钟状，先端二浅裂。荚果长约15厘米，褐色，种子间缢缩。种子大，亮褐色。花期4~5月，花开时红色，且花期长，因状似鸡冠，故名鸡冠刺桐。果期5~6月。

原产于巴西等南美洲热带地区，我国华南地区有栽培。喜光，也轻度耐阴，喜高温，也具有较强的耐寒能力。适应性强，生性强健，耐旱且耐贫瘠，还能抗盐碱，但不耐水浸，对土壤要求不严。鸡冠刺桐花美丽，适合单植于草地或建筑物旁，可供公园、绿地及风景区美化，又是公路及市街的优良行道树。

鸡冠刺桐的树叶、树皮和树根均可入药，有解热和利尿的功效。

植物文化 鸡冠刺桐的花是阿根廷和乌拉圭的国花，其树则被智利定为国树，也是美国洛杉矶的市树。鸡冠刺桐花引起人们注意的当然是它那无与类比的硕大旗瓣，看到它，就能让人联想到晨曦中的雄鸡报晓，迎着朝阳引颈高歌而颤动着的鸡冠很是激动人心。

观赏地点 康乐园目前种植的鸡冠刺桐数量不多，其中以保卫处办公楼东南边、陈寅恪故居西边以及西区西翠园区域的景观最好，每年开花季节，观赏性极佳。

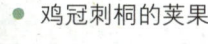

● 鸡冠刺桐的荚果

● 保卫处办公楼东南边区域鸡冠刺桐景观

降香黄檀

学名：*Dalbergia odorifera* T. Chen
别名：海南黄花梨、黄花梨、花梨木、降香木、香红木
科属：豆科黄檀属

简介 半落叶乔木。树冠广伞形，分枝较低。树皮浅灰黄色，略粗糙。小枝具密集小皮孔，老枝有近球形侧芽。奇数羽状复叶，近纸质，卵形或椭圆形，先端急尖，钝头，基部圆形或宽楔形。圆锥花序腋生，由多数聚伞花序组成。花淡黄色或乳白色，花瓣近等长，均具爪。荚果舌状，长椭圆形，扁平，不开裂，果瓣革质，有种子部分明显隆起。种子肾形。

原产于我国海南，主要分布于海南、广东、福建等地。对立地条件要求不严，在陡坡、山脊、岩石裸露处、干旱瘦瘠地均能适生，为阳性树种。在广东、福建等地常作为绿化树使用。既可绿化，又可用材，一树多能，多重效益。

根部心材和树干心材名降香，可供药用，为良好的镇痛剂。

植物文化 降香黄檀的木材纹理交错，结构致密，精加工后各切面纹理均美观，光泽油润，有芳香气味，耐湿耐浸，干燥后不变形、不开裂，心材极耐腐，是制造名贵家具、乐器和雕刻、镶嵌、美式装饰的上等材料，与紫檀木、鸡翅木、铁力木并称中国古代四大名木。降香黄檀现为国家二级保护植物。

观赏地点 康乐园中目前只种植有4棵降香黄檀，其中392栋南侧绿化区种植有1棵、马文辉堂西边区域种植有1棵、536栋陆达理堂南侧三角绿化区种植有2棵。

● 392栋南侧绿化区降香黄檀景观

● 降香黄檀的花

● 降香黄檀的荚果

● 536栋陆达理堂南侧区域降香黄檀景观

阔荚合欢

学名：*Albizia lebbeck* (L.) Benth.
别名：大叶合欢、跳蚤树、女人舌树、东印度核桃、炒木、印度合欢
科属：豆科合欢属

● 阔荚合欢的叶　　● 阔荚合欢的花

简介　落叶乔木，高8～12米。树皮粗糙。嫩枝密被短柔毛，老枝无毛。二回羽状复叶。总叶柄近基部及叶轴上羽片着生处均有腺体。羽片2～4对，长椭圆形或略斜的长椭圆形，先端圆钝或微凹，两面无毛或下面疏被微柔毛，中脉略偏于上缘。头状花序1至数个聚生于叶腋。花芳香，花萼管状，被微柔毛。花冠黄绿色，裂片三角状卵形。荚果带状，扁平，麦秆色，光亮，无毛，常宿存于树上经久不落。种子4～12颗，椭圆形，棕色。花期5～9月，果期10月至翌年5月。

原产于热带非洲，现广植于热带、亚热带地区。我国广东、广西、福建、台湾有栽培。其生长迅速，枝叶茂密，为良好的庭园观赏植物及行道树。边材白色，心材暗褐色，光亮而有斑纹，质坚硬，耐朽力强，适合作家具、车轮、船艇、支柱、建筑用材。叶可作家畜的饲料。

阔荚合欢的树皮可入药，有消肿、镇痛的功能。

植物文化　阔荚合欢寓意着永远恩爱、两两相对，是夫妻好合的象征。

观赏地点　康乐园中仅有1棵胸径约40厘米的阔荚合欢种植在测试中心西南角区域，每年落叶之后，巨大的荚果挂满树冠，经久不落，观赏性极佳。

● 阔荚合欢的荚果

● 测试中心西南角绿化区阔荚合欢景观

腊肠树

学名: *Cassia fistula* Linn.
别名: 金急雨、金链花、黄金雨、波斯皂荚、牛角树、长果树
科属: 豆科腊肠树属

● 康乐路校医院路段腊肠树景观

简介 落叶乔木。枝细长。树皮幼时光滑,灰色,老时粗糙,暗褐色。小叶对生,薄革质,阔卵形、卵形或长圆形,顶端短渐尖而钝,基部楔形,边全缘,幼嫩时两面被微柔毛,老时无毛,叶脉纤细,两面均明显,叶柄短。总状花序疏散,下垂。花与叶同时开放。花瓣黄色,倒卵形,近等大,具明显的脉。荚果圆柱形,黑褐色,不开裂。种子为横隔膜所分开。花期6~8月,果期10月。

原产于印度、缅甸和斯里兰卡,我国南部和西南部各省区均有栽培。喜光、耐遮阴、耐寒,适应城市环境,抗风性强,喜排水良好的土壤。一般可作景观树或行道树之用,在热带及亚热带地区广泛种植。初夏满树金黄色花,花序随风摇曳、花瓣随风如雨落,所以又名"黄金雨"。木材坚重,耐朽力强,光泽美丽,可作支柱、桥梁、车辆及农具等用材。

腊肠树的果可入药,具有润便、强筋、开通阻滞、泻泄之功效。

植物文化 腊肠树花的花语为孤独之美。它是泰国的国花,黄色的花瓣象征泰国皇室。

观赏地点 康乐园中腊肠树的种植数量有90多棵,分布于校园大部分区域,以马岗顶一带最多,其次在永芳堂周边、康乐路校医院路段、陈寅恪故居东侧道路沿线以及春晖园食堂南侧等区域有成排种植。开花季节,满树金黄,景观非常壮观,但其细长坚硬的繁多果实也给校园道路沿线的行人带来一定的安全隐患。

● 腊肠树的花

● 腊肠树的荚果

● 陈寅恪故居东侧道路沿线腊肠树景观

• 广寒宫东北侧绿化区南洋楹景观

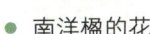

• 南洋楹的花

• 南洋楹的叶

南洋楹

学名：*Albizia falcataria* (Linn.) Fosberg
别名：仁仁树、仁人木
科属：豆科合欢属

简介　常绿大乔木。树干通直，高可达45米。嫩枝圆柱状或微有棱，被柔毛。托叶锥形，早落。羽片上部的通常对生，下部的有时互生。总叶柄基部及叶轴中部以上羽片着生处有腺体。穗状花序腋生，单生或数个组成圆锥花序。花初为白色，后变黄。荚果带形，熟时开裂。种子多颗。花期4~7月。

原产于马六甲及印度尼西亚马鲁古群岛，我国福建、广东、广西有栽培。阳性树种，不耐阴，喜暖热多雨气候及肥沃湿润土壤。有根瘤菌，具固氮作用。南洋楹生长迅速，是一种很好的速生树种，多植为庭园树和行道树。木材适于制作一般家具、室内建筑、箱板、农具、火柴等，因纤维含量高，也是造纸、人造丝的优良材料。幼龄树皮含单宁，可提制栲胶。它还是白木耳生产的优良段木。

南洋楹全株可入药，具有固涩止泻、收敛生肌之功效。

植物文化　南洋楹因生长速度比杉木快6~8倍，比桉树、木麻黄等树木快2~3倍，在热带地区享有"植物赛跑家"的美誉。

观赏地点　康乐园中目前种植的南洋楹有50多棵，且大部分都是胸径在50厘米以上的超高大树木，基本上是校园胸径最大的树种。其中以马岗顶周边、广寒宫东北侧等区域几棵胸径超过1米的南洋楹景观最佳。其为速生树种，台风雨天气易折断，有一定的安全隐患。

• 324栋南侧绿化区南洋楹景观

● 南岭黄檀的花

● 南岭黄檀的荚果

● 493栋研究生院楼东边区域南岭黄檀景观

南岭黄檀

学名：*Dalbergia assamica* Benth.
别名：水相思、黄类树
科属：豆科黄檀属

简介 乔木。树皮灰黑色，粗糙，有纵裂纹。羽状复叶，小叶6~7对，皮纸质，长圆形或倒卵状长圆形，先端圆形，有时近截形，常微缺。圆锥花序腋生，疏散，花冠白色，各瓣均具柄。荚果舌状或长圆形，两端渐狭，通常有种子1粒，稀2~3粒，果瓣对种子部分有明显网纹。花期6月。

分布于我国浙江、福建、湖南、广东、广西、四川、贵州等地。阳性树种，较耐寒，要求土壤为页岩、砂页岩、花岗岩等发育而成的红壤或砖红壤性红壤，以土层较深厚、湿润肥沃的地段生长良好。在我国南部城市常植为蔽荫树或风景树。木材为散孔材，材色淡黄色或褐色，材质坚韧，纹理细，可作家具、车辆和农具等用材。枝条和树干可用来培育木耳和白木耳。叶可作绿肥。

南岭黄檀的木材可入药，具有行气止痛、解毒消肿之功效。

植物文化 南岭黄檀是优良的紫胶虫寄主树种，紫胶产量高、质量好。紫胶绝缘、防腐、防潮、黏合，可用作电器、塑料、造纸、医药、食品加工原料。紫胶入药，主五脏邪气、带下、心痛、破积血、金疮生肉。

观赏地点 康乐园中共种植有30多棵南岭黄檀，分布在大钟楼东侧、图书馆东南侧、278栋西侧、280栋工会楼南侧、314栋东侧、330栋东边角、415栋旧生物楼东南侧、493栋研究生院楼东侧和北侧、565栋陆佑堂东边角、586栋东侧、测试大楼西北角等区域，6月花季期间满树雪白一片，观赏性极佳。

● 278栋西侧南岭黄檀景观

牛蹄豆

学名：*Pithecellobium dulce* (Roxb.) Benth.
别名：洋酸角、金龟树
科属：豆科牛蹄豆属

557栋西北侧区域牛蹄豆景观

简介 常绿乔木，中等大。枝条通常下垂，小枝有由托叶变成的针状刺。羽片1对，每一羽片只有小叶1对，羽片和小叶着生处各有凸起的腺体1枚。小叶坚纸质，长倒卵形或椭圆形，大小差异甚大，先端钝或凹入，基部略偏斜，无毛，叶脉明显，中脉偏于内侧。头状花序小，于叶腋或枝顶排列成狭圆锥花序式。花萼漏斗状，密被长柔毛。花冠白色或淡黄，密被长柔毛，中部以下合生。荚果线形，膨胀，旋卷，暗红色。种子黑色，包于白色或粉红色的肉质假种皮内。花期3月，果期7月。

原产于中美洲，现广布于热带干旱地区。我国华东南部、华南南部及西南部地区有栽培。阳性植物，需强光，耐热、耐旱、耐瘠、耐碱，抗风、抗污染，易移植。枝叶浓密，适合作遮阴树、行道树、园景树。幼树可作绿篱树。可单植、列植、群植，均美观。尤适于海岸造林绿化。木材可为箱板和一般建筑用材。荚果可作饲料。假种皮在墨西哥被用来制柠檬水。

牛蹄豆具有促进心脏健康、降低糖尿病风险、支持肠道和骨骼健康、提升人体免疫力等功效。

观赏地点 康乐园目前仅存的1棵牛蹄豆位于557栋西北侧区域环校道围墙沿线，经过几十年的生长，形成非常大气磅礴的景观。

牛蹄豆的花

牛蹄豆的果

牛蹄豆的叶

水黄皮

学名：*Pongamia pinnata* (L.) Pierre
别名：水流豆、野豆
科属：豆科水黄皮属

● 水黄皮的叶

● 水黄皮的花

简介 乔木，高8~15米。嫩枝通常无毛，有时稍被微柔毛，老枝密生灰白色小皮孔。羽状复叶，小叶近革质，卵形、阔椭圆形至长椭圆形，先端短渐尖或圆形，基部宽楔形、圆形或近截形。总状花序腋生，花冠白色或粉红色，各瓣均具柄，旗瓣背面被丝毛，边缘内卷，龙骨瓣略弯曲。荚果表面有不甚明显的小疣凸，顶端有微弯曲的短喙，不开裂，沿缝线处无隆起的边或翅，有种子1粒，种子肾形。花期5~6月，果期8~10月。

分布于印度、斯里兰卡、马来西亚、澳大利亚、波利尼西亚和中国，在我国分布于福建、广东（东南部沿海地区）和海南。喜光，喜水湿，对光照要求不高，比较耐阴，对土壤要求不严，可在瘠薄的立地条件下生长，其根部的根瘤菌具固氮作用，能改良土壤。水黄皮树干通直，木材硬度较大，结构致密，纹理美观，易于加工，是理想的实木高档家具用材。

水黄皮的全株均可入药，具有抗菌、抗炎、镇痛、抗病毒、抗溃疡和抗肿瘤等生物活性，是一种有开发潜力的药用植物。

植物文化 水黄皮是一种半红树植物，将该树种引进校园有重要的人文和科普价值。

观赏地点 康乐园目前仅种植有2棵水黄皮，其中1棵分布在曾宪梓堂南院西侧区域，1棵分布在536栋陆达理堂南侧三角绿化区。

● 曾宪梓堂南院西侧区域水黄皮景观

● 536栋南侧三角绿化区水黄皮景观

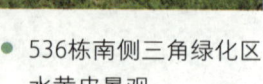
● 水黄皮的荚果

● 园南路马文辉堂西南角小花园区域酸角景观

酸角

学名：*Tamarindus indica*
别名：酸豆、罗望子、酸果、麻夯、甜目坎、通血图、亚参果
科属：豆科酸豆属

● 酸角的荚果

简介 乔木。树皮暗灰色，不规则纵裂。小叶小，长圆形，先端圆钝或微凹，基部圆而偏斜，无毛。花黄色或杂以紫红色条纹，少数，总花梗和花梗被黄绿色短柔毛。荚果圆柱状长圆形，肿胀，棕褐色，直或弯拱，常不规则缢缩。种子3~14颗，褐色，有光泽。花期5~8月，果期12月至翌年5月。

原产于非洲热带稀树草原，古代阿拉伯人将它引入亚洲，经印度后又传到我国。在我国主要分布于福建、广东、广西、四川、云南等省区。酸角耐干旱、喜光照，适宜炎热气候，为阳性树种。对霜冻敏感，在贫瘠土壤中也能生长。根系发达，具有根瘤菌。树身高大，树干粗糙，枝叶扶疏，枝头挂着一串串褐色的弯钩形荚果，既可作园林绿化树种，也是优良的水果树。

酸角可入药，具有清热解暑、生津止渴的功效。酸角果实是碱性食物，能清洁血管，具有防癌的作用。

植物文化 酸角有"东方神树"之称，十年生长，十年开花，十年结果，可谓奇珍。酸角所含的多聚糖成分具有防光作用，能给人体皮肤免疫系统提供保护，防止紫外线辐射伤害皮肤。

观赏地点 康乐园目前共有2棵酸角种植在马文辉堂西南角的小花园区域，观赏性极佳。

● 酸角的花

桫椤豆

学名：*Schizolobium parahyba*
别名：离荚豆、裂瓣苏木、巴西蕨树、塔树、巴西凤凰树、巴西豆
科属：豆科离荚豆属

● 507栋西南侧桫椤豆景观

简介 高大乔木。成树的树干通常笔直，最高可达40米，只在接近顶部的地方分枝。树干除了落叶留下的疤痕外，树皮光滑，老干呈灰绿色，嫩枝为绿色。叶为二回羽状复叶，长1米以上，叶轴为绿色，复叶聚生在树枝的末端，在旱季完全脱落。在叶子脱落后，会开出大量直径约3.5厘米、富含花蜜的亮黄色花。由于小树通常单干不分枝，加上超过2米长的二回羽状复叶，往往被误认为是蕨类或棕榈树。每个果实是一个扁平蝌蚪状的豆荚，里面只有单独1枚扁平椭圆形、光滑的棕色种子。花期10~12月，果实在4~6月间成熟。

喜温暖潮湿气候，适宜土壤多为酸性。其树形美观，树冠犹如巨伞，茎苍叶秀，高大挺拔，园艺观赏价值极高。本种的木材无臭，稻草色，柔软而轻盈，以前用于制作独木舟，现在用于制作玩具、盒子、鞋跟、层压木材内层和纸。

其叶子含有水溶性物质，可以解蛇毒，主要是矛头蝮属的蛇毒。

植物文化 桫椤豆为离荚豆属唯一受普遍承认的物种，是一种原生于热带美洲的树种，以其生长速度快（每年可达3米）而闻名。

观赏地点 康乐园中种植的桫椤豆目前仅见在507栋西南侧区域有2棵、竹园区域有2棵，是2010年前后才引入栽植的，其俊秀靓丽的枝叶具有极佳的观赏性，是校园非常优良的观赏类乔木资源。

● 507栋南侧桫椤豆景观

● 桫椤豆的花序

● 桫椤豆的叶子

台湾相思

学名：*Acacia confusa* Merr.
别名：台湾柳、相思树、相思子、洋桂花
科属：豆科金合欢属

● 台湾相思的花序

● 台湾相思的荚果

简介 常绿乔木，无毛。枝灰色或褐色，无刺，小枝纤细。苗期第一片真叶为羽状复叶，长大后小叶退化，叶柄变为叶状柄。叶状柄革质，披针形，直或微呈弯镰状，两端渐狭，先端略钝，两面无毛，有明显的纵脉。头状花序球形，单生或2~3个簇生于叶腋。总花梗纤弱。花金黄色，有微香。花萼长约为花冠之半。花瓣淡绿色，雄蕊多数，明显超出花冠之外。荚果扁平，干时深褐色，有光泽，于种子间微缢缩。种子2~8颗，椭圆形，压扁。花期3~10月，果期8~12月。

原产于我国台湾，广东、海南、广西、福建、云南和江西等省区的热带、亚热带地区均有栽培。喜暖热气候，亦耐低温，喜光，亦耐半阴，耐旱瘠土壤，亦耐短期水淹，喜酸性土。根部有根瘤，具有较强的固氮特性，对增加土壤的肥力和绿地的改善很有好处。材质坚硬，可作车轮、桨橹及农具等用材。树皮含单宁。花含芳香油，可作调香原料。

台湾相思的枝、叶均可入药，具有祛腐生肌之功效。

植物文化 台湾相思的花语是忠贞不渝的爱情，寓意相思之情。

观赏地点 康乐园目前有50多棵台湾相思种植在不同区域，其中以304栋南侧、英东田径场东南角、311栋东侧、岭南堂北侧大草坪、小礼堂西北侧大草坪、324栋南侧以及338栋北侧等区域的景观最佳。

● 旧生物楼西北角区域台湾相思景观

● 小礼堂西北侧区域台湾相思景观

● 铁刀木的花序

铁刀木

学名： *Senna siamea* (Lamarck) H. S. Irwin & Barneby
别名： 泰国山扁豆、孟买黑檀、孟买蔷薇木、黑心树
科属： 豆科决明属

简介 乔木，高约10米。树皮灰色，近光滑，稍纵裂。嫩枝有棱条，疏被短柔毛。小叶对生，革质，长圆形或长圆状椭圆形，顶端圆钝，常微凹，有短尖头，基部圆形，上面光滑无毛，下面粉白色，边全缘。总状花序生于枝条顶端的叶腋，并排成伞房花序状。花瓣黄色，阔倒卵形，具短柄。荚果扁平，边缘加厚，被柔毛，熟时带紫褐色。种子10～20颗。花期10～11月，果期12月至翌年1月。

我国福建、台湾南部、广东、海南、广西南部、云南南部和西部都有种植，其中以云南景洪的薪炭林栽培历史较长。其为阳性植物，需强光、适宜温度、耐热、耐旱、耐湿、耐瘠、耐碱、抗污染、易移植。铁刀木终年常绿，枝叶苍翠，叶茂花美，开花期长，病虫害少，属低维护优良树种，可用作园林、行道树及防护林树种，依地形可采取单植、列植、群植方式栽培。木材坚硬致密，耐水湿，不受虫蛀，为上等家具原料。老树材黑色，纹理甚美，可为乐器装饰。

铁刀木的花和叶均可入药，具有抗焦虑、镇定和助睡眠之功效。

植物文化 铁刀木因木材材质坚硬、刀斧难入而得名，是坚强不屈的象征。

观赏地点 康乐园目前种植的铁刀木只有2棵，其中1棵分布在313栋西南边区域、1棵分布在游泳池北侧路边区域。

● 游泳池北侧路边区域铁刀木景观

● 铁刀木的荚果

● 313栋西南边区域铁刀木景观

● 266栋数学楼南侧无忧树景观

● 无忧树的花序

● 无忧树的荚果

无忧树

学名：*Saraca dives* Pierre
别名：火焰花、中国无忧花、姿罗树
科属：豆科无忧花属

简介 乔木，树高5~10米。羽状复叶，叶柄非常柔软无法支撑叶片，因而嫩叶呈垂状，细看宛如一件被雨打湿了的紫色袈裟。每年3~5月间开花，花开时状如火炬，金色花序覆盖整个树冠，远眺仿佛一座金色宝塔。花开后花瓣会变颜色，早晨花开时呈黄色，继而变成橙黄色，到中午时分变成红色，类似木棉花，但比木棉花鲜嫩。花朵时常会散发出一种特有的浓郁香味，沁人肺腑。花朵香味会在午后逐渐消失，但颜色依然保持鲜红，直至晚间凋谢脱落。

原产于印度、斯里兰卡、马来西亚等亚洲热带地区。在我国产于云南、广西南部。喜温暖湿润的亚热带气候，不耐寒。要求排水良好、湿润、肥沃、疏松的沙质土壤。无忧花是近年来新开发的优美花木品种，其花盛开时如团团火焰，令人目不暇接，适合作园林主景、林荫道及市区行道树树种，是绿化、美化、彩化三者结合的园林树种。

无忧树的树皮可入药，用于治疗月经不调和风湿等。

植物文化 据《释迦牟尼传》记载，佛祖的母亲摩耶夫人在回娘家生产的途中经过蓝毗尼花园的一棵树下时，佛祖便从其右肋降生了，后来释迦牟尼创建了佛教，为劳苦大众解除苦难，故人们把这种树称为"无忧树"。在佛教的发源地印度，无忧树被尊为圣树。

观赏地点 康乐园目前有30多棵无忧树，主要种植在415栋旧生物楼西侧、266栋数学楼南侧、268栋北侧、学生宿舍122栋南侧以及教工住宅区667栋东北侧、667栋西南角和670栋南侧等区域。开花季节满树金花，煞是好看。

● 学生宿舍122栋南侧无忧树景观

● 秧青的叶片

● 秧青的花序

● 秧青的荚果

秧青

学名：*Dalbergia assamica* Benth.
别名：思茅黄檀、紫花黄檀
科属：豆科黄檀属

简介 乔木，高7～10米，具平展的分枝。羽状复叶。托叶大，叶状，卵形至卵状披针形，脱落。小叶6～10对，纸质，长圆形或长圆状椭圆形，先端钝、圆或凹入，基部圆形或楔形，两面疏被伏贴短柔毛，上面渐变无毛，细脉纤细密集，两面略隆起。小叶柄被短柔毛，毛很快脱落。圆锥花序腋生，稀疏。荚果阔舌状，长圆形至带状，对种子部分有不显著网纹，有种子1～2（～4）粒。种子肾形，扁平。5月下旬现蕾开花，6月上旬为盛果期，7月出现幼果，11～12月荚果成熟。

分布于我国广西和云南思茅、西双版纳、临沧、保山、德宏等地，四川、广东和贵州等省均有引种栽培。

秧青的根可入药，具有解表散寒、消积除胀之功效。

植物文化 秧青是紫胶虫的寄主树，已经被列入《世界自然保护联盟濒危物种红色名录》。

观赏地点 康乐园目前仅有1棵秧青种植在东区篮球场西侧的围栏边，是校园非常宝贵的乔木类植物资源。

● 东区篮球场西侧围栏边秧青景观

双子叶植物类景观乔木 第三部分

● 羊蹄甲的花

● 羊蹄甲的荚果

羊蹄甲

学名：*Bauhinia purpurea* L.
别名：玲甲花
科属：豆科羊蹄甲属

简介 常绿乔木或直立灌木。托叶常早落。叶片硬革质，近圆形，基部浅心形，先端凹缺或分裂为2裂片。花两性，很少为单性，组成总状花序，伞房花序或圆锥花序。荚果长圆形，带状或线形，通常扁平，开裂，稀不裂。种子圆形或卵形，扁平，种皮深褐色。花期9~12月，果期11月至翌年5月。

原产于我国南部，现我国热带地区大量栽培。性喜温暖湿润的气候，阳光充足的环境，土层深厚、肥沃、排水良好的偏酸性沙质壤土。适合在开阔的平地或平缓的坡地种植。另外，因其适应性强，秋冬季开花，花形优美，花期较长，常作为行道树和园路树。

羊蹄甲的树皮具有健脾开胃之功效，叶具有润肺止咳之功效，花具有消炎去肿之功效。

植物文化 羊蹄甲的花语是亲情、兄弟和睦，也有矢志不渝、誓言、不离不弃、患难与共的寓意。

观赏地点 康乐园中羊蹄甲的种植数量有80多棵，遍布校园各个区域，其中以校医院周边、550栋周边、爪哇堂门前、565栋陆佑堂西北侧等区域的种植数量最多，观赏性最佳。

● 爪哇堂门前羊蹄甲景观

● 校医院东侧绿化区羊蹄甲景观

● 西区新建怡乐路教师公寓D栋楼前银叶金合欢景观

● 银叶金合欢的花

● 银叶金合欢的枝叶

银叶金合欢

学名：*Acacia podalyriifolia*
别名：珍珠相思、真珠相思、昆士兰银条
科属：豆科金合欢属

简介 灌木或小乔木。树皮粗糙，褐色，多分枝，小枝常呈"之"字形弯曲，有小皮孔。托叶针刺状，生于小枝上的较短。二回羽状复叶，叶轴槽状，被灰白色柔毛，有腺体。头状花序簇生于叶腋，花黄色，有香味。荚果膨胀，近圆柱状，褐色，无毛，劲直或弯曲。种子多颗，褐色，卵形。花期3～6月，果期7～11月。

原产于热带美洲，现广布于热带地区。喜阳光，适宜所有排水性良好的土壤，包括贫瘠的土壤。耐旱，种植的第一年须支木桩，生长过程中可作少许修剪以令树形更美观。本种多枝、多刺，可植作绿篱，也可以零星散植于绿地造景。木材坚硬，可为贵重器材。

银叶金合欢的根及荚果均可入药，有收敛、清热之功效。

植物文化 银叶金合欢的花语是稍纵即逝的快乐、享受当下的时光。它的花朵姿态优美，富有美感，是澳大利亚的国花。

观赏地点 康乐园目前仅在西区新建怡乐路教师公寓的各楼宇周边种植有26株银叶金合欢，是近几年在广州园林绿化中引入栽植的优良造景品种，每逢花期，满树花朵金黄灿烂，朝开晚闭，花朵像烟雾，一开就是一团，非常漂亮。

● 西区新建怡乐路教师公寓G栋楼前银叶金合欢景观

● 印度紫檀的花序

● 印度紫檀的叶

● 广寒宫网球场东侧印度紫檀景观

印度紫檀

学名：*Pterocarpus indicus* Willd.
别名：榈木、花榈木、蔷薇木、青龙木、黄柏木、赤血树
科属：豆科紫檀属

简介 落叶大乔木。树皮黑褐色。树干通直而下滑。叶互生，奇数羽状复叶，下垂。小叶互生，卵形，先端锐尖，基部钝形，革质，全缘，托叶线形，早落。花金黄色，蝶形，腋生总状花序或圆锥花序，有香味。荚果，扁圆形，褐色，其中有1～2粒种子，而豆荚的外缘有一圈平展的翅，有利于果实的散布。花期4～5月，果期8～10月。

分布于我国广东、云南、海南等地。喜高温多湿、日照充足的环境。树性强健，生长快速，绿荫遮天，为园景树、行道树之高级树种。木材可用作高级家具（特别是红木家具，本种木材属红木国家标准中的花梨木类），旋切单板可用来作船舶和客车车厢内部装修。该树种产生的树瘤用来制作微薄木非常美丽，是高级家具和细木工的好材料。

印度紫檀的木材可入药，有镇心、安神、舒筋活血、消炎止痛等功效。

植物文化 充满香气的印度紫檀，因为花期相当短暂，所以素有"一日花"之称，但婆娑茂密的冠型使其具有极佳的景观价值。

观赏地点 康乐园目前共种植有9棵印度紫檀，其中学生宿舍136栋西侧、广寒宫网球场东侧、536栋陆达理堂南侧三角绿化区和505栋法学院楼东南侧各种植有1棵，康乐餐厅西侧道路沿线区域种植有5棵。

● 505栋法学院楼东南侧印度紫檀景观

皂荚

学名：*Gleditsia sinensis* Lam.
别名：皂荚树、皂角、猪牙皂、牙皂
科属：豆科皂荚属

简介　落叶乔木或小乔木，高可达30米。枝灰色至深褐色。刺粗壮，圆柱形，常分枝，多呈圆锥状。叶为一回羽状复叶，边缘具细锯齿，上面被短柔毛，下面中脉上稍被柔毛，网脉明显，在两面凸起。小叶柄被短柔毛。花杂性，黄白色，组成总状花序。花序腋生或顶生。雄花花瓣长圆形。荚果带状，劲直或扭曲，果肉稍厚，两面鼓起，弯曲作新月形，内无种子，果瓣革质，褐棕色或红褐色，常被白色粉霜。种子多颗，棕色，光亮。花期3~5月，果期5~12月。

● 皂荚的花序

● 皂荚的荚果

产于我国多省区。皂荚喜光，稍耐阴，在微酸性、石灰质、轻盐碱土甚至黏土或沙土均能正常生长。属于深根性植物，具有较强的耐旱性，寿命可达六七百年。常栽培于庭院或宅旁。木材坚硬，为车辆、家具用材。荚果煎汁可代肥皂用以洗涤丝毛织物。嫩芽可用油盐调食，其种子煮熟糖渍可食。

皂荚的荚果、种子、枝刺等均可入药。荚果入药可祛痰、利尿，种子入药可治癣和通便秘，枝刺入药可活血并治疮癣。

植物文化　皂荚的花语是留住美好的回忆。

观赏地点　康乐园中目前仅在364栋南侧中央绿化带区域有1棵皂荚，每逢花期，满树花朵金黄灿烂，非常漂亮，花后荚果满树，也有极高的观赏价值。

● 364栋南侧中央绿化带区域皂荚景观

五、杜英科

大叶杜英

学名：*Elaeocarpus balansae* A. DC.
别名：尖叶杜英、长芒杜英
科属：杜英科杜英属

● 大叶杜英的花　　● 大叶杜英的果

简介　常绿高大乔木。嫩枝粗大，被锈褐色茸毛。叶革质或纸质，椭圆形，先端短尖，基部心形，常不等侧，初时上下两面被毛，老叶上面秃净，或仅在脉上有毛，下面被锈色茸毛，网脉疏，边缘有浅波状钝齿。总状花序生于当年枝的叶腋内，被褐色茸毛。萼片披针形，先端尖，背面被褐色毛。花瓣5片，倒卵形。核果纺锤形，两端尖，被灰褐色毛，内果皮坚骨质，表面有浅沟。花期4月。

产于云南东南部。喜光，喜温暖至高温湿润气候，深根性，抗风，不耐干旱。层层轮生的枝条自上而下形成塔形的树冠，成年树树干基部的板根十分壮观，开花洁白如贝，芳香，盛夏后硕果累累，是优良的园林风景树和行道树。

大叶杜英的枝、叶均可入药，具有活血、祛瘀、消肿的药用价值。

植物文化　大叶杜英的寓意是顽强朴实，象征着有坚韧品格的人。

观赏地点　康乐园共种植了50多棵大叶杜英，主要分布在熊德龙活动中心西侧、锡昌堂西南角、岭南三堂东侧、曾宪梓堂北院东南侧、康乐园餐厅西侧园西湖沿线、西翠园、634栋南侧、719栋北侧、721栋北侧和南侧以及附属小学操场南侧沿线等区域。开花季节，满树洁白的花绽放，景观非常壮观。

● 曾宪梓堂北院东南侧绿化区大叶杜英景观

● 岭南三堂东侧绿化区大叶杜英景观

● 水石榕的果实

水石榕

学名：*Elaeocarpus hainanensis* Oliver
别名：海南杜英、水柳树、海南胆八树
科属：杜英科杜英属

● 水石榕的花

简介 常绿小乔木。具假单轴分枝,树冠宽广,嫩枝无毛。叶革质,狭窄倒披针形,先端尖,基部楔形,幼时上下两面均秃净,老叶上面深绿色,干后发亮,下面浅绿色,侧脉在上面明显,在下面突起,网脉在下面稍突起,边缘密生小钝齿。总状花序生当年枝的叶腋内,花较大。苞片叶状,无柄,卵形,两面有微毛,边缘有齿突,基部圆形或耳形,有网状脉及侧脉,宿存。萼片5片,披针形,被柔毛。花瓣白色,与萼片等长,倒卵形,外侧有柔毛,先端撕裂。核果纺锤形,两端尖,内果皮坚骨质,表面有浅沟。花期6~7月。

产于海南、广西南部及云南东南部。喜高温多湿气候,喜半阴,不耐干旱,喜湿但不耐积水,喜肥沃和富含有机质的土壤。水石榕四季常绿,树形优美,花期长,花瓣洁白淡雅,为优良的园林观赏和生态公益林树种。因喜半阴环境,适合在庭院、草地和路旁作为第二林层栽植。也可盆栽观赏。

水石榕的枝、叶均可入药,可治疗多种疼痛疾病。

植物文化 水石榕花的花语有谦逊、美德、坚定不移等。

观赏地点 康乐园中水石榕的种植数量不是很多,目前仅见在240栋东侧有2棵、游泳池北侧道路边有3棵、曾宪梓堂北院南北两侧各有2棵、幼儿园西湖园区西南角有1棵。

● 曾宪梓堂北院蒲蛰龙雕塑前水石榕景观

● 幼儿园西湖园区西南角区域水石榕景观

● 锡兰杜英的花序

● 锡兰杜英的果

● 锡兰杜英的叶

锡兰杜英

学名：*Canarium zeylanicum* (Retz.) Blume
别名：锡兰橄榄、锡兰榄、南亚杜英
科属：杜英科杜英属

简介 常绿乔木。叶互生，椭圆形，表面浓绿、光滑，边缘有锯齿，嫩叶浅红色，老叶凋落干后转为橘红或浓红色。花期7~9月，果期11~12月。

原产于印度、锡兰，主要分布于我国福建、广东，其次分布于广西、海南、台湾。此外，四川、云南及浙江南部亦有少量分布。喜暖忌冻，在引种栽培时应注意选择向阳的坡地。锡兰杜英的树干通直，树姿优雅，可作为公路市街行道树。其果实可食用，较橄榄肉薄、味酸，不耐贮藏，多加工腌制成蜜饯，或做成果酱；种仁富含油分，约占核仁的32%，可制中等润滑油。

锡兰杜英的根可入药，具有祛风止痛、濡筋续骨之功效。

植物文化 锡兰杜英的果实外形很像橄榄，却不是真正的橄榄。

观赏地点 康乐园中目前仅见竹园荫棚东南角区域种植有1棵锡兰杜英。

● 竹园荫棚东南角区域锡兰杜英景观

六、椴树科

● 241栋东侧沙池边破布树景观

● 316栋东南角破布树景观

破布树

学名：*Strophanthus divaricatus* (Lour.) Hook. et Arn.
别名：布渣、包蔽木、泡卜布、布包木、狗具木
科属：椴树科破布属

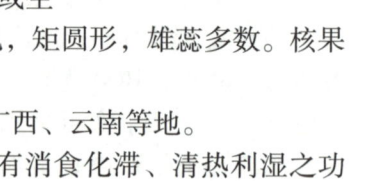

● 破布树的果

简介 灌木或小乔木，高3~10米。树皮灰黑色。叶互生，纸质，具短柄，卵形或卵状矩圆形，先端渐尖，基部浑圆，边缘有不明显锯齿，秃净或叶柄及主脉上被星状柔毛。托叶对生，线状披针形。圆锥花序顶生或生于上部叶腋内，被星状柔毛。花2~3朵聚生于苞片内，花瓣5枚，黄色，矩圆形，雄蕊多数。核果近倒卵形，秃净，全缘，核有毛。花期7~9月，果期10~12月。

分布于非洲、印度、马来西亚。在我国主要分布于广东、海南、广西、云南等地。

破布树的叶片可入药，具有消食化滞、清热利湿之功效，用于饮食积滞、感冒发热、湿热黄疸、消化不良、腹泻等症状。

植物文化 破布树的叶片为广州王老吉药业的品牌产品之一，王老吉凉茶就由破布树叶、仙草、蛋花、菊花、金银花、夏枯草和甘草等草本植物运用古方制成。

观赏地点 康乐园中破布树的种植数量不是很多，目前仅见在241栋东侧沙池边种植1棵、陈寅恪故居南侧区域种植1棵、316栋东南角区域种植1棵。

● 破布树的花

七、番木瓜科

● 番木瓜的花

番木瓜

学名：*Carica papaya* L.
别名：木瓜、番瓜、万寿果、乳瓜、石瓜、蓬生果
科属：番木瓜科番木瓜属

简介 常绿软木质小乔木。叶大，聚生于茎顶端，近盾形，叶柄中空。植株有雄株、雌株和两性株。花无梗。萼片基部连合。花冠乳黄色，冠管细管状，花冠裂片5，披针形，子房上位，卵球形，无柄，近流苏状。浆果肉质，成熟时橙黄色或黄色，长圆球形、倒卵状长圆球形或近圆球形，果肉柔软多汁，味香甜。种子多数，卵球形，成熟时黑色，外种皮肉质，内种皮木质，具皱纹。花果期全年。

原产于墨西哥南部以及邻近的美洲中部地区，在我国主要分布在广东、海南、广西、云南、福建等省区。喜高温多湿热带气候，不耐寒，遇霜即凋萎，因根系较浅，忌大风，忌积水。对地势要求不严，丘陵、山地都可栽培，对土壤适应性较强，但以疏松、肥沃的沙质壤土或壤土为好。

番木瓜果皮光滑美观，果肉厚实细致、香气浓郁、汁水丰多、甜美可口、营养丰富，有"百益之果""水果之皇""万寿瓜"之雅称，是岭南四大名果之一。番木瓜的果实不仅可以作水果、蔬菜，还有多种药用价值。成熟的果实营养丰富，维生素C含量高，有助消化，可治胃病。

番木瓜入药可解酒，并且还对顺气和止痢有一定的疗效。

植物文化 番木瓜的花语是诱惑。

观赏地点 康乐园中有少量番木瓜分布在各区域，其中以西区各楼栋周边区域的种植数量最多，基本都是教职工在楼宇周边种植的，景观效果一般。

● 528栋西侧区域番木瓜景观

● 525栋东北角区域番木瓜景观

● 番木瓜的果

八、番荔枝科

牛心果

学名：*Annona reticulatae*
别名：牛心梨
科属：番荔枝科番荔枝属

● 牛心果的叶

● 牛心果的果

● 紫荆园餐厅西北角区域牛心果景观

简介 乔木，高约6米。枝有瘤状突起。叶互生，叶片纸质，长圆状披针形，先端渐尖，基部阔楔形或钝，侧脉在上面扁平，下面凸起。花2～10朵成束，总花梗与叶对生或互生。萼片3枚，卵圆形。内轮花瓣退化成鳞片状，外轮花瓣长圆形，肉质，黄色，基部紫色。心皮多数，长圆形，被长柔毛，每心皮有胚珠1颗。果实由多数不分开的心皮连合成一肉质聚合浆果，圆球状心形，成熟时暗黄色，果肉牛油状。种子长卵圆形。花期冬末至早春，果期翌年4～7月。

原产于热带美洲，现亚洲热带地区广泛栽培。我国福建、台湾、广东、广西和云南均有引种栽培。果实可食，为热带地区著名水果。其树冠遮阴度高，是校园、公园等区域优良的观果类行道树或观赏树。

牛心果可入药，具有清热、止泻、驱虫的功效，通常用于治疗发烧、痢疾和肠道寄生虫病。

植物文化 牛心果不仅是一种美味可口的果品，还具有广泛的医疗价值和保健功效，长期食用可以预防和治疗多种疾病。

观赏地点 康乐园中目前仅见在紫荆园餐厅西北角花园区域种植有2棵牛心果，为早年热心的中大教职工所种植。

● 紫荆园餐厅西北广场区域牛心果景观

九、橄榄科

橄榄

学名：*Canarium album* (Lour.) Raeusch.
别名：白榄、黄榄、青果、山榄、红榄、青子、谏果、忠果
科属：橄榄科橄榄属

简介 乔木，高10～25米，胸径可达150厘米。小枝幼部被黄棕色绒毛，很快变无毛。髓部周围有柱状维管束，稀在中央亦有若干维管束。有托叶，仅芽时存在，着生于近叶柄基部的枝干上。叶纸质至革质，披针形或椭圆形，无毛或在背面叶脉上散生刚毛，背面有极细小疣状突起。花序腋生，微被绒毛至无毛。雄花序为聚伞圆锥花序，多花，雌花序为总状。花期4～5月，果10～12月成熟。

产于我国福建、台湾、广东、广西、云南等地，分布于越南北部至中部，日本（长崎、冲绳）及马来半岛有栽培。野生于海拔1300米以下的沟谷和山坡杂木林中，或栽培于庭园、村旁，为很好的防风树及行道树种。木材可造船，作枕木，也可制家具、农具及作建筑用材等。果可生食或渍制。核供雕刻。种仁可食，亦可榨油，油用于制肥皂或作润滑油。橄榄有生津止渴、治喉痛、解酒毒和鱼毒、治骨鲠等功效。

植物文化 橄榄的花语是和平、天堂、珍贵、荣誉。人们将橄榄称为"天堂之果"，在希腊神话中，众神赠给人类最宝贵的礼物是橄榄树，而在雅典这个古代奥运会的发源地，当时获胜者的唯一奖品就是橄榄枝。

观赏地点 康乐园中橄榄的种植数量非常稀少，目前仅见4棵。其中，340栋西南角有1棵，胸径已达60多厘米，非常雄壮大气，观赏性极佳。此外，324栋南侧区域还有3棵。

● 324栋南侧绿化区橄榄景观

● 340栋西南角区域橄榄景观

● 橄榄的花枝

● 橄榄的果

● 乌榄的叶

● 乌榄的果实

乌榄

学名：*Canarium pimela* Leenh.
别名：黑榄、木威子
科属：橄榄科橄榄属

简介 乔木。小枝粗，干时紫褐色。无托叶。小叶纸质至革质，无毛，宽椭圆形、卵形或圆形，稀长圆形。花序腋生，为疏散的聚伞圆锥花序，无毛。果具长柄，果萼近扁平，果成熟时紫黑色，狭卵圆形，外果皮较薄，干时有细皱纹。种子1~2粒。花期4~5月，果期5~11月。

产于我国广东、广西、海南、云南，各地均有栽培。对土壤要求不严格，只要土壤深厚、疏松、排水良好即可，具有一定肥力的山地也能种植。

乌榄根入药，可治风湿腰腿痛、手足麻木、胃痛、烫火伤；果仁可以止血化痰、利水消肿；叶具有清热解毒、消肿止痛之功效。

植物文化 榄雕是广东特色雕刻工艺，以乌榄核为原料，首创于广州增城新塘镇，在明代已盛行，至清代成为历年的贡品。历史上最为出名的榄雕是清代咸丰年间新塘老艺人湛谷生的"苏东坡夜游赤壁"花船，被称为"雕刻之王"，今保存在增城文化馆。2008年，广州榄雕被列入第二批国家级非物质文化遗产名录。

观赏地点 康乐园中目前只种植有7棵乌榄，其中305栋东北角有1棵、346栋东北角有1棵、510栋北侧有1棵、550栋北侧有1棵、竹园有1棵，西区607栋西边角和616栋西北角各有1棵。

● 346栋东北角区域乌榄景观

● 510栋北侧绿化区乌榄景观

十、夹竹桃科

倒吊笔

学名：*Wrightia pubescens* R. Br.
别名：九龙木、墨柱根、章表根、苦常、土北芪、枝桐木、猪松木、刀柄
科属：夹竹桃科倒吊笔属

简介 常绿乔木，含乳汁。树皮黄灰褐色，浅裂。枝圆柱状，小枝被黄色柔毛，老时毛渐脱落，密生皮孔。叶坚纸质，卵圆形或卵状长圆形。聚伞花序内面基部有腺体。花冠漏斗状，白色、浅黄色或粉红色。副花冠呈流苏状。雄蕊伸出花喉之外，花药箭头状，被短柔毛。子房由2枚粘生心皮组成，柱头卵形。种子线状纺锤形，黄褐色，顶端具淡黄色绢质种毛。花期4~8月，果期8月至翌年2月。

广泛分布于南亚诸国及我国南部多省。为阳性树种，适生于土壤深厚、肥沃、湿润而无风的低谷地或平坦地。木材纹理通直，结构细致，材质稍软而轻，加工容易，干燥后不开裂、不变形，适于作轻巧的上等家具、铅笔杆、图章雕刻、乐器用材。树皮纤维可制人造棉及造纸。树形美观，庭园中可作栽培观赏。

● 536栋陆达理堂西侧绿化区倒吊笔景观

倒吊笔的根和叶均可入药，有祛风解表、清热解毒之功效，可用于治疗颈淋巴结结核、风湿关节炎、腰腿痛、慢性支气管炎、黄疸型肝炎、肝硬化腹水等。

观赏地点 康乐园目前种植的倒吊笔大概有12棵，主要分布在305栋西南侧、311栋东侧、346栋南侧、图书馆西北侧坡面区、410栋南侧、415栋旧生物楼东南侧、536栋陆达理堂西侧以及贺丹青堂东侧等区域。

● 415栋旧生物楼东南侧绿化区倒吊笔景观

● 倒吊笔的果

● 倒吊笔的花

海杧果

学名：*Cerbera manghas* Linn.
别名：黄金茄、牛金茄、牛心荔、黄金调、山杧果、香军树
科属：夹竹桃科海杧果属

● 332栋门口路边区域海杧果景观

简介 常绿乔木。树皮灰褐色。枝条粗厚，绿色，具不明显皮孔，无毛。全株具丰富乳汁。叶厚纸质，倒卵状长圆形或倒卵状披针形，无毛，叶面深绿色，叶背浅绿色，中脉和侧脉在叶面扁平，在叶背凸起，侧脉在叶缘前网结。花白色，芳香。总花梗和花梗绿色，无毛，具不明显的斑点。花冠筒圆筒形，上部膨大，下部缩小。核果双生或单个，阔卵形或球形，未成熟时绿色，成熟时橙黄色。种子通常1颗。花期3~10月，果期7月至翌年4月。

产于广东南部、广西南部、海南和台湾，以海南分布为多。喜温暖湿润气候。花多、美丽而芳香，叶深绿色，树冠美观，可作庭园、公园、道路绿化及在湖旁周围栽植观赏。

海杧果的根部及树汁具有祛风湿的功效，且树汁还有强心作用，但因含剧毒，只宜外敷，不能内服。

植物文化 海杧果全株有毒，因此花语为远观。

观赏地点 康乐园目前只种植有3棵海杧果，其中1棵胸径约60厘米的海杧果种植在图书馆文化广场东南侧绿化槽区域，1棵胸径约50厘米的海杧果种植在332栋门口路边区域，1棵胸径约30厘米的海杧果种植在游泳池北侧路边。每逢花期，满树白花，争相斗艳，芳香美观，引来很多师生驻足观望。

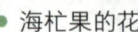

● 海杧果的花

● 海杧果的果

● 图书馆文化广场东南侧绿化槽区域海杧果景观

红花鸡蛋花

学名：*Plumeria rubra* L. cv. Acutifolia
别名：红花缅栀子、红花蛋黄花、印度素馨、大季花
科属：夹竹桃科鸡蛋花属

● 红花鸡蛋花的花

简介　落叶小乔木。小枝肥厚，带肉质，具丰富乳汁，绿色，无毛。叶互生，多簇生于枝条上部，阔披针形或长椭圆形。聚伞花序顶生，花冠漏斗状，裂片5枚，回旋覆瓦状排列，粉红色，具芳香。花期5~11月，栽培极少结果。

原产于美洲的墨西哥至委内瑞拉一带，目前已遍布全世界热带及亚热带地区。阳性树种，性喜高温湿润和阳光充足的环境。以深厚肥沃、通透性良好、富含有机质的酸性沙壤土为佳。耐干旱，忌涝渍，抗逆性好。每年五六月间，高雅端庄的红花鸡蛋花便会陆续绽放，花期非常长。红花鸡蛋花树姿优美，适合作庭园美化或大型盆栽观赏，是热带、亚热带地区园林绿化、庭园布置的佳品。

红花鸡蛋花的花经晾晒干后可以作为一味中药，具有清热解暑、润肺润喉之功效，还可以治疗咽喉疼痛等疾病。

植物文化　在我国西双版纳以及东南亚一些国家，红花鸡蛋花被佛教寺院定为"五树六花"之一而被广泛栽植，故又名"庙树"或"塔树"。

观赏地点　红花鸡蛋花在康乐园引入种植的时间相对比较晚，数量也不多，目前仅见在冼为坚堂内庭小花园、新体育馆西侧、马文辉堂南侧小花园以及西区新建怡乐路教师公寓E栋和G栋等楼宇周边区域有少量种植，开花季节，观赏性极佳。

● 红花鸡蛋花的枝叶

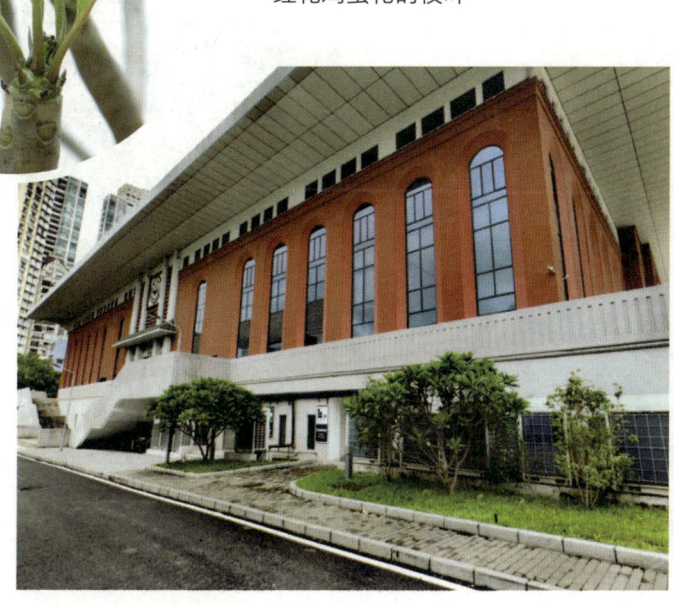

● 新体育馆西侧绿化区红花鸡蛋花景观

● 冼为坚堂内庭小花园红花鸡蛋花景观

● 522栋北边区域黄花鸡蛋花景观

● 黄花鸡蛋花的花

● 黄花鸡蛋花的枝叶

黄花鸡蛋花

学名：*Plumeria rubra* L. cv. Acutifolia
别名：缅栀子、蛋黄花、印度素馨、大季花
科属：夹竹桃科鸡蛋花属

简介 落叶小乔木。枝条粗壮，带肉质，具丰富乳汁，绿色，无毛。叶厚纸质，长圆状倒披针形或长椭圆形，顶端短渐尖，基部狭楔形，叶面深绿色，叶背浅绿色，两面无毛。聚伞花序顶生，花冠外面白色，花冠筒外面及裂片外面左边略带淡红色斑纹，花冠内面黄色。蓇葖双生，广歧，圆筒形，向端部渐尖，绿色，无毛。种子斜长圆形，扁平。花期5~10月，栽培极少结果。

原产于墨西哥，现广植于亚洲热带及亚热带地区。黄花鸡蛋花是阳性树种，性喜高温湿润和阳光充足的环境，以深厚肥沃、通透性良好、富含有机质的酸性沙壤土为佳。耐干旱，忌涝渍，抗逆性好。在园林绿化中，黄花鸡蛋花同时具备绿化、美化、香化等多种效果，已成为我国南方绿化中不可或缺的优良树种。

黄花鸡蛋花的花经晾晒干后可以作为一味中药，具有清热解暑、润肺润喉的作用，还可以治疗咽喉疼痛等疾病。

植物文化 黄花鸡蛋花的花语是孕育希望、复活、新生。它是广东肇庆的市花。

观赏地点 黄花鸡蛋花在康乐园各区域都有种植，目前约有100棵，其中以岭南三堂东侧、278栋西侧、307栋体育部办公楼门前、梁銶琚堂南北侧内庭小花园以及模范村古建筑群周边等区域的黄花鸡蛋花景观最为美观。

● 梁銶琚堂北侧内庭小花园黄花鸡蛋花景观

● 玫瑰树的果

玫瑰树

学名：*Ochrosia maculata* Jacq.
别名：玫瑰木
科属：夹竹桃科玫瑰树属

简介 乔木，高约4米。小枝灰白色，节间长约1厘米。叶在枝的上部3~4片轮生，下部对生，近革质，倒卵形，顶端钝或圆形，基部楔形，叶面亮绿色，叶背淡绿色。聚伞花序伞形状或伞房状，花冠白色，高脚碟状，花冠筒圆筒状，上部膨大，外面无毛，内面在中部以下被短柔毛，花冠裂片长圆形。核果2个，肉质，红色，内有种子3颗。花期6月，果期6~9月。

分布于马来西亚、新加坡、印度尼西亚、越南、斯里兰卡和马达加斯加等地，我国广东南部有栽培。玫瑰树的花香、果美，且花果期较长，是一种极具观赏性的园林树种。玫瑰树的木材贵重，是制作乐器的好木材。

玫瑰树制成的精油可以治疗多种疾病。已知它在精神方面有助于平静情绪、提神、减轻焦虑、治疗性冷淡，还有缓解疲劳的功用。生理方面具有治疗痤疮、皮炎、瘢痕和敏感皮肤等功效。

观赏地点 康乐园中玫瑰树的种植数量非常稀少，目前仅见在536栋陆达理堂南侧三角绿化区有2棵。

● 玫瑰树的叶

● 536栋陆达理堂南侧三角绿化区玫瑰树景观

● 盆架子的花

● 盆架子的蓇葖果

盆架子

学名：*Alstonia scholaris* (L.) R. Br.
别名：糖胶树、象皮树、灯架树、黑板树、乳木、魔神树
科属：夹竹桃科鸡骨常山属

● 364栋南侧区域盆架子景观

简介 乔木。枝轮生，具乳汁，无毛。叶轮生，倒卵状长圆形、倒披针形或匙形，稀椭圆形或长圆形，侧脉密生而平行，近水平横出至叶缘联结。花白色，多朵组成稠密的聚伞花序，顶生，被柔毛。花冠高脚碟状，花冠筒中部以上膨大，内面被柔毛，裂片在花蕾时或裂片基部向左覆盖，长圆形或卵状长圆形，花盘环状。蓇葖果，细长，线形，外果皮近革质，灰白色。种子长圆形，红棕色，两端被红棕色长缘毛。花期6~11月，果期10月至翌年4月。

我国广西南部、西部和云南南部有野生，广东、湖南和台湾等地均有引种栽培。喜湿润、肥沃的土壤，在水边生长良好，为次生阔叶林主要树种，是南方较好的行道树，也是点缀庭园的好树种。

盆架子的根、树皮、叶均可入药，有清热解毒、祛痰止咳、止血消肿之功效。

植物文化 盆架子的果实是细长的荚果，所以也被称为"面条树"。其木质为制作黑板的材料，故又名"黑板树"。

观赏地点 康乐园中目前种植的盆架子数量有142棵，遍布校园各处，其中以学生宿舍134栋、173栋、180栋、364栋、351栋周边，锡昌堂楼前，305栋东侧，332栋北侧，571栋哲生堂南侧等区域的景观最佳。大部分区域均成排种植，景观效果极佳。每年开花季节，特殊的浓香弥漫校园，给每一个中大人留下了难忘的记忆。

● 锡昌堂楼前盆架子景观

蕊木

● 蕊木的叶

● 蕊木的果

学名：*Kopsia arborea*
别名：假乌榄树
科属：夹竹桃科蕊木属

简介 常绿小乔木。叶革质，卵状长圆形，两面无毛，略具光泽，顶端急尖，叶柄粗壮。复总状聚伞花序，着花多朵。花冠白色，冠筒比冠片长。萼片圆形，边缘有睫毛。雄蕊着生于冠筒喉部。每心皮有胚珠2颗，倒生。核果未熟时绿色，成熟后变黑色，近椭圆形，顶端圆形。种子1～2颗。花期4～6月，果期7～12月。

分布于我国广东、海南、广西、云南南部。喜光，喜高温湿润气候，喜土质疏松、肥沃的土壤，亦耐水湿。生长于低海拔的溪边、疏林向阳处和山谷潮湿的地方。树形整齐美丽，枝叶婆娑，叶大且具光泽，翠绿欲滴，花大而洁白，十分美丽，可列植、丛植作为行道树和庭荫树，也可在水边、草地林缘种植。

蕊木树皮入药，可治疗水肿及麻风病；果叶入药，有消炎、舒筋活络之药效，可用来治疗喉炎、扁桃体炎、风湿等。

植物文化 蕊木因分布地狭小，易受各种恶劣因素影响，其生存状况不容乐观，被列为国家一级保护植物。

观赏地点 康乐园中蕊木的种植数量非常稀少，目前仅见在竹园荫棚东南角区域种植有1棵。

● 蕊木的花

● 竹园荫棚东南角区域蕊木景观

十一、金缕梅科

枫香

学名：*Liquidambar formosana* Hance
别名：枫香树、湾香胶树、枫子树、香枫、白胶香、鸡枫树
科属：金缕梅科枫香树属

简介 落叶乔木。树皮灰褐色，方块状剥落。小枝干后灰色，被柔毛，略有皮孔。叶薄革质，阔卵形，掌状3裂，中央裂片较长，先端尾状渐尖。雄性短穗状花序常多个排成总状。头状果序圆球形，木质。蒴果下半部藏于花序轴内，有宿存花柱及针刺状萼齿。种子多数，褐色，多角形或有窄翅。

产于我国秦岭及淮河以南各省。喜温暖湿润气候，喜光，幼树稍耐阴，耐干旱、瘠薄土壤，不耐水涝，在湿润、肥沃而深厚的红黄壤土上生长良好。深根性，主根粗长，抗风力强，不耐移植及修剪。

枫香可在园林中栽作庭荫树，也可于草地孤植、丛植，或于山坡、池畔与其他树木混植。倘与常绿树丛配合种植，秋季红绿相衬，会显得格外美丽。又因枫香具有较强的耐火性和对有毒气体的抗性，可用于厂矿区绿化。但因不耐修剪，大树移植又较困难，故一般不宜用作行道树。木材稍坚硬，可制家具及贵重商品的装箱。

枫香的树脂可供药用，能解毒止痛、止血生肌；根、叶及果实亦可入药，有祛风除湿、通络活血的功效。

植物文化 枫香是我国苗族人民寄予希望和崇拜的"神树"。

观赏地点 康乐园中目前种植的枫香有17棵，主要分布在311栋东北侧、313栋东南侧、323栋东侧、324栋南侧、329栋东侧、378栋西侧、493栋研究生院楼西侧以及激光楼西南侧等区域，其树体高大俊秀，观赏性极佳。

● 激光楼西南侧绿化区枫香景观

● 康乐路英东体育馆北侧路边枫香景观

● 枫香的花

● 枫香的蒴果

十二、金丝桃科

黄牛木

学名：*Cratoxylum cochinchinense* (Lour.) Bl.
别名：黄牛茶、雀笼木、黄芽木、梅低优（傣语）
科属：金丝桃科黄牛木属

● 黄牛木的树干

简介 落叶灌木或乔木。全体无毛，树干下部有簇生的长枝刺。树皮灰黄色或灰褐色，平滑或有细条纹。枝条对生，幼枝略扁，无毛，淡红色，节上叶柄间线痕连续或间有中断。叶片椭圆形至长椭圆形或披针形。聚伞花序腋生或腋外生及顶生。花瓣粉红、深红至红黄色，倒卵形。蒴果椭圆形，棕色，无毛。种子倒卵形。花期4~5月，果期6月以后。

我国广东、广西、云南等地有野生分布。喜湿润、酸性土壤，耐干旱，萌发力强。树冠圆整，枝叶较密，可作行道树或观赏树。花微香，为蜜源植物。幼果供作烹调香料。

黄牛木的根、树皮、嫩叶均可入药，有清热解毒、化湿消滞、祛瘀消肿之功效。嫩叶还可制作清凉饮料，能解暑热烦渴。

植物文化 黄牛木的木材非常坚硬，纹理精致，为名贵雕刻木材，也可制作雀笼（广东的精美鸟笼即由本种的木材制成），故又有"雀笼木"之名。

观赏地点 康乐园目前仅种植有9棵黄牛木，其中1棵位于马岗顶338栋东北区、5棵位于陈寅恪故居西侧区域、3棵位于312栋南侧区域。

● 陈寅恪故居西侧区域黄牛木景观

● 马岗顶338栋东北区黄牛木景观

● 黄牛木的花

十三、锦葵科

● 澳洲火焰木的叶

● 澳洲火焰木的花

澳洲火焰木

学名：*Brachychiton acerifolius* (A. Cunn. ex G. Don) F. Muell.
别名：槭叶苹婆、火焰酒瓶树、槭叶瓶干树
科属：锦葵科酒瓶树属

简介 常绿乔木，株高10~20米。树干通直，灰白色，易分枝。叶为奇数羽状复叶，全缘，小叶具短柄，卵状披针形或长椭圆形。圆锥或总状花序，顶生，花冠钟形，红色或橙红色。蒴果长圆状棱形，果瓣赤褐色，近木质。种子有膜质翅。花期4~8月。

原产于澳大利亚，现我国已引进种植。性喜湿润、强光、耐旱、耐酸、耐寒，抗病性强，虫害较少，易移植。树形十分优美，整株成塔形或伞形，叶形优雅，四季葱翠美观，花色艳丽，花量丰富，适合作行道树、庭园树等。

澳洲火焰木的果入药，有消积止痢、活血止血之功效；根入药，有清热凉血之功效；叶入药，有清热解毒之功效。

植物文化 澳洲火焰木的花语是无忧无虑、用我的热情抚平你受伤的心。花朵盛开时，远望如熊熊燃烧的火焰，十分壮观，因此人们叫它"火焰木"，也有人把它叫作"情人树"。

观赏地点 澳洲火焰木引入康乐园的时间不是很长，目前仅见350栋荣光堂东北侧停车场周边种植有20多棵、测试大楼东南侧种植有2棵、171栋西北侧种植有6棵。每逢花期，其满树红花如同火焰般壮丽，是校园优良的观花类乔木资源。

● 测试大楼东南侧绿化区澳洲火焰木景观

● 荣光堂东北侧停车场周边澳洲火焰木景观

黄槿

● 黄槿的花和叶

学名：*Talipariti tiliaceum* (L.) Fryxell.
别名：糕仔树、桐花、盐水面夹果、朴仔、榄麻、海麻
科属：锦葵科木槿属

简介 常绿灌木或乔木，高4~10米。树皮灰白色。小枝无毛或近于无毛，很少被星状绒毛或星状柔毛。叶革质，近圆形或广卵形，先端突尖，有时短渐尖，基部心形，全缘或具不明显细圆齿，上面绿色，嫩时被极细星状毛，逐渐变平滑无毛，下面密被灰白色星状柔毛。花序顶生或腋生，常数花排列成聚伞花序。花瓣黄色，内面基部暗紫色，倒卵形，外面密被黄色星状柔毛。蒴果卵圆形，被绒毛。种子光滑，肾形。花期6~8月。

分布于我国广东、广西等省区。喜阳光，耐旱，耐贫瘠，土壤以沙壤土为佳。抗风力强，有防风定沙之功效，耐盐碱能力好，可作行道树及海岸美化植栽。民间取其叶制粿，故有"粿叶"之称。树皮纤维供制绳索，嫩枝叶供蔬食。木材坚硬致密，耐朽力强，适于建筑、造船及家具等用。

黄瑾可入药，具有清热解毒、散瘀消肿等功效，主治木薯中毒，外用治疮疖肿毒。

植物文化 黄槿的花语是素静的表达，金色的抚摸。黄槿花的美是独特的，金黄的色彩，就像充满爱的阳光，体现了一种热烈而奔放的动态；淡淡的、若有若无的香味，表达了一种无声无息的静态。

观赏地点 康乐园目前种植有5棵黄槿，其中1棵种植在榕树头单车棚前面、4棵种植在新建生命科学楼南侧围墙边。

● 黄槿的蒴果

● 榕树头单车棚前黄槿景观

● 新建生命科学楼南侧围墙边黄槿景观

● 329栋北侧绿化区假苹婆景观

● 278栋北侧区域假苹婆景观

● 假苹婆的果实

● 假苹婆的叶

假苹婆

学名：*Sterculia lanceolata* Cav.
别名：七姐果、赛苹婆、鸡冠木、红郎伞、山木棉、狗麻
科属：锦葵科苹婆属

简介 常绿乔木。小枝幼时被毛。叶椭圆形或椭圆状披针形，顶端急尖，基部钝形或近圆形。圆锥花序腋生，密集且多分枝。花淡红色，萼片5枚，仅于基部连合，向外开展如星状。蓇葖果鲜红色，长卵形或长椭圆形，顶端有喙，基部渐狭，密被短柔毛。种子黑褐色，椭圆状卵形。每果有种子2～4颗。花期4～6月。

产于广东、广西南部、福建东南部等地。假苹婆性喜阳光，喜温暖湿润气候，对土壤要求不严。树冠浓密，叶常绿，树形美观，不易落叶，是一种很好的行道树。种子可供食用。

假苹婆的根、叶均可入药，有舒筋通络、祛风活血之功效。

植物文化 假苹婆花的花语是随缘。

观赏地点 康乐园目前共种植有8棵假苹婆，其中春晖园食堂东侧有1棵、262栋东侧有1棵、278栋北侧有1棵、305栋东侧有1棵、329栋东侧和北侧各有1棵、378栋东南角有1棵、681栋东南侧有1棵。

● 假苹婆的花

胖大海

学名：*Scaphium wallichii* Schott & Endl.
别名：大海、大海子、大洞果、大发
科属：锦葵科胖大海属

● 胖大海的叶

● 胖大海的果实

简介 落叶乔木，高可达40米。单叶互生，叶片革质，卵形或椭圆状披针形，通常3裂，全缘，光滑无毛。圆锥花序顶生或腋生，花杂性同株。花萼钟状，深裂。蓇葖果1~5个，着生于果梗，呈船形。种子棱形或倒卵形，深褐色和土黄色。4~6月果实成熟开裂时，采收种子，晒干用。

产于泰国、柬埔寨、马来西亚等国，我国早年引入栽培。为热带喜阳树种，月平均温度降至20℃以下时停止生长。成龄树较耐旱。

胖大海的种子可入药，具有清肺化痰、利咽开音、润肠通便之功效。

植物文化 《本草纲目拾遗》表述，胖大海出安南大洞山，产至阴之地，其性纯阴，能治六经之火。以水泡之，层层胀大，故得名胖大海。

观赏地点 康乐园目前只有1棵胸径约30厘米的胖大海种植在进士牌坊东北绿化区域，树干挺直，冠幅如伞，观赏性极佳。

● 进士牌坊东北绿化区胖大海景观

● 松园湖南侧三角绿化区苹婆景观

● 模范村510栋西北侧绿化区苹婆景观

苹婆

学名：*Sterculia nobilis* Smith
别名：频婆、凤眼果
科属：锦葵科苹婆属

● 苹婆的蓇葖果

● 苹婆的花序

简介 乔木。树皮褐黑色。小枝幼时略有星状毛。叶薄革质，矩圆形或椭圆形，顶端急尖或钝，基部浑圆或钝，两面均无毛。圆锥花序顶生或腋生，柔弱且披散，有短柔毛。花奶黄色，5裂，单性或双性，雌雄同株，形态像细小灯笼。蓇葖果鲜红色，厚革质，矩圆状卵形，顶端有喙，每果内有种子1~4颗。种子椭圆形或矩圆形，黑褐色。花期4~5月，但在10~11月常可见少数植株开第二次花。

原产于中国、印度、越南、印度尼西亚等地，在我国广东以南常栽植为庭院树。喜温暖湿润气候，耐荫蔽。树冠浓密，叶常绿，树形美观，不易落叶，是一种很好的行道树。木材轻韧，可制器具。种子可供食用，种子煨熟的味道如栗子。

苹婆的种子可温胃、杀虫；果荚可用于治中耳炎、血痢、疝气，外用可治痔疮；根可治胃溃疡；树皮可治哮喘。

植物文化 苹婆的花语是一切随缘。在广东习俗中，苹婆果实是七姐诞的祭品，若没有则会用假苹婆果实代替。

观赏地点 康乐园目前共种植有7棵苹婆，其中313栋西南角有1棵、校医院东侧区域有1棵、松园湖南侧三角绿化区有1棵、模范村510栋西北侧区域有1棵、519栋东南角区域有1棵、573栋配电房东北角区域有1棵、康乐园餐厅西侧区域有1棵。

梧桐

学名：*Firmiana simplex* (L.) W. Wight
别名：青桐、中国梧桐、桐麻、梧树
科属：锦葵科梧桐属

● 梧桐的叶

● 梧桐的花

简介 落叶乔木，高达15米。树皮青绿色，平滑。叶呈心形，掌状3~5裂，裂片三角形，顶端渐尖，基部心形，两面均无毛或略被短柔毛，叶柄与叶片等长。圆锥花序顶生，花淡紫色。蓇葖果膜质，有柄，成熟前开裂成叶状，每蓇葖果有种子2~4颗。种子圆球形，表面有皱纹。花期6月左右。

原产于我国，我国南北各省都有栽培。喜光，适生于肥沃、湿润的沙质壤土，喜碱，深根性，萌芽力弱，一般不宜修剪。其树干光滑，叶大优美，是一种著名的观赏树种。生长快，木材适合制造乐器，树皮可用于造纸和制绳索，种子可食用或榨油。

梧桐的皮、茎、叶、花、果和种子均可药用，可治腹泻、疝气、须发早白，有清热解毒的功效。

植物文化 《诗经·大雅·卷阿》里写道："凤皇鸣矣，于彼高冈；梧桐生矣，于彼朝阳。"中国古代有"凤凰非梧桐不栖"的传说。许多传说中的古琴都是用梧桐木制造的，梧桐在中国文化中有重要的地位。

观赏地点 康乐园中目前仅在西翠园东南区域种植有1棵、曾宪梓堂北院西南区域种植有2棵梧桐。"栽下梧桐树，引得凤凰来。"该树树形优美，兆意非凡，同时也为康乐园的生物多样性注入了新的活力。

● 西翠园东南区域梧桐景观

● 曾宪梓堂北院西南区域梧桐景观

● 银叶树的叶　　● 银叶树的花序　　● 银叶树的果实

银叶树

学名：*Heritiera littoralis* Dryand.
别名：银叶板根、大白叶仔
科属：锦葵科银叶树属

简介　常绿乔木，高约10米。树皮灰黑色。小枝幼时被白色鳞秕。叶革质，矩圆状披针形、椭圆形或卵形，顶端锐尖或钝，基部钝，上面无毛或几无毛，下面密被银白色鳞秕。圆锥花序腋生，密被星状毛和鳞秕。花红褐色，萼钟状，两面均被星状毛。果木质，坚果状，近椭圆形，光滑，干时黄褐色，背部有龙骨状突起。种子卵形。花期夏季。

在我国主要分布于广东（台山、崖县和沿海岛屿）、广西（防城）、海南、云南南部、香港和台湾等地，目前园林中有引入栽培。银叶树具抗风、耐盐碱、耐水浸的特性，既能生长于潮间带，又能生长在陆地上。其树形优美，深绿色的叶面与银白色的叶背交相辉映，夏季又有红花相衬，是红树林的主要造林树种和我国热带、南亚热带滨海地区城乡绿化美化的乔木型景观树种。其木材坚硬，为建筑、造船和制家具的良材。

银叶树的树皮可入药，可治血尿、腹泻和赤痢等。

植物文化　银叶树被列入《世界自然保护联盟濒危物种红色名录》—易危（VU）。

观赏地点　康乐园中目前仅在熊德龙活动中心西侧区域种植有1棵银叶树。

● 熊德龙活动中心西侧绿化区银叶树景观

十四、苦木科

● 臭椿的花序

● 臭椿的叶

● 臭椿的翅果

臭椿

学名：*Ailanthus altissima*
别名：臭椿皮、大果臭椿
科属：苦木科臭椿属

简介　落叶乔木。树皮平滑而有直纹。嫩枝有髓，幼时被黄色或黄褐色柔毛，后脱落。叶为奇数羽状复叶，小叶对生或近对生，纸质，卵状披针形，先端长渐尖，基部偏斜，截形或稍圆，叶面深绿色，背面灰绿色，揉碎后具臭味。圆锥花序，花淡绿色，萼片5。翅果长椭圆形。种子位于翅的中间，扁圆形。花期4～5月，果期8～10月。

我国除黑龙江、吉林、新疆、青海、宁夏、甘肃和海南外，各地均有分布。喜光，不耐阴。适应性强，除黏土外，各种土壤都能生长，适生于深厚、肥沃、湿润的沙质土壤。耐寒，耐旱，不耐水湿，长期积水会烂根死亡。臭椿树干通直高大，春季嫩叶紫红色，秋季红果满树，是良好的观赏树和行道树。木材材质坚韧、纹理直，具光泽，易加工，是建筑和制作家具的优良用材。因其木纤维长，也是造纸的优质原料。臭椿叶可以饲养樗蚕，蚕丝可织椿绸。在园林应用中，可用臭椿作嫁接红叶椿的砧木。

臭椿的树皮、根皮、果实均可入药，具有清热燥湿、收涩止带、止泻、止血之功效。

植物文化　臭椿的花语是醉人的恋情、依依的思念，但不是面前的你。

观赏地点　康乐园中目前仅见749栋西南侧小花园绿化区种植有1棵臭椿。

● 749栋西南侧小花园绿化区臭椿景观

十五、辣木科

• 辣木的花

辣木

学名：*Moringa oleifera* Lam.
别名：鼓槌树
科属：辣木科辣木属

• 园北湖西南侧绿化区辣木景观

• 745栋北侧小花园区域辣木景观

简介 乔木，高3~12米。树皮软木质。枝有明显的皮孔及叶痕，小枝有短柔毛。根有辛辣味。叶通常为三回羽状复叶，在羽片的基部具线形或棍棒状稍弯的腺体，腺体多数脱落。叶柄柔弱，基部鞘状。小叶3~9片，薄纸质，卵形，椭圆形或长圆形，通常顶端的1片较大，叶背苍白色，无毛。花序广展，花具梗，白色，芳香，花瓣匙形。蒴果细长，下垂，3瓣裂，每瓣有肋纹3条。种子近球形，每棱有膜质的翅。花期全年，果期6~12月。

原产于印度，现广植于各热带地区，我国广东广州等地有栽培。辣木性喜温暖湿润气候，对土壤肥力要求中等以上，在沙壤土中长势不良。对水分要求较高。长期开花，无季节之分，可用于四旁绿化、美化庭院。木材材质较软，在民间多用作薪柴，其根部是雕刻的用料之一。

辣木可入药，有退热、消炎、排石、利尿、降压、止痛、强心、催欲等功效。

植物文化 辣木被西方科学家赞誉为"奇迹之树"，近年来成为国际上最热门的高营养、多用途植物。其含有丰富的氨基酸、维生素以及矿物质等，对素食者有极大助益，它也将会成为21世纪对人类健康最有帮助的营养性植物之一。

观赏地点 康乐园目前仅见745栋北侧区域种植有4棵、园北湖西南侧绿化区种植有1棵辣木。

• 辣木的叶

• 辣木的果实

十六、楝科

● 大叶米仔兰的花

● 大叶米仔兰的果

大叶米仔兰

学名：*Aglaia rimosa* (Blanco) Merrill
别名：大叶树兰
科属：楝科米仔兰属

简介 常绿小乔木。株高可达5米。奇数羽状复叶，小叶3～7枚，卵形或椭圆形，长10～20厘米，革质，叶背有褐色痴鳞。夏秋开花，圆锥花序，花黄白色，芳香。浆果椭圆形，橙褐色。

原产于中国、菲律宾，目前我国南方大部分地区园林有栽培。以沙质壤土为佳。性喜高温，耐旱、耐盐，适合作园景树。木材坚实，常用于制作支柱、桨架。

大叶米仔兰的枝、叶均可入药，可治鼻腔癌。

植物文化 大叶米仔兰的寓意是"崇高品质"，体现了人们对教师的尊敬。

观赏地点 康乐园目前种植的大叶米仔兰有十几棵，主要分布在学生宿舍135栋北侧、黑石屋南侧、英东田径场西侧、280栋工会楼周边、317栋南侧、330栋北侧、345栋西南角和415栋旧生物楼东南侧等区域，是校园很多古建筑周边独一无二的芳香类小乔木景观植物，四季观赏性均极好。

● 345栋西南角区域大叶米仔兰景观

● 280栋工会楼门前大叶米仔兰景观

非洲楝

学名： *Khaya senegalensis* (Desr.) A. Juss.
别名： 乌檀木、大乌檀木、大叶褐檀木
科属： 楝科非洲楝属

• 非洲楝的花

• 非洲楝的果

简介 乔木，高达20米或更高。幼枝具暗褐色皮孔，树皮呈鳞片状开裂。叶互生，无毛，长圆形或长圆状椭圆形，先端短渐尖或急尖，基部宽楔形或略圆形，稍不对称，叶面深绿色，背面苍绿色。圆锥花序顶生或腋上生，短于叶，无毛。蒴果球形，成熟时自顶端室轴开裂，果壳厚。种子宽，横生，椭圆形至近圆形，边缘具膜质翅。

原产于非洲热带地区和马达加斯加。我国福建厦门，广东广州，广西南宁、合浦及海南等地有栽培。喜光，喜温暖至高温湿润气候，抗风性较强，不耐干旱和寒冷，抗大气污染。除用作庭园树和行道树外，木材尚可作胶合板的材料，叶可作粗饲料。

非洲楝的根皮和干皮均可入药，有清热、燥湿、杀虫之功效，用于治蛔虫病、蛲虫病、风疹、疥癣。

植物文化 非洲楝原产于非洲马达加斯加，又被称为"非洲桃花心木"，虽是非洲桃花心木的近属种，但并非真正的桃花心木。

观赏地点 康乐园中目前种植有50多棵非洲楝，其中117栋北侧、255栋东侧、378栋东北侧、527栋北侧、528栋北侧、557栋西侧，以及652栋、653栋、654栋、683栋、722栋南侧等区域的景观和观赏性最好。

• 117栋北侧内庭小花园非洲楝景观

• 722栋蒲园餐厅南侧区域非洲楝景观

苦楝树

学名：*Melia azedarach* L.
别名：楝树、紫花树、楝枣子、森树、楝枣树、火棯树、苦辣树、洋花森
科属：楝科楝属

园东湖西北绿化区苦楝树景观

简介　落叶乔木，高达20米。树皮暗褐色。树冠宽阔而平顶，小枝粗壮，幼枝有星状毛，旋即脱落，老枝紫色，有细点状皮孔。叶互生，二至三回奇数羽状复叶。小叶卵形至椭圆形，先端渐尖，边缘有钝尖锯齿，深浅不一，基部略偏斜。圆锥状复聚伞花序腋生，花淡紫色，有香味。核果近球形，熟时黄色，宿存枝头，经冬不落。花期4~5月，果熟期10~11月。

强阳性树，不耐庇荫，喜温暖气候，对土壤要求不严，耐潮、耐风、耐水湿，但在积水处生长不良，不耐干旱。苦楝树树形潇洒，枝叶秀丽，又耐烟尘、抗污染并能杀菌，花淡雅芳香，故适宜作庭荫树、行道树、疗养林的树种，也是工厂绿化、四旁绿化的好树种。

苦楝树的根皮和干皮均可入药，有驱虫、止痛、消炎杀菌之功效。

植物文化　苦楝树寓意淡淡的哀愁和相思。因为它的名称发音和苦恋类似，给人一种惆怅的感觉，所以通常用它来表达在外的游子对故乡的思念。苦楝树是古老的树种，在我国公元6世纪的《齐民要术》中就有楝树生长特性及育苗造林的记载。

观赏地点　目前康乐园中大概种植有十几棵苦楝树，主要分布在中东区387栋西北侧、新建体育馆东侧、熊德龙活动中心东南侧、园东湖西北绿化区，以及西区528栋南侧、529栋南侧和北侧、650栋东南角区域。

苦楝树的果实

熊德龙活动中心东南侧区域苦楝树景观

苦楝树的花

● 麻楝的花

● 麻楝的果实

● 324栋南侧区域麻楝景观

麻楝

学名：*Chukrasia tabularis* A. Juss.
别名：阴麻树、白皮香椿、铁罗楠
科属：楝科麻楝属

简介 乔木，高可达25米。幼枝无毛。叶片通常为偶数羽状复叶，小叶互生，纸质，先端渐尖，基部圆形，偏形，偏斜，下侧常短于上侧，两面均无毛或近无毛。圆锥花序顶生，苞片线形，早落。花有香味，花梗短，萼浅杯状，裂齿短而钝，花瓣黄色或略带紫色，花药椭圆形，子房具柄，花柱圆柱形。蒴果灰黄色或褐色，近球形或椭圆形。种子扁平，椭圆形。花期4～5月，果期7月至翌年1月。

分布于我国广东、广西、云南和西藏。麻楝为阳性、喜光树种，抗寒性较强，喜花岗岩母质风化的砖红壤性土，对水肥条件要求较高，喜生长在土层深厚、肥沃、湿润、疏松的立地。麻楝树姿雄伟，适宜用作庭荫树和行道树。木材结构细致，材质略硬而稍重，心材耐腐，干燥后略有开裂，但不变形，纵切面光滑油润，光泽明亮。其材色淡黄或是棕褐色，弦切面的纹理五彩缤纷，状若秀阁，颇为美观，是制作上等家具及造船、房屋建筑的优质用材，用旋切薄板制成的贴面板可用作车厢、轮船卧室的内部装饰板，美观大方。

麻楝的根皮可入药，有疏风清热之功效。

植物文化 麻楝的寓意为丰收和美满，能给人带来丰收的喜悦，使整个家庭都心情愉悦。

观赏地点 康乐园中目前种植有12棵麻楝，其中4棵分布在熊德龙活动中心西侧冼星海塑像旁边、4棵在311栋东侧区域、4棵在324栋南侧区域。

● 熊德龙活动中心西侧区域麻楝景观

东区篮球场西侧区域桃花心木景观

桃花心木的花

桃花心木的果实

桃花心木

学名：*Swietenia mahagoni* (L.) Jacq.
别名：桃花芯木
科属：楝科桃花心木属

简介 常绿大乔木，高达25米以上，直径可达4米，基部扩大成板根。树皮淡红色，鳞片状。枝条广展，平滑，灰色。叶长35厘米，有小叶4~6对，叶面深绿色，背面淡绿色。圆锥花序腋生，无毛，具柄，有疏离而短的分枝。花瓣白色，无毛，广展。蒴果大，卵状，木质。种子多数。花期5~6月，果期10~11月。

原产于南美洲，现各热带地区均有栽培。可作行道树、校园树、庭园树等。木材红色，抗虫蚀，本身有气味，是世界有名的珍贵木材。在美洲及欧洲，桃花心木被视为制造家具、橱柜的进口高级原料。但由于其木质松软，不能作盖楼使用。

植物文化 桃花心木是多米尼加共和国的国树。其野生物种列入1998年《世界自然保护联盟濒危物种红色名录》ver 3.1濒危等级。

观赏地点 康乐园中目前种植的桃花心木只有9棵，其中1棵分布在103栋东北区域，1棵分布在106栋东南侧区域，5棵分布在东区篮球场西侧区域，1棵分布在323栋南侧区域，1棵分布在南门歧关车站西南角位置。

103栋东北区域桃花心木景观

十七、马鞭草科

● 山牡荆的果实

山牡荆

学名：*Vitex quinata* (Lour.) F. N. Williams
别名：五裂牡荆、莺歌、山埔姜、乌甜树、橙皮牡荆
科属：马鞭草科牡荆属

简介 常绿乔木，高可达12米。小枝四棱形。掌状复叶，对生，小叶片倒卵形至倒卵状椭圆形，两面除中脉被微柔毛外，其余均无毛。聚伞花序对生于主轴上，排成顶生圆锥花序式，苞片线形。花萼钟状，花冠淡黄色，下唇中间裂片较大，花丝基部变宽而无毛，子房顶端有腺点。核果球形或倒卵形。花期5~7月，果期8~9月。

分布于我国浙江、江西、福建、台湾、湖南、广东、广西等地。木材适于作桁、桶、门、窗、天花板、文具、胶合板等用材。

山牡荆的根茎、枝叶均可入药，有止咳定喘、镇静退热之功效。

植物文化 在我国，从李时珍《本草纲目》有记载以来，医书上一直将山牡荆列为治疗湿痰、哮喘、耳聋等症状以及抗癌防肿瘤的良药。

观赏地点 康乐园中目前种植有10多棵山牡荆，主要分布在广寒宫东北区、英东体育馆西侧、康乐路保卫处南侧沙池边、黑石屋东侧、316栋东南侧、517栋西南侧、531栋东侧、532栋东南侧以及605栋东侧等区域。

● 山牡荆的花

● 康乐路保卫处南侧沙池边山牡荆景观

● 532栋东南侧区域山牡荆景观

双子叶植物类景观乔木 第三部分

● 117栋东侧羽毛球场东侧区域石梓景观

● 石梓的花序

● 石梓的植株

石梓

学名：*Gmelina chinensis* Benth.
别名：笛簕狗脚迹、鼻血簕
科属：马鞭草科石梓属

简介 乔木。树皮暗灰色，粗糙。小枝粗壮，幼时被黄褐色绒毛，以后脱落近于无毛。叶片对生，厚纸质或纸质，顶端渐尖，基部楔形或宽楔形，表面无毛，背面灰白色，叶柄具纵沟。聚伞花序组成顶生的圆锥花序，总花梗被毛。花萼钟状，花冠漏斗状，白色稍带粉红色，裂片广卵形，花丝扁平，子房倒卵形，花柱上部具稀疏腺毛，下部无毛。核果倒卵形。花期4~5月，果期8月。

分布于我国广东、广西、贵州。喜光，稍耐旱，生于红壤、砖红壤性土、冲积土及石灰性土，以高温高湿、静风环境及深厚、肥沃土壤生长最优。树形美，花多色艳，为庭园绿化的优良树种。木材材质优良，纹理直，干缩小，硬度大，强度、重量适中，耐腐，原木易旋切，切面光洁，具绢光花纹。材色淡，易漂白，制浆性优，造纸光洁度高。可供造船、建筑和制作家具、镶贴板面等多种用途。

石梓的根可入药，有活血祛瘀、去湿止痛之功效。

植物文化 石梓为稀有种，在我国已陷入濒危状态。

观赏地点 康乐园中石梓的种植数量不是很多，目前仅有17棵种植在学生宿舍117栋东侧羽毛球场东南侧区域，1棵种植在117栋东侧羽毛球场东侧区域。树形优美高大，观赏性极佳。

● 117栋东侧羽毛球场东南侧区域石梓景观

柚木

学名：*Tectona grandis* L.F.
别名：胭脂树、紫柚木、血树
科属：马鞭草科柚木属

简介 大乔木。小枝淡灰色或淡褐色，四棱形，被灰黄色或灰褐色星状绒毛。叶对生，厚纸质，全缘，卵状椭圆形或倒卵形，顶端钝圆或渐尖，基部楔形下延，表面粗糙，有白色突起，沿脉有微毛，背面密被灰褐色至黄褐色星状毛。圆锥花序顶生，花有香气，但仅有少数能发育。花萼钟状，被白色星状绒毛，裂片较萼管短。花冠白色，顶端圆钝，被毛及腺点。核果球形。花期8月，果期10月。

原产于缅甸、泰国、印度、印度尼西亚、老挝等地，我国云南、广东、广西、福建、台湾等地普遍引种栽培。柚木是热带喜光树种，要求较高的温度，能生长于砂页岩、花岗岩发育成的红壤和赤红壤中，喜深厚、湿润、肥沃、排水良好的土壤。柚木珍贵罕见，主干通直，叶子又大，树冠齐整，材质优秀，价值高。在广东、广西、云南、海南、福建5省已开始用作行道树、小区绿化、园林点缀及四旁绿化。柚木是制造高档家具、地板、室内外装饰的好材料，还适用于造船、露天建筑、桥梁等，特别适用于制造船甲板。

柚木的叶可入药，具有利尿通淋、宣肺止咳、清热利湿之功效。

观赏地点 康乐园中种植的柚木目前仅剩16棵，其中园东湖西北侧有3棵、280栋工会楼东侧有1棵、游泳池北侧有2棵、松涛园食堂西南侧绿化区有9棵、529栋东北角有1棵。其树体高大挺拔，枝繁叶茂，气势磅礴，观赏性极佳。

● 松涛园食堂西南侧绿化区柚木景观

● 园东湖西北侧绿化区柚木景观

● 柚木的叶

● 柚木的果

十八、马钱科

印度马钱

学名：*Strychnos nux-vomica*
别名：马钱树、马前
科属：马钱科马钱属

● 测试大楼门口东南侧绿化区印度马钱景观

简介 乔木。枝条幼时被微毛，老枝被毛脱落。叶片纸质，近圆形、宽椭圆形至卵形，顶端短渐尖或急尖，基部圆形，上面无毛。圆锥状聚伞花序腋生，苞片小，被短柔毛。花冠绿白色，后变白色，花冠管比花冠裂片长，外面无毛，花冠裂片卵状披针形。浆果圆球状，成熟时橘黄色，内有种子1~4颗。花期春夏两季，果期8月至翌年1月。

原产于印度、斯里兰卡、缅甸、泰国、越南、老挝、柬埔寨、马来西亚、印度尼西亚和菲律宾等。喜光，喜深厚、湿润、肥沃、排水良好的土壤。

印度马钱的种子极毒，含有马钱子碱和番木鳖碱等多种生物碱，可用于制健胃药。中医以其种子泡制后入药，性寒、味苦，有通络散结、消肿止痛之功效。

植物文化 马钱子和鹤顶红、钩吻并列为中国古代宫廷的三大毒药。1904年，在美国圣路易举行的第三届奥运会马拉松比赛中，选手托马斯·希克斯因体力不支，难以完成比赛，教练为他备上含有马钱子的白兰地酒，使得其奇迹般夺取了冠军。1992年的巴塞罗那奥运会，我国女排选手巫丹就是因赛前不小心服用了含有马钱子成分的头痛药而被取消了比赛资格。

观赏地点 康乐园中目前仅种植有3棵印度马钱。其中1棵种植在竹园路靠幼儿园东北角路边，是全广州市最大的印度马钱；2棵种植在测试大楼门口东南侧绿化区。

● 竹园路靠幼儿园东北角路边印度马钱景观

● 印度马钱的花序

● 印度马钱的果实

十九、木兰科

白花含笑

学名：*Michelia mediocris* Dandy
别名：苦子、苦梓
科属：木兰科含笑属

● 白花含笑的花

● 白花含笑的叶

简介 常绿乔木，高达25米。树皮灰褐色。芽顶端尖，被红褐色微柔毛。嫩枝、嫩叶被灰白色的平伏微柔毛。叶薄革质，菱状椭圆形，先端短渐尖，基部楔形或阔楔形，上面无毛，下面被灰白色平伏微柔毛。花蕾椭圆体形，密被褐黄色或灰色平伏微柔毛。佛焰苞状苞片3。花白色，花被片9，匙形。聚合果熟时黑褐色，蓇葖倒卵圆形或长圆体形或球形，稍扁，有白色皮孔，顶端具圆钝的喙。种子鲜红色。花期12月至翌年1月，果期6~7月。

产于我国广东东南部、海南东部至西南部、广西等地。喜光，喜雨量充沛、湿润的环境。树形高大挺拔，花量大，极香，为优良庭园风景树树种，可孤植于草地上，或作为风景林的上层树种，亦可作为庭荫树、行道树。

白花含笑的花可入药，具有排毒降脂、安神益气、美容养颜、舒筋活血之功效，此外，还有调节免疫、抗肿瘤等功效。

植物文化 白花含笑的花语为美丽、庄重、纯洁、含蓄、矜持、端庄和高洁。开花的时候繁花满树，美丽芳香，景象尤为美观震撼。

观赏地点 康乐园中目前仅见曾宪梓堂北院东北区蒲蛰龙雕像旁种植有1棵白花含笑。

● 曾宪梓堂北院蒲蛰龙雕像旁白花含笑景观

白兰

学名：*Michelia ×alba* DC.
别名：白缅花、白兰花、缅桂花、天女木兰、黄桷兰
科属：木兰科含笑属

● 白兰的花

● 白兰的蓇葖果

简介 常绿乔木，高达17米。树皮灰色。枝广展，呈阔伞形树冠，揉枝叶有芳香，嫩枝及芽密被淡黄白色微柔毛，老时毛渐脱落。叶薄革质，长椭圆形。花白色，极香。蓇葖疏生聚合果，熟时鲜红色。花期4～9月，通常不结实。

原产于印度尼西亚爪哇，现广植于东南亚。我国福建、广东、广西、云南等省区栽培极盛，长江流域各省区多盆栽，在温室越冬。性喜光照，怕高温，不耐寒，不耐干旱和水涝，对二氧化硫、氯气等有毒气体比较敏感，抗性差。花洁白清香，夏秋间开放，花期长，叶色浓绿，为著名的庭园观赏树种，多栽为行道树。

白兰花可提取香精或熏茶，也可提制浸膏供药用，有祛风散寒通窍、宣肺通鼻的功效。

植物文化 白兰的花语是纯洁的爱、真挚。白兰花是厄瓜多尔的国花，也是我国福建晋江的市花。

观赏地点 康乐园中目前种植有400多棵白兰，是校园主要的芳香类乔木景观植物资源，校园各个区域基本都有分布。有些分布在大钟楼、陈寅恪故居等古建筑和住宅楼、学生宿舍楼等各类建筑物周边进行造景，另一些是园东路北段道路、康乐路西段道路等主干道两侧的行道树。

● 大钟楼前白兰景观

● 园东路北段道路两侧白兰景观

荷花玉兰

学名：*Magnolia grandiflora* L.
别名：广玉兰、洋玉兰、木莲花
科属：木兰科木兰属

● 荷花玉兰的花

● 荷花玉兰的蓇葖果

简介 常绿乔木。树皮淡褐色或灰色，薄鳞片状开裂。小枝粗壮，具横隔的髓心。小枝、芽、叶下面、叶柄均密被褐色或灰褐色短绒毛（幼树的叶下面无毛）。叶厚而有光泽。花大，白色，清香。蓇葖背裂。种子卵圆形，外种皮红色。花期5~6月，果期9~10月。

原产于美洲以及我国长江流域及其以南地区。喜光，幼时稍耐阴，有一定抗寒能力，适生于干燥、肥沃与排水良好的微酸性或中性土壤，忌积水、排水不良。树姿雄伟壮丽，叶阔荫浓，花似荷花芳香馥郁，为美化树种。耐烟抗风，病虫害少，对二氧化硫等有毒气体有较强抗性，可用于净化空气，保护环境。

荷花玉兰的叶、幼枝和花可提炼芳香油，具有消炎止痛、改善睡眠质量等功效；叶入药可治高血压，还有祛风散寒、行气止痛之功效。

植物文化 荷花玉兰是江苏常州、南通、镇江、连云港，安徽合肥、六安，浙江余姚的市树。

观赏地点 康乐园中目前种植的荷花玉兰有40多棵，主要分布在311栋东南角、313栋北侧、地环学院大楼北侧、园南路曾宪梓堂北院道路沿线、西大球场西北侧三角区以及教工住宅楼637栋北侧、667栋西侧和668栋周边等区域，花开艳丽，芳香四溢，为康乐园增添了一道道美丽的风景线。

● 园南路曾宪梓堂北院路段荷花玉兰景观

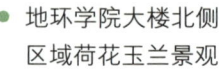
● 地环学院大楼北侧区域荷花玉兰景观

● 西区629栋东侧区域黄兰景观

● 西区629栋东南侧园南路路边黄兰景观

黄兰

学名：*Michelia champaca* L.
别名：黄玉兰、黄缅桂、大黄桂、黄葛兰
科属：木兰科含笑属

简介 常绿乔木。枝斜上展，呈狭伞形树冠。芽、嫩枝、嫩叶和叶柄均被淡黄色的平伏柔毛。叶薄革质，披针状卵形或披针状长椭圆形，下面稍被微柔毛。花黄色，极香，花被片15~20片，倒披针形，雄蕊的药隔伸出成长尖头，雌蕊群具毛。聚合果蓇葖倒卵状长圆形，有疣状凸起。种子2~4枚，有皱纹。花期6~7月，果期9~10月。

产于我国西藏东南部、云南南部及西南部，现广植于亚洲热带地区。我国福建、台湾、广东、海南、广西均有栽培。要求阳光充足，喜暖热湿润，喜酸性土，不耐碱土，不耐干旱，忌过于潮湿，尤忌积水，不耐寒，宜生长于排水良好、疏松、肥沃的微酸性土壤。黄兰花芳香浓郁，树形美丽，为著名的观赏树种，对有毒气体抗性较强。花可提取芳香油或熏茶，也可浸膏入药。叶可蒸油，供调制香料用。木材轻软，材质优良，为造船、家具的珍贵用材。是华南地区重要的造林树种。

黄兰的根入药有祛风除湿、清利咽喉之功效；果实可用于治胃痛及消化不良。

植物文化 黄兰的花语是坚贞不渝、情感真挚、深厚友谊、感恩之心。

观赏地点 康乐园中黄兰的种植数量非常稀少，目前仅见在西区629栋东侧区域种植有2棵。每逢开花季节，金黄色的花布满枝头，艳丽芳香，非常玄妙美观。

● 黄兰的花

火力楠

学名：*Michelia macclurei* Dandy
别名：醉香含笑、火力兰、马氏含笑、楠木、棉花含笑
科属：木兰科含笑属

● 松园路松园湖路段道路沿线火力楠景观

简介 乔木。树皮灰白色，光滑不开裂。芽、嫩枝、叶柄、托叶及花梗均被紧贴而有光泽的红褐色短绒毛。叶革质，卵形，上面初被短柔毛，后脱落无毛，下面被灰色毛杂有褐色平伏短绒毛。聚伞花序，花被片白色，匙状倒卵形或倒披针形。蓇葖果。种子1~3颗，扁卵圆形。花期3~4月，果期9~11月。

产于我国广东东南部（雷州半岛）、北部、中南部，海南及广西北部。我国南部地区已引种栽培。喜温暖湿润的气候，喜光、稍耐阴，喜土层深厚的酸性土壤，耐旱、耐瘠，萌芽力强，耐寒性较强，具有一定的抗风能力。树形美观，枝叶繁茂，花香浓郁，是园林中优良的观花乔木，适宜用于广场绿化、庭院绿化及道路绿化。木材易加工，切面光滑，美观耐用，是供建筑、家具的优质用材。

火力楠的花具有散风寒、通鼻窍的功效；根具有清热解毒、行气化浊、止咳的功用。

植物文化 火力楠的根很强健、树形宽广、生命力顽强、存活时间久，并且繁殖能力强、一般不会遭受病虫害侵扰，具有防火性能，大规模排列种植可以为防火贡献力量。

观赏地点 康乐园目前仅剩为数不多的4棵火力楠，其中2棵种植在岭南路313栋南侧道路沿线、2棵种植在松园路松园湖路段道路沿线。

● 火力楠的蓇葖果
● 火力楠的花

● 岭南路313栋南侧道路沿线火力楠景观

● 乐东拟单性木兰的叶

● 乐东拟单性木兰的花

乐东拟单性木兰

学名：*Parakmeria lotungensis* (Chun et C. Tsoong) Law
别名：乐东木兰
科属：木兰科拟单性木兰属

简介 常绿乔木，高可达30米。树皮灰白色。叶革质，叶片上面深绿色，有光泽，干时两面明显凸起。花杂性，雄花两性花异株。聚合果卵状长圆形体或椭圆状卵圆形，很少倒卵形。种子椭圆形或椭圆状卵圆形，外种皮红色。花期4~5月，果期8~9月。

分布于我国江西、福建、湖南、广东北部、海南、广西、贵州东南部。喜温暖湿润气候，能抗41℃的高温和耐-12℃的严寒。喜土层深厚、肥沃、排水良好的土壤，在酸性、中性和微碱性土壤中都能正常生长。树干通直圆满，树形优美，花芳香，是很好的园林绿化树种。其木材坚重、纹理细致均匀，轻而软，切面光滑，既适于作家具、车厢、门窗、墙壁板、室内装修及镜框、相架等，又可作玩具、装饰品与雕刻品等，还适于作包装材料，是优良的速生珍贵用材树种。

乐东拟单性木兰具抗菌消炎、利尿降压、镇静安神等药用价值。

植物文化 乐东拟单性木兰是中国特有寡种属。其花杂性和心皮退化在木兰科中少见，是重要的研究材料。它是我国国家三级保护植物渐危种。

观赏地点 康乐园目前只有1棵乐东拟单性木兰种植在曾宪梓堂北院西北侧绿化区。

● 曾宪梓堂北院西北侧乐东拟单性木兰景观

• 深山含笑的花

深山含笑

学名：*Michelia maudiae* Dunn
别名：光叶白兰花、莫夫人含笑花
科属：木兰科含笑属

简介 常绿乔木，各部均无毛。树皮薄，浅灰色或灰褐色，平滑不裂。芽、嫩枝、叶下面、苞片均被白粉。叶互生，革质，长圆状椭圆形，上面深绿色，有光泽，下面灰绿色，被白粉。花梗绿色，具3环状苞片脱落痕。佛焰苞状苞片淡褐色，薄革质。花芳香，花被片9片，纯白色，基部稍呈淡红色，外轮的倒卵形，顶端具短急尖。聚合果，菁葖长圆体形、倒卵圆形、卵圆形，顶端圆钝或具短突尖头。种子红色，斜卵圆形，稍扁。花期2~3月，果期9~10月。

产于我国浙江南部、福建、湖南、广东、广西、贵州。喜温暖湿润环境，有一定耐寒能力。喜光，幼时较耐阴。生长快，适应性广。抗干热，对二氧化硫的抗性较强。喜土层深厚、疏松、肥沃而湿润的酸性沙质土。深山含笑是我国的一种速生常绿阔叶树种，具有较强的繁殖能力，并且树干材质适宜进行加工，具有经济价值。

深山含笑的花可入药，具有散风寒、通鼻窍的功效，可以行气止痛；根具有清热解毒、行气化浊、止咳的功用。

植物文化 深山含笑的花语为矜持、含蓄、美丽、庄重、高洁。由于深山含笑的花洁白无瑕，因此，它被人们赋予了美丽、高洁的品质形象。

观赏地点 康乐园中目前仅见在游泳池东南侧区域种植有2棵深山含笑。

• 深山含笑的叶

• 游泳池东南侧区域深山含笑景观

云南拟单性木兰

学名：*Parakmeria yunnanensis* Hu
别名：缎子绿豆树、缎子木兰、黄心树
科属：木兰科拟单性木兰属

简介　常绿乔木，高可达30米。树皮灰白色，光滑不裂。叶片薄革质，上面绿色，下面浅绿色，嫩叶紫红色。两性花异株，芳香。雄花花被片外轮红色，倒卵形，肉质，狭倒卵状匙形，花丝红色，花托顶端圆。聚合果长圆状卵圆形，蓇葖菱形。种子扁，外种皮红色。花期5月，果期9～10月。

分布于我国云南、广西。喜温暖湿润气候。材质细致，结实率高，花、叶可提取香精，生长迅速，适应性强，是营造混交用材林和香料林的优良树种。

云南拟单性木兰具清热解毒、抗菌消炎、镇静安神等药用价值。

植物文化　云南拟单性木兰为中国的特有种和濒危种。其植株有两性花和单性雄花两种不同的个体，在研究木兰科植物分类、分布和进化上具有重要的价值。

观赏地点　康乐园目前只有2棵云南拟单性木兰种植在645栋西边区域，是校园非常珍稀的乔木资源。

● 645栋西边绿化区云南拟单性木兰景观

● 云南拟单性木兰的花

● 云南拟单性木兰的叶

紫玉兰

学名：*Magnolia liliiflora* Desr.
别名：木兰、辛夷、木笔、望春、玉堂春
科属：木兰科木兰属

● 游泳池西侧绿化区紫玉兰景观

简介 落叶灌木，高达3米，常丛生。树皮灰褐色。小枝绿紫色或淡褐紫色。叶椭圆状倒卵形，先端急尖或渐尖，沿脉有短柔毛。花蕾卵圆形，被淡黄色绢毛。花叶同时开放，瓶形，直立于粗壮、被毛的花梗上，稍有香气。聚合果深紫褐色，变褐色，圆柱形。成熟蓇葖近圆球形，顶端具短喙。花期3~4月，果期8~9月。

产于我国福建、湖北、四川、云南西北部。目前我国各大城市都有栽培，并已引种至欧美各国。其花色艳丽，享誉中外。喜温暖湿润和阳光充足的环境，较耐寒，但不耐旱和盐碱，怕水淹，要求肥沃、排水好的沙壤土。紫玉兰的花大且美丽艳逸，姿态优美，气味幽香，花朵满树，别具风情，是家庭及园艺美化装饰的重要品种。

紫玉兰的树皮、叶、花蕾均可入药，主治鼻炎、头痛，也可作镇痛消炎剂。

植物文化 紫玉兰象征着芳香情思、俊郎仪态。紫玉兰在中国有着悠久的历史，在《楚辞》中就有"朝饮木兰之坠露兮""辛夷车兮结桂旗"的名句。

观赏地点 康乐园中紫玉兰的种植数量不是很多，主要分布在英东田径场西侧、316栋东侧、319栋西北区、第一教学楼庭院、熊德龙活动中心庭院以及游泳池西侧等区域。开花季节，非常靓丽，先花后叶的独有景观，别具风格，是校园春季主要观花树种。

● 英东田径场西侧绿化区紫玉兰景观

● 紫玉兰的花

● 紫玉兰的蓇葖果

二十、木樨科

● 白蜡树的花

● 白蜡树的果实

● 西区612栋南侧绿化区白蜡树景观

白蜡树

学名：*Fraxinus chinensis* Roxb.
别名：青榔木、白荆树
科属：木樨科梣属

简介 落叶乔木。树皮灰褐色，纵裂。芽阔卵形或圆锥形，被棕色柔毛或腺毛。小枝黄褐色，粗糙，无毛或疏被长柔毛，旋即秃净，皮孔小，不明显。顶生小叶与侧生小叶近等大或稍大，先端锐尖至渐尖，基部钝圆或楔形，叶缘具整齐锯齿，上面无毛，下面无毛或有时沿中脉两侧被白色长柔毛，中脉在上面平坦。圆锥花序顶生或腋生枝梢。坚果圆柱形。宿存萼紧贴于坚果基部，常在一侧开口深裂。花期4~5月，果期7~9月。

产于我国南北各省区，多为栽培。白蜡树属于阳性树种，喜光，对土壤的适应性较强，在酸性土、中性土及钙质土中均能生长，喜湿润、肥沃的沙质土壤。其枝叶繁茂，根系发达，植株萌发力强，速生，耐湿，耐瘠薄干旱，在轻度盐碱地也能生长，是防风固沙和护堤护路的优良树种。抗烟尘、二氧化硫和氯气，也是工厂、城镇绿化美化的好树种。材理通直，生长迅速，柔软坚韧，供编制各种用具。

白蜡树的枝皮或干皮有治疗骨热、骨折的药用价值。

植物文化 白蜡树是女贞树的一种别称，其花语是永远不变的爱和生命。

观赏地点 康乐园目前种植有19棵白蜡树，其中中东区学生宿舍105栋东南侧有2棵、311栋南侧有2棵、游泳池东南侧有1棵、488栋研究生宿舍楼南侧有2棵、岭南三堂内庭院有2棵，以及西区612栋南侧有4棵、635栋南侧有6棵。

● 488栋研究生宿舍楼南侧白蜡树景观

二十一、木棉科

发财树

学名：*Pachira aquatica* Aublet
别名：瓜栗、中美木棉、鹅掌钱、马拉巴栗
科属：木棉科瓜栗属

● 发财树的花

● 发财树的果实

简介 小乔木。树冠较松散。幼枝栗褐色，无毛。小叶5~11枚，具短柄或近无柄，倒卵状长圆形，渐尖，基部楔形。花单生枝顶叶腋，花瓣淡黄绿色，狭披针形至线形。蒴果近梨形，果皮厚，木质。种子大，不规则的梯状楔形，表皮暗褐色，有白色螺纹。花期5~11月，果先后成熟，种子落地后自然萌发。

原产于拉丁美洲的哥斯达黎加、澳洲及太平洋中的一些小岛屿，我国南部热带地区亦有分布。喜高温多湿气候，耐寒力差，成年树可耐轻霜，喜肥沃、疏松、透气保水的沙壤土，喜酸性土，忌碱性土或黏重土壤，较耐水湿，也稍耐旱。

因为发财树是常青高大乔木，树冠松散蓬松，可以形成很大的荫凉，所以在园林绿化中常作为庭荫树应用。此外，我国很多地方把发财树作为造型地桩景树利用。发财树还具有食用价值，果皮未成熟时可食，种子可炒食。

发财树的种子和树皮等均可入药，可治疗糖尿病、贫血、低血压、肾脏疼痛、乏力等。

植物文化 发财树的花语及寓意是财源滚滚、兴旺发达、前程似锦。

观赏地点 康乐园中发财树的种植数量不是很多，目前仅见1棵种植在马文辉堂西侧靠近竹园的区域、2棵种植在526栋东北角区域、2棵种植在653栋西边角区域。此外，校内部分单位办公室内和楼宇周边还有盆栽的小发财树摆放造景。

● 马文辉堂西侧区域发财树景观

● 526栋东北角区域发财树景观

双子叶植物类景观乔木 第三部分

● 美丽异木棉的花

● 美丽异木棉的果实

● 文科楼西侧绿化区美丽异木棉景观

美丽异木棉

学名： *Ceiba speciosa* (A.St.-Hil.) Ravenna
别名： 美人树、美丽木棉、丝木棉
科属： 木棉科吉贝属

简介 落叶大乔木，高10～15米。树干下部膨大。幼树树皮浓绿色，密生圆锥状皮刺。侧枝放射状水平伸展或斜向伸展。掌状复叶，小叶椭圆形。花单生，花冠淡紫红色，中心白色。蒴果椭圆形。冬季为开花期，种子次年春季成熟。

原产于南美洲，现在我国南方广泛栽培。喜光而稍耐阴，喜高温多湿气候，略耐旱瘠，忌积水，对土质要求不苛，但以土层疏松、排水良好的沙壤土或冲积土为佳。抗风，速生，萌芽力强。树干直立，主干有突刺，树冠层呈伞形，叶色青翠，成年树树干呈酒瓶状。冬季盛花期满树姹紫，秀色照人，人称"美人树"，是优良的观花乔木，是庭园绿化美化的高级树种，也可作为高级行道树。

植物文化 美丽异木棉的花语是姹紫嫣红、孤傲非凡。

观赏地点 康乐园目前有近百棵美丽异木棉分布在不同区域，其中以中山楼东边两侧、文科楼西侧和北侧、新建体育馆周边以及学生宿舍181栋南侧等区域的景观最为突出，每年开花季节，景色秀美迷人，引来众多师生观看、拍照。

● 中山楼东侧绿化区美丽异木棉景观

木棉

学名：*Bombax ceiba* Linnaeus
别名：红棉、英雄树、攀枝花
科属：木棉科木棉属

● 木棉的花

● 博物馆东南角绿化区木棉景观

简介 落叶大乔木。树皮灰白色，幼树的树干通常有圆锥状的粗刺。树形高大，枝干舒展，花单生枝顶叶腋，花红如血，硕大如杯，远观似枝头燃烧、跳跃的火苗，气势宏伟。蒴果长圆形密被灰白色长柔毛和星状柔毛。种子多数，倒卵形，光滑。花期3~4月，果夏季成熟。

产于我国亚热带地区。喜温暖干燥和阳光充足的环境。不耐寒，稍耐湿，忌积水。耐旱，抗污染、抗风力强，以深厚、肥沃、排水良好的中性或微酸性沙质土壤为宜。木棉树形高大雄伟，春季红花盛开，是优良的行道树、庭荫树和风景树。材质轻软，可供蒸笼、包装箱之用。木棉纤维被誉为"植物软黄金"，是目前天然纤维中较细、较轻、中空度较高、较保暖的纤维材料。

木棉的花、树皮和根均可入药。花有清热利尿、解毒祛暑和止血的功效；树皮有清热、利尿、活血、消肿、解毒等功效；根有收敛止血、散结止痛的功效。

植物文化 木棉的花语是珍惜身边的人，珍惜身边的幸福。广州早在20世纪30年代就曾定木棉花为市花。木棉树又被誉为"英雄树"，木棉花也就成了"英雄花"。广州市政府网站的站徽用木棉花，而广州著名的花园酒店、南方航空公司和华南理工大学等也都以木棉花作为标识。

观赏地点 康乐园有上百棵木棉树种植在不同区域，其中陈寅恪故居南侧、大钟楼西侧、387栋周边、551栋北侧、岭南堂周边、模范村古建筑群周边以及西区518栋西侧、643栋周边、654栋西侧、655栋北侧等区域的景观效果最好，是校园非常有代表性的观花类乔木资源。

● 松涛园食堂北侧门口两侧木棉景观

二十二、木麻黄科

木麻黄

学名：*Casuarina equisetifolia* Forst.
别名：马毛树、短枝木麻黄、驳骨松
科属：木麻黄科木麻黄属

● 木麻黄的花　　● 木麻黄的针叶

简介　常绿乔木，高可达30米，大树根部无萌蘖。树干通直，树冠狭长圆锥形。枝红褐色，有密集的节。最末次分出的小枝灰绿色，纤细，常柔软下垂。叶鳞片状，披针形或三角形。花雌雄同株或异株。球果状果序椭圆形，幼嫩时外被灰绿色或黄褐色茸毛。花期4～5月，果期7～10月。

原产于澳大利亚和太平洋岛屿，现美洲热带地区和亚洲东南部沿海地区广泛栽植。我国广西、广东、福建、台湾沿海地区普遍栽植，已渐驯化。其生长迅速，萌芽力强，对立地条件要求不高，耐干旱、抗风沙和耐盐碱，具根瘤菌。其木材坚重，可作枕木、船底板及建筑用材，又为优良薪炭材。

木麻黄的枝、叶均可入药，有温寒行气、止咳化痰之药效。

植物文化　我国最早在1885年由小笠原群岛引进木麻黄种子播种于台湾，1959年开始在广东、广西、福建等省份开展造林，后逐渐应用于园林等领域。木麻黄灰绿色枝条细软下垂，酷似裸子植物马尾松的松针，所以人们常称它为"马尾松"，又叫"驳骨松"。木麻黄是没有叶子的，这些状如松针的小枝就长在枝的先端，在每个节上有数枚已经退化了的鳞叶，实际上，这些灰绿色的小枝担负着叶的光合功能。

观赏地点　康乐园目前仅有16棵木麻黄分布在第一教学楼北侧和350栋荣光堂楼前广场区域。

● 第一教学楼北侧木麻黄景观　　● 荣光堂楼前广场区域木麻黄景观

二十三、漆树科

● 岭南酸枣的叶

● 岭南酸枣的花序

岭南酸枣

学名：*Allospondias lakonensis* (Pierre) Stapf
别名：假酸枣
科属：漆树科岭南酸枣属

简介 落叶乔木，高8~15米。小枝灰褐色，疏被微柔毛。叶互生，奇数羽状复叶，小叶对生或互生，长圆形或长圆状披针形。叶轴和叶柄圆柱形，疏被微柔毛。幼叶叶面疏被微柔毛，后变无毛，叶背脉上或脉腋被微柔毛，叶面干后变暗褐色。圆锥花序腋生，被灰褐色微柔毛，分枝疏。花小，白色，密集于花枝顶端。核果倒卵状或卵状正方形，成熟时带红色，中果皮肉质，味甜可食，果核木质，近正方形。种子长圆形，种皮膜质。

产于我国广西、广东、海南、福建、云南等省区。喜光，喜温暖湿润气候。喜土层深厚、土质肥沃疏松的酸性壤土，生长迅速。高大挺拔，树形优美，枝叶繁茂，花、叶、果均可供观赏，果熟时满树红果压低枝头，果味酸甜，诱人垂涎，适宜孤植于庭院大草坪或公园的林缘作为主景树，创造树荫供人活动，亦可作为行道树种植。木材软而轻，适作家具、箱板等。

岭南酸枣的树皮和根皮可治神经官能症；酸枣仁具有养肝宁心、开胃健脾等效用。

植物文化 岭南酸枣的花语是勤恳地付出方能硕果累累。

观赏地点 康乐园目前只有1棵岭南酸枣种植在园东路篮球场西南角绿化区域。

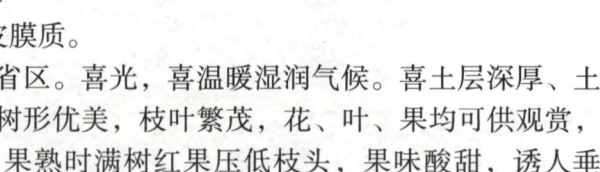
● 园东路篮球场西南角绿化区岭南酸枣景观

● 岭南酸枣的果实

● 杧果的花序

● 杧果的果实

杧果

学名：*Mangifera indica* L.
别名：庵波罗果、马蒙、望果、抹猛果、莽果、蜜望子
科属：漆树科杧果属

简介 常绿大乔木。树皮灰褐色，小枝褐色，无毛。叶薄革质，常集生枝顶，通常为长圆形或长圆状披针形。圆锥花序多花密集，被灰黄色微柔毛。花小，杂性，黄色或淡黄色，成顶生的圆锥花序。核果大，肾形，压扁，成熟时黄色，中果皮肉质，肥厚，鲜黄色，味甜，果核坚硬。

原产于我国云南、广西、广东、四川、福建等省区。目前世界各地已广为栽培，并培育出百余个品种，我国栽培已达40余个品种。其性喜温暖，不耐寒霜，喜光，对土壤要求不苛。杧果为著名热带水果树种之一，同时因树冠球形常绿，郁闭度大，为热带良好的庭园和行道树种。杧果叶和树皮可作黄色染料。木材坚硬，耐海水，宜作舟车或家具等。

杧果的果肉、果核有止咳、健胃、行气的功效；叶有止痒的功效。

植物文化 杧果有"热带水果之王"的美称。在印度的佛教和印度教的寺院里都能见到杧果的叶、花和果的图案。人们一致认为，第一个把杧果介绍到印度以外的人是我国唐朝的高僧玄奘法师，在《大唐西域记》中有"庵波罗果，见珍于世"这样的记载。而后传入泰国、马来西亚、菲律宾和印度尼西亚等东南亚国家，再传到了地中海沿岸国家，直到18世纪后才陆续传到巴西、西印度群岛和美国佛罗里达州等地，这些地方现都有大片的杧果林。

观赏地点 康乐园各区域目前种植的杧果共有300多棵，其中以学生宿舍181栋围墙沿线、西门校内主干道两侧、第三教学楼东南侧、校医院周边、模范村周边以及环校道西边段围墙沿线等区域的杧果景观最佳。陈寅恪故居西北角区域有1棵近百年的杧果树，胸径达1米以上，与古建筑交相辉映，气势雄伟壮观，景观极佳。

● 西门校内主干道两侧沿线杧果景观

● 陈寅恪故居西北绿化区杧果景观

人面子

学名：*Dracontomelon duperreanum* Pierre
别名：人面树、银莲果
科属：漆树科人面子属

● 人面子的花

简介 常绿大乔木，高达20米。幼枝具条纹，被灰色绒毛。奇数羽状复叶，有小叶5~7对。小叶互生，近革质，长圆形，自下而上逐渐增大。圆锥花序顶生或腋生，比叶短，疏被灰色微柔毛。花白色，被微柔毛。核果扁球形，成熟时黄色，果核压扁。种子3~4颗。

产于我国广东、广西、海南及云南等地。阳性树种，喜温暖湿润气候，适应性颇强，耐寒、抗风、抗大气污染，对土壤条件要求不严。该种树冠宽广浓绿，甚为美观，是优良的庭园树和行道树。果肉可食或盐渍作菜，也可加工成蜜饯和果酱。木材致密而有光泽，耐腐力强，适供建筑和家具用材。种子油可制皂或作润滑油。

人面子的果实、根皮、叶均可入药，有健胃、生津、醒酒、解毒之功效。

植物文化 人面子因果核的天然形态酷似人脸，故名人面子。人面子开花时，细碎的小花布满枝头，像满天繁星，故人面子的花语是富足、满足。

● 逸仙大道地环学院大楼西北角人行道旁人面子景观

观赏地点 康乐园目前有20多棵人面子种植在不同区域，其中逸仙大道地环学院大楼西北角人行道旁有1棵人面子，胸径达1米左右，气势磅礴大气，景观难得一见。此外，东门和南门入口处的人面子，是树木全冠移植技术第一次在中山大学校园景观建设中的应用，在构建校园树木特有快速景观的同时，也具有一定的历史人文意义。

● 人面子的果实

● 东门入口东侧区域人面子景观

二十四、槭树科

枫树

学名：*Acer saccharum* Marshall
别名：糖槭
科属：槭树科槭属

● 枫树的翅果

简介 落叶乔木。树皮灰褐色，光滑，随树龄增长而出现沟纹和鳞片。叶对生，纸质，掌状5浅裂，基部为心形，上面为中绿至暗绿色，下面脉腋上有毛，秋季变为黄色至橙色或红色。总状花序腋生，花多数，黄绿色，小，春季随幼叶开放，呈开放型花序。果实具平行的翅。花期4~5月，果期9~10月。

● 枫树的叶　　● 模范村509栋东侧区域枫树景观

主产于我国长江流域及其以南各省区，全国各地均有分布。耐阴、耐寒，忌烈日暴晒，对土壤要求不高。观赏性很强，秋叶的景色独树一帜，为著名的秋色叶树种。在园林中可用作庇荫树、行道树或风景园林中的伴生树。木材可作建筑材料或器材材料、乐器材料、雕塑材料等。

枫树的根具有祛风止痛之功效；叶具有祛风除湿、行气止痛之功效；种子具有祛风通络、利水下乳之功效。

植物文化 枫树的观赏性很强，我国最著名的四大赏枫胜地是北京香山、苏州天平山、南京栖霞山、长沙岳麓山。枫树代表凄美缠绵的爱情，也象征火红、热烈、赤诚，花语是坚强、不畏艰辛。人们用它来象征积极乐观的人，在生活的磨难下，那些越挫越勇的人值得敬佩。

观赏地点 康乐园中种植的枫树目前只有6棵，其中松园路387栋南侧道路沿线种植有5棵、模范村509栋东侧区域种植有1棵，是校园非常宝贵的植物资源。

● 松园路387栋南侧道路沿线枫树景观

● 328栋东南角区域三角枫景观

● 311栋东侧区域三角枫景观

● 三角枫的翅果

三角枫

学名：*Acer buergerianum* Miq.
别名：三角槭
科属：槭树科槭属

简介 落叶乔木。树皮褐色或深褐色，粗糙。小枝细瘦，当年生枝紫色或紫绿色，近于无毛，多年生枝淡灰色或灰褐色，稀被蜡粉。叶纸质，基部近于圆形或楔形，通常浅3裂，裂片向前延伸，稀全缘，中央裂片三角卵形，急尖、锐尖或短渐尖。花多数常成顶生被短柔毛的伞房花序，开花在叶长大以后，花瓣5，淡黄色，狭窄披针形或匙状披针形，先端钝圆。翅果黄褐色，小坚果特别凸起。花期4月，果期8月。

产于我国山东、河南、江苏、浙江、安徽、江西、湖北、湖南、贵州和广东等省。弱阳性树种，稍耐阴，喜温暖湿润环境及中性至酸性土壤，耐寒，较耐水湿。萌芽力强，耐修剪，树系发达，根蘖性强。三角枫枝叶浓密，夏季浓荫覆地，入秋叶色变成暗红，秀色可餐，宜孤植、丛植作庭荫树，也可作行道树及护岸树。

三角枫的根入药，可治风湿关节痛；根皮、茎皮入药，可清热解毒、消暑。

植物文化 三角枫的花语是积极向上、健康独立。

观赏地点 康乐园中种植的三角枫目前仅有3棵，其中311栋东侧区域种植有1棵、328栋东南角区域种植有1棵、331栋东北角区域种植有1棵。

● 三角枫的花和叶

二十五、茜草科

团花树

学名：*Neolamarckia cadamba* (Roxb.) Bosser.
别名：黄粱木、卡达姆树、莱卡特藤、白加朋、野奎宁树、黄奶酪木
科属：茜草科团花属

● 团花树的花和叶

简介 落叶大乔木，高达30米。树干通直，基部略有板状根。树皮薄，灰褐色，老时有裂隙且粗糙。枝平展，幼枝略扁，褐色，老枝圆柱形，灰色。叶对生，薄革质，椭圆形或长圆状椭圆形。头状花序单个顶生，花序梗粗壮，无毛。花冠黄白色，漏斗状。果成熟时黄绿色。种子近三棱形，无翅。花果期6~11月。

在我国分布于广东、广西、云南等省区。喜光，喜高温高湿，喜生长于雨量充足、湿度大的地区。团花树树形美观，树干挺拔秀丽，树冠呈圆形，叶片大而光亮，适合作行道树、园景树。团花树不仅速生，而且材质也良好，锯刨切削容易，顺纹刨面光滑，且干燥快，变形较小。木材适用于作箱侧板、火柴杆、茶叶箱或其他包装箱，在建筑上可用作门窗、檩条、椽子、天花板、室内装修等。

团花树的树皮、果实和叶均可入药，有治疗发热、咳嗽、恶心、呕吐、腹泻、痢疾、肠易激综合征等功效。

植物文化 1972年的世界林业大会上，团花树被各国专家公认为"奇迹式的树木"，它的神奇在于比其他任何树种都长得快，是发展人工造林最理想的树种。

观赏地点 康乐园中目前种植有10棵团花树，其中1棵在四墩楼建筑群236栋西侧区域、3棵在314栋南边大草坪区域、6棵在英东体育场西南侧区域。树体高大挺拔，气势磅礴，观赏性极佳。

● 236栋西侧区域团花树景观

● 314栋南边大草坪区域团花树景观

● 英东体育场西南侧沿线团花树景观

二十六、蔷薇科

● 豆梨的花

● 豆梨的梨果

豆梨

学名：*Pyrus calleryana* Decne.
别名：野梨、山梨、刺仔、鸟梨、棠梨
科属：蔷薇科梨属

简介　乔木，高5~8米。小枝粗壮，圆柱形，二年生枝条灰褐色。叶片宽卵形至卵形，稀长椭卵形。伞形总状花序，具花6~12朵，总花梗和花梗均无毛。苞片膜质，线状披针形。萼筒无毛，披针形，先端渐尖，全缘。花瓣卵形，基部具短爪，白色。梨果球形，黑褐色，有斑点。

在我国天然分布于淮河、长江流域以及华南地区，山东以北少见。适生于温暖潮湿气候，喜光，稍耐阴，不耐寒，耐干旱、瘠薄，对土壤要求不严，深根性，具有抗病虫害能力，生长较慢。具有较高的绿化观赏价值，在我国黄河以南各省皆可选为城乡绿化树种。木材材质优良，坚硬，纹理致密，可供制作高档家具，也可用于雕刻图章和制作手工艺品。

豆梨的根、茎、叶、花、果实均可入药。其中，根、叶具有润肺止咳、清热解毒的功效；枝具有行气和胃、止泻的功效；果实具有健胃消食、涩肠止痢、清热生津的功效；叶和花对闹羊花、藜芦中毒有解毒作用。

植物文化　豆梨被列入《中国生物多样性红色名录——高等植物卷》（2013年）—无危（LC）。

观赏地点　康乐园目前仅有1棵豆梨种植在304栋古建筑东侧区域。

● 304栋古建筑东侧绿化区豆梨景观

福建山樱花

● 福建山樱花的花

学名：*Prunus campanulata*
别名：绯寒樱、山樱花
科属：蔷薇科樱属

● 福建山樱花的果实

简介 乔木。树冠卵圆形至圆形。单叶互生，具腺状锯齿。花单生枝顶或3~6朵簇生呈伞形或伞房状花序，与叶同时生出或先叶后花，萼筒钟状或筒状，栽培品种多为重瓣。果红色或黑色，5~6月成熟。

樱属植物主要种类分布在我国西部和西南部以及日本和朝鲜。目前国内大部分城市庭园有栽培。性喜阳光和温暖湿润环境，有一定抗寒力和耐旱力，对土壤的要求不严，但不耐盐碱土。福建山樱花的花鲜艳亮丽，枝叶繁茂旺盛，是早春重要的观花树种，常用于园林观赏。

福建山樱花的树皮、木材等有治疗咳嗽、发热等症状的药用功能。

植物文化 福建山樱花的花语是纯洁、高尚、淡薄。据日本权威著作《樱大鉴》记载，樱花原产于中国喜马拉雅山脉，被人工栽培后逐步传入长江流域、西南地区以及台湾岛。秦汉时期，中国宫廷皇族就已种植樱花，距今已有2000多年的栽培历史。盛唐时期，从宫苑廊庑到民舍田间，随处可见绚烂绽放的樱花，烘托出一个盛世华夏的伟岸身影。当时万国来朝，日本深慕中华文化之璀璨，樱花随着建筑、服饰等一并被日本朝拜者带回。樱花传往日本后，在精心培育下不断增加品种，成为一个品种丰富的樱花家族。成为日本国花后，它更受关注，也得到更多培养，出现了观赏性更强的高等品种。

观赏地点 康乐园目前共种植有15棵福建山樱花，其中7棵分布在松园湖东南侧沿线区域、8棵分布在梁銶琚堂南侧庭院小花园内。其观赏性极佳，每逢花期，满树樱花争相斗艳，火红一片，引来无数校友观赏、拍照。

● 松园湖东南侧区域福建山樱花景观

● 梁銶琚堂南侧庭院小花园福建山樱花景观

● 广州樱的花

● 广州樱的果实

广州樱

学名：*Prunus yunnanensis* 'Guangzhou'
别名：樱花
科属：蔷薇科樱属

● 西区新建怡乐路教师公寓中心花园广州樱景观一

简介 小乔木，为樱花杂交品种。树势高大，主干直立挺拔。先花后叶，花量巨大，开花时每根枝条从顶梢到底部布满花朵。花浅玫红色，花萼钟状，2~3朵花集生成一个花序。花期3~4月。结实率非常高，果实开始成熟时，先由绿色变金黄色，再由金黄色变鲜红色，最后变紫黑色。远远看去，满树的果实黄红紫绿相间，十分美观。

广州樱是由广州天适集团培育的一个适应广州气候的樱花品种，在广州地区栽植的效果良好。其分枝能力强，树形自然成型，不需要修剪。生长速度是普通樱花的2倍，可以在最短的时间内达到最佳的观赏效果。在抗虫、抗病方面优点显著，适合栽种在道路两旁，是未来品种樱花的行道树之王，同时也是非常优良的庭园造景树种。

广州樱的树皮、木材等均可入药，有治疗咳嗽、发热等症状的药用功能。

植物文化 广州樱是早樱和中樱里的代表树种，是连接早樱和中樱最重要的品种，在樱花的花期搭配中具有不可替代的作用。

观赏地点 康乐园目前仅见在西区新建怡乐路教师公寓中心花园区域种植有十几棵广州樱，花期满树火红一片，观赏性极佳。

● 西区新建怡乐路教师公寓中心花园广州樱景观二

枇杷

学名：*Eriobotrya japonica* (Thunb.) Lindl.
别名：金丸、芦橘、芦枝
科属：蔷薇科枇杷属

● 校医院南侧区域枇杷景观

简介 常绿乔木，树高可达10米。小枝粗壮，棕黄色，密生锈色或灰棕色绒毛。叶片革质，披针形或椭圆长圆形。圆锥花序顶生，具多花。总花梗与花梗密生锈色绒毛。果实球形或长圆形。种子1~5粒，球形或扁球形，褐色，光亮，种皮纸质。花期10~12月，果期5~6月。

我国江苏、安徽、浙江、江西、福建、台湾、湖北、湖南、四川、云南、贵州、广东、广西等地广泛栽培，湖北、四川有野生种群。适宜温暖湿润的气候，在生长发育过程中要求较高温度，对土壤适应性强，但以土层深厚、土质疏松、含腐殖质多的沙质壤土为佳。枇杷树姿优美，花、果色泽艳丽，是优良的绿化树种与蜜源植物，果味酸甜，供鲜食、蜜饯与酿酒用。木材红棕色，可制作木梳、手杖、农具柄等。

枇杷的树叶晒干去毛可供药用，有化痰止咳、和胃降气之效；枇杷花具有疏风止咳、通鼻窍之功效。

植物文化 枇杷树的寓意是家庭幸福美满和事业进步；枇杷花的花语是润物无声、关怀的爱、陪伴、相思。

观赏地点 康乐园目前种植有一定数量的枇杷，其中学生宿舍108栋北侧有1棵、学生宿舍117栋西侧有2棵、校医院南侧有2棵、236栋东南角和西北角各有1棵、256栋内庭小花园内有2棵、马岗顶323栋周边有16棵、管理学院楼东侧有1棵、551栋北侧有1棵、老干部活动中心南侧有1棵。此外，西区部分住宅楼周边还有零星种植。

● 256栋内庭小花园枇杷景观

● 枇杷的花序

● 枇杷的果实

● 沙梨的花

● 沙梨的果实

● 沙梨的叶

沙梨

学名：*Pyrus pyrifolia* (Burm.f.) Nakai
别名：麻安梨
科属：蔷薇科梨属

● 蒲园路640栋北侧人行道区域沙梨景观

简介 乔木，高达7~15米。小枝嫩时具黄褐色长柔毛或绒毛，不久脱落，二年生枝紫褐色或暗褐色，具稀疏皮孔。叶片卵状椭圆形或卵形，先端长尖，基部圆形或近心形，边缘有刺芒锯齿，微向内合拢，上下两面无毛或嫩时有褐色绵毛。叶柄嫩时被绒毛，不久脱落。伞形总状花序，具花6~9朵。花瓣卵形，先端啮齿状，基部具短爪，白色。果实近球形，浅褐色，有浅色斑点，先端微向下陷，萼片脱落。种子卵形，微扁，深褐色。花期4月，果期8月。

主产于我国长江流域，华南、西南地区也有栽培。喜光，喜温暖湿润气候，耐旱，也耐水湿，耐寒力差。根系发达，优良品种很多，形成南方系统（沙梨系统）。开花时满树洁白，夏秋季硕果累累，可作庭园树观赏。

沙梨的根可入药，主治疝气、咳嗽；果皮入药，有清暑解渴、生津收敛之功效。

观赏地点 康乐园中目前仅有1棵沙梨种植在蒲园路640栋北侧人行道区域。

● 石斑木的叶

● 石斑木的花

● 536栋陆达理堂南侧三角绿化区石斑木景观

石斑木

学名：*Rhaphiolepis indica* (L.) Lindl. ex Ker
别名：春花、雷公树、白杏花、报春花、车轮梅
科属：蔷薇科石斑木属

简介 常绿灌木或小乔木。幼枝初被褐色绒毛，以后逐渐脱落近于无毛。叶片集生于枝顶，卵形、长圆形，稀倒卵形或长圆披针形。顶生圆锥花序或总状花序，总花梗和花梗被锈色绒毛，花瓣5枚，白色或淡红色，倒卵形或披针形。果实球形，紫黑色，果梗短粗。花期4月，果期7~8月。

在我国主要分布于安徽、浙江、江西、湖南、贵州、云南、福建、广东、广西、台湾等地区。石斑木生性强健，喜光，耐水湿、耐盐碱土、耐热、耐寒，抗风，花朵白里透红，是滨海地区不可多得的优良树种，也可用于庭园绿化。树冠不用修剪，自然成伞形，且耐修剪。木材带红色，质重坚韧，可作器物。果实可食。

石斑木以根、叶入药，主治跌打瘀肿、创伤出血、无名肿毒、骨髓炎、烫伤、毒蛇咬伤。

植物文化 石斑木的花语是敏锐。

观赏地点 康乐园中石斑木的种植数量非常稀少，目前仅见在英东体育馆西南侧区域种植有2棵、536栋陆达理堂南侧三角绿化区域种植有1棵（呈灌木状造景）。

● 英东体育馆西南侧区域石斑木景观

● 石斑木的果实

桃树

学名：*Prunus persica* L.
别名：桃子、桃仔
科属：蔷薇科桃属

● 桃树的花枝

● 桃树的果实

简介 乔木，高3~8米。树冠宽广而平展。树皮暗红褐色，老时粗糙呈鳞片状。小枝细长，无毛，有光泽，绿色。叶片披针形，先端渐尖，基部宽楔形，上面无毛，下面在脉腋间具少数短柔毛或无毛，叶边具细锯齿或粗锯齿。花单生，粉红色，罕为白色。核果圆形，果面有茸毛。种仁味苦，稀味甜。花期3~4月，果实成熟期因品种而异，通常为8~9月。

原产于我国，现各地都有栽培。桃树的品种除采果品种外，亦有观花品种，早春花盛开，娇艳动人，是优美的观赏树。果肉清津味甘，除生食之外亦可制果干、罐头。

桃树全株可入药，有补益气血、养阴生津等药用价值；桃仁有活血化瘀、润肠通便的作用。

植物文化 在中国传统文化中，桃蕴含着图腾崇拜、生殖崇拜的原始信仰，这些象征意义以各种不同的形式潜存于民族心理之中并通过民俗活动得以引申、发展、整合、变异。桃花象征着春天、爱情、美颜与理想世界。桃枝用于驱邪求吉，在民间巫术信仰中源自万物有灵的观念。桃果融入中国仙话中，隐含着长寿、健康、生育的寓意。

观赏地点 康乐园中目前种植的桃树不是很多，仅见1棵种植在曾宪梓堂南院北侧区域、1棵种植在岭南三堂东侧区域、1棵种植在343栋东南侧区域、1棵种植在北门值班室旁边。

● 北门值班室门口桃树景观

● 岭南三堂东侧绿化区桃树景观

二十七、千屈菜科

大叶紫薇

学名：*Lagerstroemia speciosa*
别名：大花紫薇、洋紫薇、痒痒树
科属：千屈菜科紫薇属

● 大叶紫薇的花　　● 大叶紫薇的蒴果

简介　落叶大乔木，高7~25米。树皮灰色，平滑。枝圆柱形，无毛。叶互生或近对生，叶片革质，椭圆形或卵状椭圆形，稀披针形，先端钝形或短尖，基部阔楔形至圆形，两面均无毛。花淡红色或紫色，顶生圆锥花序排成分塔形。蒴果倒卵状矩圆形或球形，褐灰色，6裂。种子多数。花期5~9月，果期10~12月。

　　原产于亚洲热带地区，我国南方各地均有栽培。耐热、不耐寒，耐旱、耐碱、耐风、耐剪，抗污染，大树较难移植。花期长，全年可观赏时间达7个月，是园林绿化中重要的观花观叶树种，适合用作高级行道树、园景树与庭荫树。

　　大叶紫薇的根及叶均可入药，有敛疮、解毒之功效。

植物文化　大叶紫薇是夏天开花类代表树种之一。花在枝条成串绽开，幽柔华丽，极为壮观。球形蒴果串串结于枝头，宛如树顶挂着许多小铃铛。每到冬季，暗红色的叶子禁不住寒冷而纷纷落下，到初春又发芽，给人季相变化的感受。大叶紫薇花色中的紫色，为传统经典色，有紫气东来的意思，寓意好运。

观赏地点　康乐园中目前种植有160多棵大叶紫薇，分布在各个区域，尤以四墩楼周边、园东路东段、东区亲新广场、校医院周边、图书馆周边、507栋周边以及曾宪梓堂北院东北角等区域的景观最具代表性。大叶紫薇是康乐园中夏季开花的主要观花类树木，每当花开季节，都能给烈日炎炎的康乐园增添一份独有的美丽。

● 234栋东侧绿化区大叶紫薇景观

● 曾宪梓堂北院东北角大叶紫薇景观

南紫薇

学名：*Lagerstroemia subcostata* Koehne
别名：苞饭花、九荆、枸那花、构那花、蚊仔花
科属：千屈菜科紫薇属

● 南紫薇的叶

简介 落叶乔木或灌木，高可达14米。树皮薄，灰白色或茶褐色，无毛或稍被短硬毛。叶膜质，矩圆形或矩圆状披针形，稀卵形，顶端渐尖，基部阔楔形，上面通常无毛或有时散生小柔毛，下面无毛或微被柔毛，或沿中脉被短柔毛，有时脉腋间有丛毛。蒴果椭圆形。种子有翅。花期6～8月，果期7～10月。

原产于我国多省区。喜暖湿气候，喜光，略耐阴，喜肥，尤喜深厚、肥沃的沙质壤土，亦耐干旱，抗寒，萌蘖性强，具有较强的抗污染能力，对二氧化硫、氟化氢及氯气的抗性较强，是园林绿化中比较受欢迎的树种。材质坚密，可作家具、细工及建筑用，也可作轻便铁枕木。

南紫薇的花可供药用，有去毒消瘀之功效。

植物文化 自古以来，紫薇花不仅有文人墨客的歌颂，更有民间赋予的种种传说。其每年开花时间总是避开百花盛开的春天，给人一种独自美丽的感觉。

观赏地点 康乐园目前仅剩的1棵南紫薇种植在305栋东北角区域，为早年引入种植，不仅丰富了校园的景观效果，也为校园植物的生态多样性做出了贡献。

● 南紫薇的花

● 南紫薇的蒴果

● 305栋东北角区域南紫薇景观

● 大钟楼西侧斜坡区域小叶紫薇景观

● 梁銶琚堂南侧庭院小花园内小叶紫薇景观

小叶紫薇

学名： *Lagerstroemia indica*
别名： 细叶紫薇、百日红
科属： 千屈菜科紫薇属

● 小叶紫薇的叶

● 小叶紫薇的蒴果

简介 落叶小乔木，高可达10米，树身大可合抱。树皮呈长薄片状，剥落后平滑细腻。小枝略呈四棱形，常有狭翅。单叶对生或近对生，椭圆形至倒卵形。圆锥花序着生于当年生枝端，花呈白、堇、红、紫等色，花瓣6枚，近圆形，边缘皱缩状，基部具长爪。蒴果成熟时紫黑色。种子有翅。花期6~9月，果期9~12月。

原产于我国华南及印度、南洋等地。性喜温暖湿润，喜光而稍耐阴，有一定的抗寒力、耐旱力及抗风力。喜生长于石灰性土壤和肥沃的沙壤土，虽在黏质土中亦能生长，但生长速度较慢。小叶紫薇花姿优美，花色艳丽，花期长，在园林绿化中被广泛配植于公园、道路、住宅区、工矿区等环境，也可制作树桩或盆景，是绿化美化环境和家庭养花的优良花卉品种。

小叶紫薇的花可入药，具有清热解毒、凉血止血的作用。

植物文化 "谁道花无红百日，紫薇长放半年花。" 小叶紫薇花的花语是好运、雄辩。

观赏地点 康乐园目前有100多棵小叶紫薇种植在各区域，尤以梁銶琚堂南侧庭院小花园、测试大楼东南侧、模范村323栋南侧、大钟楼西侧斜坡、松园湖周边以及英东体育场西侧等区域的小叶紫薇景观最为艳丽壮观。其花期长，花开艳丽满枝头，花色丰富多样，观赏性极佳。

● 小叶紫薇的花

中叶紫薇

学名：*Lagetstroemia* medium leafy
别名：中叶洋紫薇
科属：千屈菜科紫薇属

● 中叶紫薇的蒴果

简介 落叶小乔木，高可达5~10米。树皮灰色，平滑。枝圆柱形，无毛。叶互生或近对生，叶片革质，椭圆形或卵状椭圆形，稀披针形，先端钝形或短尖，基部阔楔形至圆形，两面均无毛。花紫红色，顶生圆锥花序排成分塔形。蒴果褐灰色，6裂。种子多数。花期5~10月，果期10~12月。

耐热、耐旱、耐碱、耐风、耐剪，抗污染。花期长，全年可观赏时间达7个月，是园林绿化中新培育出的一种非常优良的观花观叶树种，适合用作高级行道树、园景树与庭荫树。

中叶紫薇的根及叶均可入药，有敛疮、解毒之功效。

植物文化 该品种集结大叶紫薇和小叶紫薇的优点于一身，紫红色的花为传统的经典色，花期很长，增加了广州地区夏秋开花类的树种。它是广州番禺苗圃嫁接培育的新品种，目前除在培育苗圃有20多棵种植外，仅见在康乐园有5棵种植。

观赏地点 康乐园目前有5棵中叶紫薇种植在中山楼西广场区域，极大地丰富了校园夏秋开花树种种类，同时也为烈日炎炎的校园增添了一份独有的美景。

● 中山楼西广场东北绿化区中叶紫薇景观

● 中山楼西广场中心小花园内中叶紫薇景观

● 中叶紫薇的花

二十八、忍冬科

珊瑚树

学名：*Viburnum odoratissimum*
别名：早禾树、法国冬青、日本珊瑚树
科属：忍冬科荚蒾属

简介 常绿灌木或小乔木，高达10~15米。枝干挺直，树皮灰褐色，具有圆形皮孔。叶革质，对生，长椭圆形或倒披针形，有时近圆形，表面暗绿色，光亮，背面淡绿色，终年苍翠。圆锥花序顶生或生于侧生短枝上，有淡黄色小瘤状突起。花芳香，花冠白色，后变黄白色，有时微红，辐状。花退却后显出椭圆形的果实，初为橙红，之后红色渐变紫黑色，形似珊瑚，故而得名。花期3~4月（有时不定期开花），果熟期7~9月。

产于福建东南部、湖南南部、广东、海南和广西。喜温暖、稍耐寒，喜光、稍耐阴。在潮湿、肥沃的中性土壤中生长旺盛，也能适应酸性或微碱性土壤。根系发达，萌芽性强，耐修剪，对有毒气体抗性强。珊瑚树枝繁叶茂，遮蔽效果好，又耐修剪，因此在绿化中被广泛应用，红果形如珊瑚，绚丽可爱。

珊瑚树的根、树皮、叶均可入药，有清热祛湿、通经活络、拔毒生肌之功用。

植物文化 珊瑚树的花语是明天要幸福。

观赏地点 康乐园中目前种植的珊瑚树只有3棵，其中1棵在大钟楼西南侧区域、1棵在488栋研究生楼北侧区域、1棵在507栋南侧区域。

● 488栋研究生楼北侧区域珊瑚树景观

● 507栋南侧绿化区珊瑚树景观

● 珊瑚树的花序

● 珊瑚树的果实

二十九、桑科

● 菠萝蜜的花

● 菠萝蜜的核果

菠萝蜜

学名：*Artocarpus heterophyllus* Lam.
别名：波罗蜜、苞萝、木菠萝、树菠萝、大树菠萝
科属：桑科波罗蜜属

● 岭南路312栋南侧沿线菠萝蜜景观

简介 常绿乔木，高10～20米。老树常有板状根。树皮厚，黑褐色。叶革质，螺旋状排列，椭圆形或倒卵形。花雌雄同株，花序生老茎或短枝上。聚花果椭圆形至球形，或不规则形状，幼时浅黄色，成熟时黄褐色，表面有坚硬六角形瘤状凸体和粗毛。核果长椭圆形。花果期6～10月。

原产于印度，我国广东、海南、广西、福建、云南南部均有栽培。喜热带气候，喜光，幼时稍耐阴，喜深厚、肥沃土壤，忌积水。菠萝蜜树干通直，树性强健，树冠茂密，产果量多，在园林绿化中可种植在庭园及小游园中，也可作行道树，起到遮阴及观果的效果。木材材质略硬而轻，色泽鲜黄，纹理细致美观，百年不腐，白蚁不近，是上等的家具用材，树根可制作珍贵木雕。

菠萝蜜具有较好的药用价值，服用后能加强体内纤维蛋白的水解，可将阻塞于组织与血管内的纤维蛋白及血凝块溶解，从而改善局部血液、体液循环，使炎症和水肿吸收、消退，对脑血栓及其他血栓所引起的疾病有一定的辅助治疗作用。

植物文化 菠萝蜜的花语是完美无缺。

观赏地点 康乐园中共种植有50多棵菠萝蜜，主要分布在游泳池西侧、测试大楼庭院小花园、346栋北侧、517栋东北侧、西大球场西侧、西区部分住宅楼区域以及康乐路304栋南侧和岭南路312栋南侧沿线。从5月份开始菠萝蜜逐渐进入果期，每年毕业季，满树金黄色的硕果，洋溢着收获的喜悦。

● 园东湖南边绿化区菠萝蜜景观

• 逸仙大道两侧垂叶榕行道树景观

• 垂叶榕的叶

• 垂叶榕的果实

垂叶榕

学名：*Ficus benjamina* L.
别名：垂榕、白榕
科属：桑科榕属

简介 乔木。树冠广阔。树皮灰色，平滑。小枝下垂。叶薄革质，卵形至卵状椭圆形，先端短渐尖，基部圆形或楔形，全缘。榕果成对或单生叶腋，基部缢缩成柄，球形或扁球形，光滑，成熟时红色至黄色。花期8~11月。

产于我国广东、广西、海南、云南、贵州。耐热、耐旱、耐湿、耐风、耐阴，抗污染，易移植。阳性植物，喜高温多湿气候，忌低温、干燥环境。耐强度修剪，可用于做各种造型，非常适合用作园景树和遮阴树。

垂叶榕的气根、树皮、叶芽、果实都可入药，具有清热解毒、祛风、凉血、滋阴润肺、发表透疹、催乳之功效。

植物文化 垂叶榕的花语是友善可亲。

观赏地点 康乐园中垂叶榕的分布范围极广，既有以柱榕、球榕等灌木形式在校园各建筑物周边造景，也有以大乔木形式应用于校园林荫大道。它和小叶榕都是康乐园中逸仙大道等校园林荫大道景观形成的主要树种。

• 紫荆园宾馆西侧沿线垂叶榕柱榕景观

大叶榕

● 大叶榕的果实

● 冼为坚堂北边道路两侧大叶榕景观

学名：*Ficus virens* Ait. var. *sublanceolata* (Miq.) Corner
别名：马尾榕、黄槲树、黄葛榕、保爷树
科属：桑科榕属

简介 高大落叶乔木。其茎干粗壮，树形奇特，悬根露爪，蜿蜒交错，古态盎然。枝杈密集，大枝横伸，小枝斜出虬曲。树叶茂密，叶片油绿光亮。寿命很长，百年以上大树比比皆是。果生于叶腋，球形，黄色或紫红色。花期5~8月，果期8~11月。

产于我国南方地区。喜光，有气生根，为阳性树种，喜温暖湿润气候，耐旱而不耐寒，耐寒性比榕树稍强。抗风，抗大气污染，耐瘠薄，对土质要求不严，生长迅速，萌发力强，易栽植，非常适合用作园景树和遮阴树。

植物文化 旧时在我国西南一带有这样的风俗习惯：大叶榕只能在寺庙、公共场合才能种植，因它能招来牛鬼蛇神，所以家庭很少种植。大叶榕是重庆、四川达州、四川遂宁的市树。

观赏地点 康乐园中目前有200多棵大叶榕分布在校园各个区域，其中以冼为坚堂北边道路两侧、园东路道路两侧、园北路道路两侧的大叶榕林荫大道景观最为壮观。此外，在学生宿舍区各楼宇以及校园其他各类建筑物周边还有一些大叶榕以散生方式造景。大叶榕是康乐园内主要景观树种，尤其是每年春季的落叶和新叶交替时期，满枝玉叶飘逸，预示着春天的来临，让校园春意盎然、生机勃勃。

● 园东路沿线道路两侧大叶榕景观

● 园北路沿线道路两侧大叶榕景观

对叶榕

学名：*Ficus hispida* L. f.
别名：牛奶树、牛奶子、多糯树、稔水冬瓜、乳汁麻木
科属：桑科榕属

● 对叶榕的叶片

简介　灌木或小乔木，被糙毛。叶通常对生，厚纸质，卵状长椭圆形或倒卵状矩圆形，全缘或有钝齿，顶端急尖或短尖，基部圆形或近楔形，表面粗糙，被短粗毛，背面被灰色粗糙毛，侧脉6~9对，叶柄被短粗毛。榕果腋生或生于落叶枝上，或老茎发出的下垂枝上，陀螺形，成熟时黄色。花果期6~7月。

在我国主要分布于广东、海南、广西、云南（西双版纳、思茅、德宏、红河、文山、临沧、玉溪等地）和贵州等省区。喜光，喜温暖湿润气候，抗大气污染，耐瘠薄，对土质要求不严，生长迅速，萌发力强，易栽植。

对叶榕的根、皮、叶、果实均可入药，具有清热解毒、利水退黄、补土健胃之功效。

观赏地点　康乐园中目前仅有少量对叶榕散生在各个区域，基本都处于自繁野生状态，其中以马岗顶344栋东侧、游泳池南侧以及英东体育场南侧等区域的对叶榕景观较为良好。每当秋天来临之际，树枝上挂满了一串串丰硕的果实，展现出一派生机勃勃的景象，为宁静的校园增添了一抹浓厚的丰收氛围。

● 英东体育场南侧绿化区对叶榕景观

● 对叶榕的果实

● 马岗顶344栋东侧区域对叶榕景观

高山榕

学名：*Ficus altissima*
别名：马榕、鸡榕、大青树
科属：桑科榕属

● 高山榕的叶

● 高山榕的果实

简介 大乔木。树皮灰色，平滑。幼枝绿色，被微柔毛。叶厚革质，卵状椭圆形，先端钝，基部宽楔形，两面光滑，无毛。榕果成对腋生，椭圆状卵圆形，成熟时红色或带黄色，顶部脐状凸起，基生苞片短宽而钝，脱落后环状。果实成熟后相当长一段时间仍留在母树上，种子无休眠期，在果实内就萌发。花期3～4月，果期5～7月。

原产于我国海南、广西、云南、四川等地。阳性植物，喜高温多湿气候，耐干旱、瘠薄，抗风，抗大气污染，生长迅速，移栽容易成活。高山榕树冠大，叶厚革质有光泽，隐头花序形成的果成熟时金黄色，是极好的城市绿化树种。只是树体量太大，根系过于发达，不太适宜作路树，却非常适合作园景树和遮阴树。

高山榕的根、枝条均可入药，有清热解毒、活血止痛之功效。

植物文化 据有关资料记载，形成独树成林景观最大的单株高山榕占地数十亩，直径在10厘米以上的气生根就有上千条。如在云南西双版纳地区，多处高山榕所形成的独树成林景观成为当地旅游观光的重要内容之一。当地居民尤其是傣族、布朗族等少数民族，都将高山榕看作神树，倍加崇拜。

观赏地点 康乐园中高山榕的种植数量不是很多，目前仅在中文堂南侧道路沿线种植有6棵、505栋北侧区域种植有1棵、中大附属中学教学楼东侧区域种植有3棵，树冠葱郁繁盛，极具观赏价值。

● 中文堂南侧道路沿线高山榕景观

● 505栋古建筑北侧绿化区高山榕景观

构树

学名：*Broussonetia papyrifera*
别名：构桃树、构乳树、楮树、楮实子、沙纸树、谷木、假杨梅
科属：桑科构属

● 构树的叶

简介 落叶乔木。树皮暗灰色。树冠张开，卵形至广卵形。小枝密生柔毛。小叶常有明显分裂，表面粗糙，疏生糙毛，背面密被绒毛，基生叶脉三出，螺旋状排列。花雌雄异株，雄花序为柔荑花序。聚花果成熟时橙红色，肉质。花期4～5月，果期6～7月。

产于我国南北各地，野生或栽培。适应性强，耐旱、耐瘠、耐烟尘，抗大气污染力强，为抗有毒气体（二氧化硫和氯气）强的树种，可在大气污染严重地区栽植。其叶是很好的猪饲料，树皮是造纸的高级原料。构树是城乡绿化的重要树种，尤其适合用作矿区及荒山坡地绿化，亦可选作庭荫树及防护林用。

中医学上称构树的果为楮实子、构树子，与根共入药，能补肾、利尿、强筋骨；叶清热、凉血、利湿、杀虫；皮利尿消肿、祛风湿；乳汁利水消肿、解毒，治水肿癣疾，蛇、虫、蜂、蝎、狗咬。

植物文化 构树的寓意是好运，代表着吉祥、如意，象征着子孙富贵发达、家中老人健康长寿。

观赏地点 康乐园中目前种植有40多棵构树，主要分布在东门至南门围墙沿线、广寒宫东侧、英东田径场东南侧、校医院周边、278栋西侧、371栋北侧、模范村各楼宇周边以及马岗顶338栋西侧等区域。

● 模范村524栋马应彪屋西侧区域构树景观

● 英东田径场东南侧绿化区构树景观

● 构树的果实

● 桂木的花　　● 桂木的果实　　● 桂木的树干　　● 桂木的叶

桂木

学名：*Artocarpus parvus* Gagnep.
别名：狗果树、红桂木、大叶胭脂
科属：桑科波罗蜜属

简介　乔木，高可达17米。主干通直，树皮黑褐色，纵裂。叶互生，革质，长圆状椭圆形至倒卵状椭圆形，全缘或具不规则浅疏锯齿，表面深绿色，背面淡绿色，两面均无毛。雄花序头状，倒卵圆形至长圆形。聚花果近球形，表面粗糙被毛，成熟红色，肉质。小核果10~15颗。花期4~5月，肉质果7~8月成熟。

产于我国广东、海南、广西等地。喜光，喜温湿气候及肥沃、疏松的土壤。树叶常绿，树形优美，枝叶繁茂，适应性强，具有较好的观赏价值，多用作园林绿化树种。成熟聚合果可食。木材坚硬，纹理细微，可供建筑或家具等原料用材。

桂木的果和根茎均可入药，具有清热开胃、活血止血的功效。

植物文化　桂木果内的肉质鲜红似胭脂，可食，味酸甜。种子含有油质，群众喜欢采摘食用。

观赏地点　康乐园中目前仅见4棵桂木，其中园南路马文辉堂东侧区域种植有1棵、园南路测试大楼西南角沿线区域种植有3棵。

● 园南路马文辉堂东侧区域桂木景观

● 园南路测试大楼西南角区域桂木景观

菩提榕

● 菩提榕的果实

学名： *Ficus religiosa* L.
别名： 菩提树、神圣之树、思维树、印度菩提树、佛树、觉树、道树、印度波树
科属： 桑科榕属

● 菩提榕的叶

简介 常绿乔木。树形优美，枝干长有气生根，树干凸凹不平，给人以老态龙钟而又苍劲之感。叶互生，全缘，心形或卵圆形，先端长尾尖，叶色深绿，叶柄纤细，枝叶扶疏，浓荫盖地。榕果球形至扁球形。花期3~4月，果期5~6月。

原产于印度，我国广东、广西、云南等地有栽培。喜光，不耐阴，喜高温，抗污染能力强，对土壤要求不严，但以肥沃、疏松的微酸性沙壤土为好。树形高大，冠幅广展，枝繁叶茂，优雅可观，是优良的观赏树种，可作庭院行道和污染区的绿化树种。

植物文化 菩提榕在不同的国度里因为人民的风俗不同，而被赋予了不同的花语。在中国，菩提榕象征夫妇之爱、白头偕老；在印度，它的花语则是觉悟、智慧；在欧洲，它的花语则是大慈大悲、明辨善恶。传说在2000多年前，佛祖释迦牟尼是在菩提树下修成正果的，菩提树因此成为"觉悟"的代名词。在印度，无论是印度教、佛教还是耆那教，都将菩提榕视为"神圣之树"，政府更对菩提榕实施"国宝级"保护。

观赏地点 康乐园中目前种植有20多棵菩提榕，主要分布在环校道东南段船池楼沿线、博士后公寓173栋东侧、伍舜德图书馆北侧、马岗顶320栋南侧、管理学院楼南边广场路边、378栋西北侧和531栋东南角等区域。其中游泳池北侧道路边有1棵菩提榕胸径超1米，树龄近百年，树体高大，气势雄伟，景观极佳，令人赞叹不已。

● 环校道东南段船池楼沿线菩提榕景观

● 游泳池北侧道路边菩提榕景观

琴叶榕

学名：*Ficus pandurata* Hance
别名：琴叶橡皮树
科属：桑科榕属

● 琴叶榕的叶

● 琴叶榕的果实

简介 常绿乔木。因叶先端膨大呈提琴形状而得名。茎干直立，极少分枝。叶片密集生长，厚革质，深绿色，具光泽，叶脉凹陷，节间较短。瘿花有柄或无柄。榕果单生叶腋，鲜红色，椭圆形或球形。花期6~8月。

原产于我国广东、海南、广西、福建、湖南、湖北、江西、安徽（南部）、浙江。喜温暖湿润和阳光充足的环境，对水分的要求是宁湿勿干。琴叶榕株形高大，挺拔潇洒，叶片奇特，具较高的观赏价值，是理想的大厅内观叶植物，也可用于装饰会场或办公室，是当今国内外较为流行的庭园树、行道树、盆栽树，对空气污染及尘埃具有较强的抵抗力。

琴叶榕的根和叶均可入药，具有行气活血、舒筋活络、调经之功效。

植物文化 琴叶榕的花语为和蔼可亲。其又大又绿的枝叶甚是怡人，尤其是开花后，显得特别亲切，尽显一片祥和之气。在东、西方国家中，琴叶榕代表着和平，象征吉祥如意，放在家中布景有很好的寓意。

观赏地点 康乐园中琴叶榕的种植数量非常少，是近年来被个别植物爱好者带入校园种植的。目前中东区仅在园北湖南侧绿化区有1棵、原通讯楼北侧绿化区有1棵，此外，西区新建怡乐路教师公寓楼宇周边还有20多棵以小乔木形式造景。

● 园北湖南侧绿化区琴叶榕景观

● 原通讯楼北侧绿化区琴叶榕景观

● 桑树的花序

● 桑树的果实

桑树

学名：*Morus alba* Linn.
别名：家桑、白桑、荆桑
科属：桑科桑属

● 学生宿舍315栋西边大草坪区域桑树景观

简介 落叶乔木。叶卵形或宽卵形，先端尖或渐短尖，基部圆形或心形，锯齿粗钝，幼树之叶常有浅裂、深裂，上面无毛，下面沿叶脉疏生毛，脉腋簇生毛。聚花果（桑椹、桑果）紫黑、淡红或白色，多汁味甜。花期4月，果熟期5～7月。

原产于我国中部，栽培范围几乎遍布全国各地。喜光，耐寒、耐旱、耐水湿、耐轻度盐碱、耐烟尘，抗风，抗有毒气体。树冠宽阔，枝叶茂密，秋季叶色变黄，颇为美观，适于城市、工矿区及农村四旁绿化。桑叶可以用来养蚕，枝叶和桑皮是极好的天然植物染料。

桑树全株可入药。桑叶有疏风清热、凉血止血、清肝明目、润肺止咳之功效；桑枝有祛风湿、通经络、利关节、行水气之功效；桑根有泻肺平喘、行水消肿之功效；桑果有补血滋阴、生津止渴、润肠燥等功效。

植物文化 我国是世界上种桑养蚕最早的国家。种桑养蚕也是中华民族对人类文明的伟大贡献之一。桑树的栽培已有7000多年的历史。在商代，甲骨文中已出现桑、蚕、丝、帛等字形。到了周代，采桑养蚕已是常见农活。春秋战国时期，桑树已成片栽植。

观赏地点 康乐园中的桑树目前仅见冼为坚堂内庭花园内种植有1棵、学生宿舍205栋内庭花园种植有1棵、学生宿舍315栋西边大草坪区域种植有1棵，以及西区643栋北侧和650栋西北角区域各种植有1棵。

● 学生宿舍205栋内庭花园桑树景观

橡胶榕

学名：*Ficus elastica* Roxb. ex Hornem.
别名：橡皮树、印度胶树
科属：桑科榕属

● 橡胶榕的叶

● 橡胶榕的果实

简介 常绿乔木。树冠大，广展。树皮灰白色，平滑。叶片具长柄，互生，厚革质，长椭圆形至椭圆形，顶端圆形，基部圆形，全缘，深绿色，有光泽，侧脉多而明显平行。托叶单生，披针形，包被顶芽，紫红色，脱落后有环状遗迹。雌雄同株，果实成对生于已落叶的叶腋，熟时带黄绿色，卵状长椭圆形。瘦果卵形，具小瘤状凸体。

原产于印度。耐热、不耐寒，耐旱、耐瘠、耐阴、耐风，抗污染，耐剪，萌芽强，易移植，适应性强。因其秋季开花，冬季结果，因此没有明显的休眠期。橡胶榕强健粗放，枝叶厚实茂密，是庭园常见的观赏树。但因根系过于发达，易损坏地面，因此较少作行道树。

橡胶榕的根、树皮、叶均可入药，可治疗风湿痛、闭经、胃痛、疗毒等。

植物文化 橡胶榕的花语是稳重、诚实、信任，寓意着吉祥如意、万古长青。作为制造橡胶产品的重要原料，橡胶榕在植物中具有相当高的身价。

观赏地点 康乐园中种植的橡胶榕目前共有10棵，分布在东门学生宿舍203栋东南角、新体育馆西边大草坪、486栋东南角、梁銶琚堂北边庭院花园、西翠园、681栋西南角、688栋西北角、735栋附属小学综合楼东南侧以及中大附属中学篮球场西北角等区域。经过多年的生长，这些橡胶榕已经长成高大挺拔的参天树体，展现出雄伟壮观的气势，观赏性极佳。

● 东门学生宿舍203栋东南角橡胶榕景观

● 新体育馆西边大草坪区域橡胶榕景观

● 新建生命科学楼北侧广场区域小叶榕景观

● 逸仙大道两侧沿线小叶榕景观

小叶榕

学名：*Ficus microcarpa* L. f.
别名：垂叶榕、万年青
科属：桑科榕属

● 小叶榕的果实

简介 常绿乔木，高15~20米。树冠扩展很大。具奇特板根，露出地表，宛如栅栏。气生根发达，悬垂地面，入土生根，形似支柱。叶革质，椭圆形或卵状椭圆形，有时呈倒卵形。花序托单生或成对生于叶腋。榕果成对腋生或3~4个簇生于无叶小枝叶腋，球形。花期5~6月，果期9~10月。

原产于我国南方和东南亚地区，因树姿优美和较强的适应性，世界各亚热带地区广泛引种和栽培。喜温暖、高湿、长日照、土壤肥沃的生长环境，耐瘠、耐风、抗污染、耐剪、易移植，寿命长。小叶榕是我国南方重要的园林景观植物，因其是常绿树木，而且具有发达的气生根，绿化茂密，树形美观，枝叶下垂，深受人们喜爱，是南方城乡道路、广场、公园、风景点、庭院的主要绿化树种。

小叶榕的叶可入药，在治疗心血管疾病、抗炎抑菌等方面有显著效果。

植物文化 小叶榕具有独木成林、母子世代同根的特性，最能代表我国各民族大家庭"同根生"的寓意。

观赏地点 康乐园中小叶榕的种植数量非常多，初步统计，仅各类高大乔木就达400多棵，其中新建生命科学楼北侧广场、西区榕树头、486栋东北角等区域的小叶榕已有独木成林之景观。逸仙大道作为小叶榕覆盖的林荫大道更是康乐园最美的景观廊道。此外，还有很多楼宇周边以小叶榕灌木球等形式造景。

● 116栋学生公寓门口小叶榕景观

斜叶榕

● 斜叶榕的叶

学名：*Ficus tinctoria*
别名：石壁榕、半边刀
科属：桑科榕属

简介 乔木或附生。全株有乳汁。单叶互生，叶革质，变异很大，卵状椭圆形或近菱形，两侧极不相等，在同一树上有全缘的也有具角棱和角齿的，大小幅度相差很大，叶背略粗糙，有微小的瘤状突起体，网脉在背面稍明显。隐头花序，花序托单生或成对腋生，扁球形或球状梨形，成熟时黄色，顶部有脐状突起，下端聚狭成柄，微被柔毛，基部有少数苞片。雄花、瘿花着生于同一花序托内壁。瘦果。花果期为冬季至次年6月。

分布于我国福建、台湾、广东、海南、广西、贵州、云南等地。喜温暖、潮湿、长日照、土壤肥沃的生长环境。在南方城乡道路、广场、公园、风景点、庭院的绿化中经常应用。

斜叶榕的树皮入药，有清热利湿、解毒之功效；叶入药，有祛痰止咳、活血通络之功效。

观赏地点 康乐园中斜叶榕的种植数量极少，目前仅见4棵，其中1棵位于第三教学楼西侧区域、1棵在345栋古建筑西侧路边、1棵在中大附属小学东南角门口、1棵在中大附属小学北侧围墙区域。

● 中大附属小学东南角门口斜叶榕景观

● 斜叶榕的果实

● 345栋古建筑西侧路边斜叶榕景观

枕果榕

学名：*Ficus drupacea* Thunb.
别名：美丽枕果榕
科属：桑科榕属

● 枕果榕的果实

● 枕果榕发达的板根

简介 乔木。无气生根，但有发达的板根。树皮灰白色。嫩枝密被黄褐色短丛卷毛。叶革质，长椭圆形至倒卵椭圆形，先端骤尖，基部圆形或浅心形，表面绿色，无毛或疏生短柔毛，背面被黄褐色短丛卷毛，后脱落，托叶披针形。榕果成对腋生，长椭圆状枕形，成熟时橙红至鲜红色，疏生白斑，顶部微呈脐状突起，雄花、瘿花、雌花同生于一榕果内。

分布于亚热带地区或热带地区，我国广东、广西、海南有野生和栽培。喜阳耐湿，耐土壤酸度比较强。枕果榕是亚热带的阔叶树种，要求有充足的阳光、旷地及土质较湿润，在各类瘦瘠土均能生长。枕果榕适宜栽植在有污染环境，如化工厂、农药厂、冶炼厂、氮肥厂等。枕果榕十分粗生易长，故很适合自繁自育的单位和部门作快速绿化和抗性树种栽植，也可作园林绿化和行道树用。

枕果榕的果实可入药，有清热解毒之功效。

植物文化 枕果榕十分粗生易长，据文献记载，广州农林下路原化工厂门口两侧，种其他树都很难活，改种枕果榕后，数年已浓绿遮阴，效果良好，成为一景。

观赏地点 康乐园中目前种植的枕果榕大概有50多棵，主要分布在106栋南侧、园北路西段、竹园路沿线、253栋南边、马丁堂南边、图书馆文化广场、410栋南边等区域，其中以竹园路售票厅至西大球场道路沿线的景观最为壮观，形成了一道靓丽的绿色廊道。

● 竹园路中山楼沿线枕果榕行道树景观

● 园北路西段枕果榕行道树景观

三十、山龙眼科

● 澳洲坚果的种子

澳洲坚果

学名： *Macadamia integrifolia* Maiden & Betche
别名： 昆士兰栗、澳洲胡桃、夏威夷果、昆士兰果
科属： 山龙眼科澳洲坚果属

简介 乔木，高5~15米。叶革质，通常3枚轮生或近对生，长圆形至倒披针形，顶端急尖至圆钝，有时微凹，基部渐狭，成龄树的叶近全缘。总状花序，腋生或近顶生，疏被短柔毛。花淡黄色、红色或白色。苞片近卵形，小。花被管直立，被短柔毛。果球形，顶端具短尖，果皮厚，开裂。种子通常球形，种皮骨质，光滑。花期4~5月，果期7~8月。

原产于澳大利亚，现世界热带地区均有栽种。我国云南（西双版纳、临沧）、广东、台湾等地区有栽培。根系分布浅，

● 澳洲坚果的花序

● 澳洲坚果的果实

抗风能力弱，适生气温10~30℃，最适宜气温15~30℃。在年降雨量1000~2000毫米的地区种植生长结果较好，在降雨量1000毫米以下或干旱地区种植生长慢，果实变小，发育不良，落果严重。多栽植于植物园或农场。

植物文化 澳洲坚果的花语是团团圆圆、财源广进。其种子是世界上品质较佳的食用坚果，素有"干果皇后""世界坚果之王"之美称。

观赏地点 康乐园中种植的澳洲坚果目前仅见在412栋东侧草坪区域有1棵，是广东生态工程职业学院澳洲坚果科研团队培育的新品种，于2023年6月由笔者引入种植。

● 412栋东侧草坪区域澳洲坚果景观

● 银桦的叶

● 121栋东侧区域银桦景观

● 493栋研究生院楼北侧银桦景观

银桦

学名：*Grevillea robusta*
别名：银橡树、樱槐、绢柏
科属：山龙眼科银桦属

简介 大乔木，高可达20米。幼枝被锈色茸毛。叶为二回羽状深裂，披针形，两端均渐狭，背密被银灰色丝毛，边缘背卷。花呈橙黄色，为总状花序，单生或数个聚生于无叶的短枝上，多花，极扩展或稍下弯。果卵状矩圆形，多少偏斜。种子倒卵形，周边有翅。花期5月。

原产于大洋洲，我国广东、广西、云南各地均有引种。喜光，喜温暖湿润气候，根系发达，较耐旱，不耐寒，在肥沃、疏松、排水良好的微酸性沙壤土中生长良好。树干通直，树冠整齐，宜作行道树、庭荫树。种子香甜，为世界著名坚果。树汁也是一种安全、营养、健康的食品原料。

银桦树皮有清热利湿、解毒之功效；果实有镇静作用，主要用于治神经衰弱、神经衰弱综合征及血管神经性头痛等病症。

植物文化 银桦的花语是长寿、光荣、火热激情、繁荣昌盛、锦绣前程。银桦树皮还被艺术家们制作成树皮画，常见的有桦树皮画和银芝画。早在清朝时期，我国吉林就有用银桦树皮为皇宫制作贡品的历史。

观赏地点 康乐园中目前种植的银桦数量有上百棵之多，分布在校园不同区域，尤以学生宿舍区119~121栋东侧、493栋研究生院楼北侧、康乐路西段道路沿线以及505栋西南侧等区域的银桦景观最为壮观。

● 银桦的花序

三十一、山柑科

鱼木

学名：*Crateva religiosa* G. Forst.
别名：蜘蛛树、虎王、台湾三脚鳖、树头菜
科属：山柑科鱼木属

● 鱼木的果实

● 鱼木的花

简介 落叶乔木。枝干的表皮灰白，具散生的皮孔。指状复叶，由3枚纸质的卵状披针形的小叶组成，侧生的2枚小叶偏斜。托叶细小，早落。伞房花序生于当年萌发的嫩梢顶部。花瓣叶状，具明显的脉，初开时色彩为淡绿黄色，后渐变为淡黄色，最后为淡紫色。果近球形，果皮革质，坚硬，表面平滑或粗糙，干后灰色或红紫褐色。花期5月，果于夏末秋初的9月前后成熟。

鱼木的自然分布区是亚洲热带的东南亚和大洋洲的温暖地区，在我国分布于广东、广西和海南。鱼木性喜湿润的酸性沙质土，在自然野生的情况下，常见于林缘或次生林，偶然也见于全光照的开阔环境。其对环境的广泛适应性，对在我国南方的开发性栽培极为有利。属少见的观花类绿化树种。

鱼木的树皮入药，可治破血、退热；根及干可祛风除湿；叶可清热、健胃、解毒。

植物文化 鱼木的花被缅甸人当作开胃菜。

观赏地点 康乐园中目前共种植有30多棵鱼木，主要分布在园东湖南侧、东区篮球场西南侧、493栋研究生院楼东侧、507栋东侧、565栋陆佑堂南北侧、571栋哲生堂南侧、西大球场西南侧、648栋西侧、老干部活动中心门口以及西翠园等区域。每逢开花季节，满树银花素裹，煞是美丽，引来很多校友观赏、拍照。

● 园东湖南侧绿化区鱼木景观

● 565栋陆佑堂北侧绿化区鱼木景观

三十二、山榄科

人心果

学名：*Manilkara zapota* (Linn.) van Royen
别名：吴凤柿、赤铁果、奇果
科属：山榄科铁线子属

● 人心果的花

● 人心果的果实

简介 乔木，高15~20米。小枝茶褐色，具明显的叶痕。叶互生，密聚于枝顶，革质，长圆形或卵状椭圆形。花1~2朵生于枝顶叶腋，花冠白色。浆果纺锤形、卵形或球形。种子扁。花果期4~9月。

原产于美洲热带地区，在我国广东、广西、云南（西双版纳）、福建、海南等省区均有栽培。喜高温多湿，喜光照，不耐寒，土壤以肥沃、深厚的沙质或黏质壤土为宜，生长缓慢。人心果树姿婆娑可爱，满树果实累累，在南方小庭园中栽植，既可观赏也可食用，还可盆栽摆放于宾馆大堂、商厦大厅等大型场所，别具一格。果可食，味甜可口，是营养价值很高的一种水果。树干之乳汁为口香糖原料。种仁含油率20%。

人心果的种子、叶子和树皮均可以入药，具有清心润肺的功效。

植物文化 人心果是一种热带水果，因果实长得像人的心脏，所以被人们命名为"人心果"。我国于1920年从爪哇引进，种植在嘉义，成为嘉义的特产。此外，其果实还长得像柿子，1948年，当地政府邀请农业试验所为其取名，以纪念吴凤在嘉义去世，故别名"吴凤柿"。

观赏地点 康乐园中目前种植有11棵人心果，其中253栋南侧有3棵、261栋东侧有1棵、311栋南侧有1棵、314栋西侧有1棵、320栋东南角有1棵、531栋西侧有1棵、698栋东南角有1棵、733栋东北角有1棵、733栋西南角有1棵，是康乐园宝贵的观果观景类乔木资源。

● 314栋西侧人心果景观

● 261栋东侧绿化区人心果景观

香榄

学名：*Mimusops elengi* L.
别名：牛乳树、伊朗芷硬胶、猴喜果
科属：山榄科牛乳树属

简介 乔木或大灌木状，树高20米，有乳汁。单叶，互生，螺旋状排列，革质有光泽，全缘，羽状脉，托叶早落。花两性，无单性花，白色，芳香，单花或聚生于花序上，末端花序聚伞形。果实为肉质、不开裂的浆果。种子有1个基生的小而圆的种脐。每年开花2次，花期3月和9月，果实成熟期6月和10~11月。

原产于非洲东南部、中东地区、澳大利亚西北部热带地区、印度半岛沿海地区以及斯里兰卡、缅甸、越南、马来西亚和太平洋岛屿。我国1962年从印度引种，现广东、福建、广西、云南、海南均

● 香榄的叶子

● 香榄的果实

● 大钟楼南侧大草坪区域香榄景观

有栽培。喜光，喜高温高湿气候，适应性强。果实香甜，可以食用，在野生动物自然保护区可作为各种动物的食物栽植，为鸟类、灵长类动物提供食物。木材坚硬，纹理细直，心材暗红色，坚硬耐用，为优良的建筑用材。其树冠浓密可以形成浓荫，作为城市、村落的优良园林树种，可孤植或群植。

香榄的树皮可制作兴奋药酒和治蛇伤，有滋补作用；也用于亚力酒的蒸馏，还可治疗发热、疥癣和湿疹。叶子可用于治疗气喘、头晕、扁桃腺炎和咽炎。

植物文化 香榄的花语是承诺、信用。

观赏地点 康乐园中目前种植有6棵香榄，其中大钟楼南侧大草坪东西两侧各种植有1棵、339栋南侧小花园内种植有2棵、小礼堂门前两侧小花园内各种植有1棵。

● 小礼堂门前两侧小花园区域香榄景观

三十三、山茶科

猪血树

学名：*Euryodendron excelsum* H.T.Chang
别名：龙血树
科属：山茶科猪血木属

● 猪血树的花

简介 常绿乔木。全株除顶芽和萼片外均无毛。树皮灰褐色或近灰黑色，稍粗糙。嫩枝灰褐色或红褐色，近圆柱形，小枝淡褐灰色。叶互生，薄革质，长圆形，基部楔形，边缘有细锯齿，上面深绿色，下面淡绿色。花两性，1~3朵簇生于叶腋或生于无叶的小枝上，白色。果为浆果状，卵圆形，有时近圆球形，成熟时蓝黑色，萼片宿存。种子每室通常2~3颗，圆肾形，褐色，表面有不规则网纹或皱纹，胚通常不发育。花期5~8月，果期10~11月。

星散分布于广东阳春八甲村及广西平南思旺村和巴马县灵禄乡。生于海拔100~400米的低丘疏林中或村旁林缘，数量极少。猪血树高大挺直，木材结构细致，心材美观，非常适合作建筑用材和造船，因而自古至今，人们没有节制地砍伐其用来造家具或者供建筑使用，使得其野生种群数量急剧下降。再加上其种子胚胎发育不完全，出芽率很低，因而野生种群繁衍困难，整体物种濒临灭绝。

猪血树可入药，具有抗菌消炎、提高免疫力之功效。

植物文化 猪血树是我国特有的单种属植物，全属仅1种，1963年由中山大学植物学家张宏达先生命名。它被列为国家二级濒危保护植物，种群的个体数仅有100多株。

观赏地点 康乐园目前仅有1棵猪血树种植在竹园西南侧的园路边，是校园非常宝贵的山茶科植物资源。

● 猪血树的叶

● 猪血树的树干

● 竹园西南侧园路边猪血树景观

三十四、使君子科

阿江榄仁

学名：*Terminalia arjuna* (Roxb. ex DC.) Wight & Arn.
别名：三果木、柳叶榄仁
科属：使君子科诃子属

● 阿江榄仁的花序

简介 落叶大乔木，高达25米。树皮灰色，块状脱落。单叶，近对生，叶片矩状椭圆形，薄革质，无毛，基部不对称。花两性，总状花序，呈黄白色，无花瓣。闭合果，果皮纤维状木质，有5硬翅。花期3~6月，果期9~11月。

原产于印度、斯里兰卡和马来西亚，我国广东、海南、福建、云南等省区均有引种栽培。喜温暖湿润、光照充足的气候环境，耐寒性较好。喜疏松、湿润、肥沃土壤，可耐较高地下水位。根系发达，具有较好的抗风性。其叶大姿美，夏季绿树成荫，盛花期满树黄白，具有优良的观赏价值，为优良的行道树。木材坚硬，可用于造船、建房等。其叶子可作柞蚕（野生蚕）的食物，以生产柞蚕丝。

阿江榄仁的茎皮可入药，具有显著的提高肌力和降压之药效，也被发现有轻度利尿、抗血栓形成的效果。

植物文化 阿江榄仁在印度被尊为神树之一，常种植于各类寺庙中，枝叶可作为敬神物使用。

观赏地点 康乐园中阿江榄仁的种植数量非常稀少，目前仅见有4棵种植在314栋西北侧区域的道路边。这些珍贵的树木以其美丽和稀有性，为康乐园的植物景观增添了一份独特的魅力和植物学价值。

● 314栋西北侧区域阿江榄仁景观

● 阿江榄仁的果实

● 大叶榄仁的叶

● 大叶榄仁的花序

● 大叶榄仁的果实

大叶榄仁

学名：*Terminalia catappa* L.
别名：榄仁树、山枇杷树、凉扇树、楠仁树、雨伞树、岛朴、古巴梯斯树
科属：使君子科榄仁树属

简介 大乔木，高15米或更高。树皮褐黑色，纵裂而呈剥落状。枝平展，近顶部密被棕黄色的绒毛，具密而明显的叶痕。单叶互生，常集生枝端，倒卵形全缘，叶落前会转变成紫红色。白色穗状花序，聚生于叶腋位置，雌雄同株。果皮木质，坚硬，成熟时青黑色。花期3～6月，果期7～9月。

分布于我国海南、广东、广西等热带、亚热带地区。喜高温多湿，耐盐，生长快，深根性，抗风力强。春季新芽翠绿，秋冬叶落前转变为黄色或红色，非常美丽，树姿优美，主要用途是庭园美化。边材及心材可作建材，种子可食用或榨油。

大叶榄仁的树皮入药，可解毒止痢、化痰止咳，对痢疾、痰热咳嗽及疮疡有治疗功效；叶及嫩叶入药，对疝痛、头痛、发热、风湿关节炎有治疗功效；种子入药，可清热解毒，对咽喉肿痛、痢疾及肿毒有治疗功效。

观赏地点 康乐园中目前仅有1棵胸径30厘米左右的大叶榄仁种植在曾宪梓堂北院西北角绿化区域。

● 曾宪梓堂北院西北角区域大叶榄仁景观

● 小叶榄仁的果实

小叶榄仁

学名：*Terminalia mantaly*
别名：细叶榄仁、雨伞树
科属：使君子科榄仁树属

简介 落叶大乔木，株高10~15米。主干直立，侧枝轮生呈水平展开，树冠呈伞形，层次分明，质感轻细。叶小，提琴状倒卵形，全缘，轮生，深绿色，冬季落叶前变红或紫红色。穗状花序腋生，花两性，无花瓣。核果纺锤形。种子1个。

原产于非洲的马达加斯加，现我国广东、福建、台湾沿海一带已有栽培。喜光，耐半阴，喜高温湿润气候，深根性，抗风，抗污染，寿命长。小叶榄仁树形虽高，但枝干极为柔软，根群生长稳定后极抗强风吹袭，并耐盐分，为优良的海岸树种。此外，春季萌发青翠的新叶，随风飘逸，姿态甚为优雅，常用作庭园树、行道树。果仁可食用或榨油，树皮、果皮可作染料，木材可用于建筑。

小叶榄仁可入药，有清热解毒、消炎止痛、抗菌抗病毒等功效。

植物文化 小叶榄仁的花语是静静的美，寓意是优美的美丽、静谧的美丽。

观赏地点 康乐园中目前共种植有30多棵小叶榄仁，主要分布在学生宿舍119栋和121栋周边、逸夫楼东南侧、进士牌坊两侧、贺丹青堂西北侧以及学人馆东侧绿化槽沿线等区域，飘逸优雅的树形为校园添色不少。

● 小叶榄仁的花序

● 中文堂门前两侧小叶榄仁景观

● 学生宿舍119栋和121栋之间的小叶榄仁景观

中叶榄仁

学名：*Terminalia muelleri*
别名：卵果榄仁、莫氏榄仁、美洲榄仁
科属：使君子科诃子属

● 曾宪梓楼南院东北绿化区中叶榄仁景观

简介 落叶乔木，高5米。主干浑圆挺直，枝丫自然分层轮生于主干四周，层层分明有序水平向四周开展。叶比大叶榄仁叶小，比小叶榄仁叶大，叶革质，前头尖圆，落叶前转变成紫红色。花小，花瓣肉厚，白色带红。果成熟时蓝色。

原产于非洲的马达加斯加，我国广东、福建、台湾沿海一带已有栽培。喜光，耐半阴，喜高温湿润气候，耐热、耐湿、耐风、耐盐，深根性，抗风，抗污染，寿命长，非常适合作庭园观赏树，因生性极强亦可作海岸绿化树种。果仁可食用或榨油，树皮、果皮可作染料，木材可用于建筑。中叶榄仁可入药，具有祛风清热、止咳止痛、解毒杀虫之功效。

植物文化 中叶榄仁枝丫柔软，冬季落叶后光秃柔细的枝丫美，益显独特风格。春季萌发青翠的新叶，随风飘逸，姿态甚为优雅；落叶前转变成紫红色，为冬季园林添色。中叶榄仁的寓意是优美、静谧的美丽。

观赏地点 康乐园中目前只种植有2棵中叶榄仁，在曾宪梓堂南院北侧两侧的绿化区各有1棵。该树种在广州的秋冬季会出现叶片从绿变黄再变红的现象，为校园秋冬季的景色增添了色彩和浪漫。

● 曾宪梓堂南院西北绿化区中叶榄仁景观

● 中叶榄仁的花序

● 中叶榄仁的叶片

三十五、石榴科

● 石榴的花

● 石榴的果实

● 丰盛堂西北角绿化区石榴景观

石榴

学名：*Punica granatum* L.
别名：安石榴、若榴、丹若、金罂、金庞、涂林、天浆
科属：石榴科石榴属

简介 落叶小乔木，在热带是常绿树。树干呈灰褐色，上有瘤状突起，干多向左方扭转。树冠内分枝多，嫩枝有棱，多呈方形，小枝柔韧，不易折断。叶对生或簇生，呈长披针形至长圆形，有短叶柄。花两性，多红色，也有白、黄、粉红、玛瑙等色。浆果。花期5~6月，果期9~10月。

原产于巴尔干半岛至伊朗及其邻近地区，现全世界温带和热带都有种植。喜温暖、向阳环境，耐旱、耐寒，也耐瘠薄，不耐涝和荫蔽，对土壤要求不严。初春嫩叶抽绿，盛夏繁花似锦，秋季累果悬挂，是石榴被广泛应用的优势，可孤植，或丛植于庭园、游园之角，或对植于门庭之出处，或列植于小道、园林中造景。果实维生素C含量比苹果、梨要高出一两倍。

石榴叶入药，可收敛止泻、解毒杀虫；皮入药，可涩肠止泻、止血、驱虫；花入药，可治鼻衄、中耳炎、创伤出血；根入药，可杀虫、涩肠、止带。

植物文化 石榴花的花语是成熟的美丽。据晋代张华《博物志》载，汉张骞出使西域，得涂林安石国榴种以归，故名安石榴。石榴花也被钟馗故里陕西西安定为市花。中国人视石榴为吉祥物，认为它是多子多福的象征。

观赏地点 康乐园中目前共种植有20多棵石榴，其中除106栋东南侧、313栋北侧、316栋东侧、318栋东北角、丰盛堂西北角以及岭南三堂东侧区域种植有几棵石榴外，其他大部分石榴都分布在西区教职工住宅区各楼宇的周边区域。

● 106栋东南侧绿化区石榴景观

三十六、柿科

光叶柿

学名：*Diospyros diversilimba* Merr. et Chun
别名：黑烈树、乌力果
科属：柿科柿属

● 光叶柿的叶　　● 光叶柿的果实

简介　灌木或乔木，高可达15米。树皮灰色。枝红褐色或灰褐色，散生近圆形纵裂的小皮孔，小枝纤细，黄褐色，被灰白色的短柔毛。腋芽小，长圆形。叶纸质，多数长圆形或倒卵状长圆形，上面深绿色，下面浅绿色，干时两面同色，常呈橄榄绿色或黑橄榄绿色。雌花生在当年生枝下部，腋生，单生，芳香，浅黄色。果球形，嫩时绿色，熟时黑色，光滑。种子扁，近长圆形，黑褐色。花期4~5月，果期8~12月。

分布于我国广东西南部、广西合浦和海南等地区。喜强光照及通风环境，喜壤土环境，多见于次生

● 熊德龙活动中心北侧绿化区光叶柿景观

风水林中与当地乡土树种伴生。树形高大挺拔，树冠庞大，与一般的园林绿化树种相比具有明显的优势。因木材材质紧密，木纹均匀，可以作为家具树材种植。还具有抗风和耐盐碱的优良特性，同时具有提供鸟类栖息、护岸和优良生态景观等生态价值。

植物文化　光叶柿经受了漫长的自然选择，具有适应性强、树干强壮、经济寿命长等优良特性，是我国华南地区的珍稀树种，具有重要的开发价值。

观赏地点　康乐园中目前只种植有3棵光叶柿，其中2棵在熊德龙活动中心北侧区域、1棵在533栋东北角区域，树形高大挺拔，枝繁叶茂，观赏性极佳。

● 533栋东北角区域光叶柿景观

柿子树

学名：*Diospyros* kaki Thunb
别名：朱果、猴枣
科属：柿科柿属

● 柿子树的叶

● 柿子树的果实

简介 落叶大乔木。枝开展，带绿色至褐色，散生纵裂的长圆形或狭长圆形皮孔。嫩枝初时有棱，有棕色柔毛或绒毛或无毛。叶纸质，卵状椭圆形至倒卵形，先端渐尖或钝，基部楔形，新叶疏生柔毛，老叶上面有光泽，深绿色，无毛。花雌雄异株，花序腋生，为聚伞花序。花冠钟状，黄白色，外面或两面有毛。果形种种，直径不等，基部通常有棱，嫩时绿色，后变黄色、橙黄色，果肉较脆硬，老熟时果肉变成柔软多汁，呈橙红色或大红色等，有种子数颗。种子褐色，椭圆状，侧扁。花期5～6月，果期9～10月。

原产于我国，分布范围很广，栽培历史悠久。抗旱、耐湿，结果早，产量高，寿命长。我国约有200多个品种，分为南、北二型。南型类品种耐寒力弱，喜温暖气候，不耐干旱，果实较小，皮厚，色深，多呈红色。北型类品种则较耐寒，耐干旱，果实较大，皮厚，多呈橙黄色。

柿子入药，有清热去燥、润肺化痰、软坚、止渴生津、健脾、治痢、止血等功能，可以缓解大便干结、痔疮疼痛或出血、干咳、喉痛、高血压等病症。

植物文化 柿子树有着一生一世、红红火火、万事如意、吉祥平安的寓意。

观赏地点 目前康乐园中仅有1棵柿子树种植在松园湖东侧378栋西北角区域。

● 378栋西北角绿化区柿子树景观

三十七、鼠李科

滇刺枣

学名：*Ziziphus mauritiana* Lam.
别名：缅枣、印度枣、西西果、麻荷（傣语）
科属：鼠李科枣属

● 滇刺枣的果实

● 滇刺枣的花

简介 常绿乔木，高达15米。幼枝被黄灰色密绒毛，小枝被短柔毛，老枝紫红色。叶纸质至厚纸质，卵形。花绿黄色，两性，腋生二歧聚伞花序。核果矩圆形或球形，橙色或红色，成熟时变黑色。花期8~11月，果期9~12月。

原产于我国云南、四川、广东、广西，在福建和台湾均有栽培。喜光，抗旱，耐寒。枝梗劲拔，翠叶垂荫，硕果累累，宜在庭园、路旁散植或成片栽植。木材坚硬，纹理致密，适于制作家具和工业用材。果实可食。

滇刺枣的树皮可供药用，有消炎、生肌之功效。

植物文化 枣树作为防风林的文字记载，最早出现在《神异经》中，"北方荒中有枣林，高五十丈，敷张枝条，数里余，疾风不能偃、雷电不能催"，描写了枣树林带的规模和作用。

观赏地点 康乐园中目前仅种植有2棵滇刺枣，其中1棵在锡昌堂西侧电房门口（系岭南大学时期从云南引入）、1棵在西区606栋南侧区域。这些珍贵的树木为康乐园增添了景观植物的多样性。

● 606栋南侧区域滇刺枣景观

● 锡昌堂西侧区域滇刺枣景观

● 枣树的花

● 枣树的叶

● 枣树的果实

枣树

学名： *Ziziphus jujuba* Mill.
别名： 大枣、刺枣、贯枣
科属： 鼠李科枣属

简介 落叶小乔木。树皮褐色或灰褐色。无芽小枝紫红色或灰褐色，呈"之"字形曲折，具2个托叶刺，长刺粗直，短刺下弯。叶纸质，卵形，顶端钝或圆形，基部稍不对称，边缘具圆齿状锯齿，上面深绿色，下面浅绿色。花黄绿色，两性，单生或2~8朵密集成腋生聚伞花序。花瓣倒卵圆形，基部有爪，与雄蕊等长。花盘厚，肉质，圆形，5裂。子房下部藏于花盘内，与花盘合生。核果矩圆形或长卵圆形，成熟时红色，后变红紫色，中果皮肉质，厚，味甜，核顶端锐尖，具1或2颗种子。种子扁椭圆形。花期5~7月，果期8~9月。

原产于我国，现我国大部分地区均有栽培，亚洲其他地区、欧洲和美洲也常有栽培。属喜温果树，耐旱、耐涝性较强，但开花期要求较高的空气湿度，否则不利于授粉坐果。喜光性强，对光反应较敏感，对土壤适应性强，耐贫瘠、耐盐碱。宜在庭园、路旁散植或成片栽植，亦是结合生产的好树种。其老根古干可作树桩盆景，木材可供雕刻、制车、造船、制乐器。

枣树的叶、花、果、皮、根、刺及木材均可入药，具有补脾胃、益气血、安心神、调营卫、和药性的功效。

植物文化 枣树在我国有3000多年的历史，我国的枣树约于公元1世纪经叙利亚传入地中海沿岸和西欧，19世纪由欧洲传入北美。

观赏地点 康乐园目前仅有1棵枣树种植在314栋南侧花架旁。

● 314栋南侧花架旁枣树景观

枳椇

学名：*Hovenia acerba* Lindl.
别名：拐枣、鸡爪子、枸、万字果、鸡爪树、金果梨、南枳椇
科属：鼠李科枳椇属

简介 高大乔木，高10~25米。小枝褐色或黑紫色。叶互生，厚纸质至纸质，宽卵形、椭圆状卵形或心形。二歧式聚伞圆锥花序顶生和腋生，被棕色短柔毛，花两性。浆果状核果近球形，无毛，成熟时黄褐色或棕褐色。种子暗褐色或黑紫色。花期5~7月，果期8~10月。

我国大部分省市均有分布。喜光，抗旱、耐寒，又耐较瘠薄的土壤。其木材细致坚硬，为建筑和制细木工用具的良好用材。枳椇适生性强，是果材兼用树种，也是退耕还林、西部开发、岗丘瘠薄地资源开发和现代绿化的极好新树种。

枳椇味甘、性平、无毒，可止渴除烦、去膈上热、润五脏、利大小便，功同蜂蜜，能治风湿。种子为清凉利尿药，能解酒毒，适用于热病消渴、酒醉、烦渴、呕吐、发热等症。

植物文化 《苏东坡集》中记载了枳椇为醒酒良药的一则故事，苏东坡还常以枳椇子作为醒酒良药向友人推荐。

观赏地点 康乐园中只有1棵枳椇种植在图书馆西北面边坡区域。

● 枳椇的花序

● 枳椇的果实

● 图书馆西北面边坡区域枳椇景观

三十八、桃金娘科

桉树

学名： *Eucalyptus robusta* Smith
别名： 尤加利树、白柴油树、莽树
科属： 桃金娘科桉属

- 桉树的花
- 桉树的果实

简介 常绿密荫大乔木，高20米。树皮宿存，深褐色，稍软松，有不规则斜裂沟。嫩枝有棱。幼态叶对生，叶片厚革质，卵形，有柄，成熟叶卵状披针形，厚革质，不等侧，两面均有腺点。伞形花序粗大。蒴果卵状壶形，上半部略收缩，蒴口稍扩大。花期4～9月。

原产地主要在澳洲大陆，19世纪引种至世界各地。喜光，适生于酸性的红壤、黄壤和土层深厚的冲积土，主根深，抗风力强。多数根茎有木瘤，有贮藏养分和萌芽更新的作用。

桉树叶有清热解毒的功效；桉树果有消炎、杀虫、理气、健胃、截疟、止痒、发表祛风的功效。

植物文化 桉树的花语是恩赐、回忆。桉树是澳大利亚的国家精神和文化象征。其树干高，根系发达，蒸腾作用也大，号称"抽水机"。桉树对土壤中的肥料需求量巨大，凡是种植过桉树的地区，土地肥力都会有不同程度的下降乃至枯竭，因此桉树被人们冠以"霸王树"的恶名。

观赏地点 康乐园中目前只种植有2棵桉树，其中1棵分布在园东湖南边区域、1棵分布在广寒宫学生宿舍楼西北角区域。

- 广寒宫学生宿舍楼西北角区域桉树景观

- 园东湖南边绿化区桉树景观

● 松涛园食堂西侧三角区澳洲黄花树景观

● 澳洲黄花树的果实

澳洲黄花树

学名：*Xanthostemon chrysanthus* (F. Muell.) Benth.
别名：金黄熊猫、金蒲桃
科属：桃金娘科金缨木属

● 澳洲黄花树的花

简介 常绿小乔木，植株高可达5米。叶对生、互生或丛生枝顶，披针形，全缘，革质。聚伞花序，开花时其花瓣早已退化，只剩明显的圆形萼片和花蕊，雌雄花蕊长长伸出，丝丝放射，犹如绽放的烟花般绚丽多彩，花初开时黄绿色，凋谢时为金黄色。蒴果。盛花期为每年11月至翌年2月。

原产于澳大利亚，我国南方地区引进栽培。性喜温暖湿润的气候，要求光照充分的环境和排水良好的土壤。其叶色亮绿，株形挺拔，在夏秋间开花，花期长，花簇生枝顶，花序呈球状，是十分优良的园林绿化树种，适宜作园景树、行道树，幼株可盆栽。

植物文化 澳洲黄花树的花语是金色熊猫、惹人喜爱。因花初开时黄绿色，逐渐转为黄色，凋谢时为金黄色，整团花序远观有如绒球，神似一个个憨态可掬的熊猫脸，故被称为"金黄熊猫"。

观赏地点 康乐园中澳洲黄花树的种植数量不是很多，目前仅见松涛园食堂西侧三角绿化区域有3棵、英东体育馆北侧区域有2棵、东区博士后公寓169栋北侧沿线有10棵，是校园非常优良的观花类乔木资源。

● 英东体育馆北侧区域澳洲黄花树景观

白千层

- 白千层的花序

学名：*Melaleuca cajuputi* subsp. *cumingiana* (Turczaninow) Barlow
别名：脱皮树、千层树、玉树
科属：桃金娘科白千层属

简介 常绿乔木，高18米。树皮灰白色，厚而松软，呈薄层状剥落。嫩枝灰白色。叶互生，叶片革质，披针形或狭长圆形，两端尖，多油腺点，香气浓郁。花白色，密集于枝顶成穗状花序。蒴果近球形。花期每年多次。

原产于澳大利亚，我国广东、台湾、福建、广西等地均有栽种。喜温暖潮湿的环境，要求阳光充足，适应性强，能耐干旱高温及瘠瘦土壤。在我国华南地区主要作观赏树和行道树。

白千层的树皮及叶均可供药用，有镇静神经之功效。

植物文化 白千层是一种奇妙透顶的树，透着岁月沧桑的一层层树皮，仿佛要脱掉旧衣换新裳一般，给人一种特别的启示，它启发我们要宽容大度，也引导我们要追求朴素美好。

观赏地点 康乐园中白千层的种植数量非常多，据初步统计目前达到1000棵以上，遍布校园各个区域，尤以逸仙大道、园南路、岭南路、竹园路等主干道两侧的景观最为壮观，衬托出百年大学的厚重与质朴。

- 白千层的果实

- 逸仙大道东段道路两侧白千层景观

- 岭南路西段道路两侧白千层景观

棒花蒲桃

学名：*Syzygium claviflorum* (Roxb.) Wall.
别名：无
科属：桃金娘科蒲桃属

简介 灌木至小乔木。小枝圆形，干后灰褐色。叶片薄革质，狭长圆形至椭圆形，先端略尖或钝，基部阔楔形或略钝，上面干后绿色，稍发亮，下面浅绿色，侧脉在下面稍突出，网脉明显。叶柄干后皱缩。聚伞花序或伞形花序腋生及生于无叶老枝上，有花3~9朵。花白色，花梗与萼管相接，萼管棒状，表面有多数浅直沟，先端稍扩大，萼齿短，半圆形，花瓣圆形，花柱先端尖。果实长椭圆形或长壶形。花果期4~5月。

产于我国广东、海南、云南等省。喜光照充足、高温潮湿的环境，土以微酸性沙质土为最适宜，微酸至微碱的沙壤至红壤均宜，忌霜冻，怕干旱。树冠丰满浓郁，花、叶、果均可观赏，可作庭荫树和固堤防风树用。其果实的可食用率高达80%以上，并具有一定的营养价值。除鲜食外，还可利用其独特的香气，与其他原料制成果膏、蜜饯或果酱。果汁经过发酵后，还可酿制高级饮料。

棒花蒲桃的花可入药，具有明目益肝、清热解毒、润肺止咳等功效。

观赏地点 康乐园中目前仅有1棵棒花蒲桃种植在685栋东北角区域。

● 685栋东北角区域棒花蒲桃景观

● 棒花蒲桃的叶

● 棒花蒲桃的花序

● 棒花蒲桃的果实

● 马丁堂东南侧区域赤桉景观

● 赤桉的花

● 赤桉的果实

赤桉

学名：*Eucalyptus camaldulensis* Dehnh.
别名：小叶桉、洋草果、赤桉油
科属：桃金娘科桉属

简介 大乔木，高25米。树皮平滑，暗灰色，片状脱落，树干基部有宿存树皮。嫩枝圆形，最嫩部分略有棱。幼态叶对生，叶片阔披针形。成熟叶片薄革质，狭披针形至披针形，稍弯曲，两面有黑腺点，侧脉以45度角斜向上。叶柄纤细。伞形花序腋生，有花5~8朵，总梗圆形，纤细。花蕾卵形，萼管半球形，近先端急剧收缩，尖锐。蒴果近球形。花期12月至次年8月。

在我国主要分布在华南、云南等地，在国外主要分布在澳大利亚。它具有生长快，适应性强，耐高温、干旱，稍耐碱的特性。木材红色，抗腐性强，适用作枕木及木桩等。

赤桉枝叶有清热解毒、防腐止痒之药效；果实可用于小儿疳积。

观赏地点 康乐园中种植的赤桉目前有24棵，主要分布在学生宿舍131栋北侧、312栋南侧、马丁堂东南侧、565栋陆佑堂西侧、571栋哲生堂西南侧、十友堂东南侧，以及西区528栋西北侧、653栋西侧、654栋南侧、682栋东南侧和683栋北侧等区域，以其独特的形态为康乐园的植物景观增添了一份优雅和宁静。

● 571栋哲生堂西南侧绿化区赤桉景观

垂枝红千层

学名：*Callistemon viminalis* (Sol. ex Gaertn.) G.Don.
别名：串钱柳
科属：桃金娘科红千层属

● 垂枝红千层的果实　● 垂枝红千层的花序

简介　常绿灌木或小乔木，高可达6米。树皮暗灰色，不易剥离。幼枝和幼叶有白色柔毛。叶互生，条形。穗状花序，有多数密生的花。花红色，无梗，萼筒钟形，子房下位。蒴果顶端开裂，半球形。花期3~5月及10月，果熟期8月及12月。

原产于澳大利亚，属热带树种。我国早年引进后在多个地区都有栽种。喜光，喜温暖湿润气候，对水分要求不严，但在湿润的条件下生长较快，能耐烈日酷暑，不耐严寒，喜肥沃、酸性土壤，也耐瘠薄。垂枝红千层株形飒爽美观，花开珍奇美艳，花期长（春至秋季），花数多，每年春末夏初，满树红花，满枝吐焰，千百枚雄蕊组成一支支艳红的"瓶刷子"，甚为奇特。适合用于庭院美化，可作美化树、行道树、风景树，还可作防风林、切花或大型盆栽，并可修剪整枝成盆景。由于其极耐旱、耐瘠薄，还可用于沿路、沿江河生态景观建设。

垂枝红千层的枝叶可入药，具有祛风、化痰、消肿之功效。

植物文化　垂枝红千层有"串钱柳"之美誉，寓意英姿飒爽，是富贵好运的象征。

观赏地点　康乐园中目前仅有7棵垂枝红千层种植在小北湖西侧394栋叶葆定堂东北侧沿线。

● 小北湖西侧沿线垂枝红千层景观

大叶桉

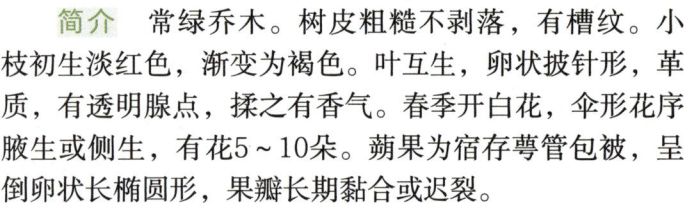
● 大叶桉的花

学名：*Eucalyptus robusta* Smith
别名：蚊仔树
科属：桃金娘科桉属

简介 常绿乔木。树皮粗糙不剥落，有槽纹。小枝初生淡红色，渐变为褐色。叶互生，卵状披针形，革质，有透明腺点，揉之有香气。春季开白花，伞形花序腋生或侧生，有花5~10朵。蒴果为宿存萼管包被，呈倒卵状长椭圆形，果瓣长期黏合或迟裂。

原产于澳大利亚，我国西南部和南部均有栽培。喜温暖湿润气候，是优良的城市人行道树，亦是防风林树

● 278栋西北角绿化区大叶桉景观

种，还是世界著名的速生树种，适应性强。木材坚韧耐腐，可作枕木、电杆、矿柱、建筑、家具等用材和造纸用材。树皮可提取鞣质。叶或小枝可提取芳香油，制香精及防腐剂等。

大叶桉的叶供药用，有疏风解热、抑菌消炎、防腐止痒之功效。

观赏地点 康乐园中目前共种植有20多棵大叶桉，主要分布在118栋东南侧、278栋西北角、311栋东南角、314栋东北角、地环学院大楼东北侧、486栋东北角、519栋西侧，以及西区601栋南侧、602栋东南角和750栋北侧等区域。其树形优美，枝叶繁茂，为康乐园的景观增添了独特的氛围。

● 486栋东北角区域大叶桉景观

● 大叶桉的果实

● 多花红千层的花序

● 多花红千层的果实

● 中文堂西侧绿化带沿线多花红千层景观

多花红千层

学名：*Callistemon speciosus*
别名：红瓶刷、刷毛桢
科属：桃金娘科红千层属

简介　常绿小乔木，高2~3米。树皮坚硬，暗灰色，不易剥离。嫩枝有棱，初时有长丝毛，不久变无毛。叶如披针，革质、条形、坚硬、无毛，有透明腺点，富含芳香气味，寿命长，每片叶可维持3~6年不等，新老叶片聚生，形成叶幕层次。穗状花序生于枝顶，似瓶刷状，花簇生于花序上。蒴果顶端开裂。一年多次开花，盛花期在每年的2月份前后，长达2个月。

原产于澳洲，属热带树种，早年引入我国。喜温暖潮湿气候，能耐烈日酷暑，耐旱，对土壤的要求不高，是庭园观花树、行道树首选树种。多花红千层可以用作药物，起祛痰止咳的作用，如果经常感冒，那么使用多花红千层可以起到显著的缓解作用。此外，它对皮肤病也可以起到一定的抑制作用。多花红千层加工后，可制成香水，加工后的香水可用于化妆品或肥皂加工。

多花红千层的枝叶可入药，具有祛风、化痰、消肿之功效。

植物文化　多花红千层的花语是英姿飒爽、风韵独特。红千层属植物均原产于澳大利亚，是在植物大发现时代，被库克船长、植物猎人约瑟夫·班克斯和分类学鼻祖卡尔·林奈等人组成的"黄金天团"记录并带出澳洲的，此后逐渐作为园艺植物扩散开来。我国引进已有百年历史。

观赏地点　康乐园中目前共种植有19棵多花红千层，其中5棵分布在536栋陆达理堂北侧区域、14棵分布在中文堂西侧绿化带沿线。

● 536栋陆达理堂北侧区域多花红千层景观

海南蒲桃

学名：*Syzygium hainanense* Chang et Miau
别名：乌墨、乌楣
科属：桃金娘科蒲桃属

● 海南蒲桃的花序　　● 海南蒲桃的果实

简介　常绿乔木，高15米。嫩枝圆形，干后灰白色。叶片革质，阔椭圆形至狭椭圆形，先端圆钝，有一个短的尖头，基部呈阔楔形，依稀为圆形。圆锥花序腋生或生于花枝上，偶有顶生，花白色，3~5朵簇生。果实卵圆形或壶形，种子1颗。花期2~3月。

产于我国福建、广东、广西、云南等省区。属南亚热带长日照阳性树种，喜光、喜水，适应性强，对土壤要求不严，无论酸性土或石灰岩土都能生长。根系发达，主根深，抗风力强，耐火，萌芽力强，速生。该种是用材和观赏两用的优良树种。木材淡褐色，结构细致，纹理交错，有光泽，耐腐，不受虫蛀，不易翘裂，可作造船、建筑、桥梁、枕木、家具和农具等的优质用材。树皮含单宁，可作栲胶原料。果可食。

海南蒲桃的根皮、果实入药，有凉血收敛之功效；花、种子和树皮入药，可治疗糖尿病、痢疾和其他疾病。

观赏地点　康乐园中目前共种植有近30棵海南蒲桃，集中分布在西区住宅楼745栋、747栋和749栋南侧区域。该类树木树干通直、周年常绿、树姿优美、遮阴度高，观赏价值极佳，是校园中一道靓丽的风景线。

● 747栋南侧绿化带沿线海南蒲桃景观　　● 749栋南侧绿化带沿线海南蒲桃景观

● 红胶木的花

● 红胶木的果实

红胶木

学名：*Lophostemon confertus* (R.Br.) Peter G.Wilson & J.T.Waterhouse

别名：布里斯班红胶木

科属：桃金娘科红胶木属

简介 乔木，高20米。树皮黑褐色，多少宿存，坚硬。嫩枝初时扁而有棱，稍后变圆形，有短毛。叶片革质，聚生于枝顶，假轮生，长圆形或卵状披针形，上面多突起腺点，下面有时带灰色。聚伞花序腋生，有花3~7朵。蒴果半球形，先端平截，果瓣内藏。种子少数，有时具翅。花期5~7月。

原产于澳大利亚、印度尼西亚。我国引种已有近百年历史，广东、广西、福建、浙江有栽培。喜光，喜温暖湿润气候，喜深厚沃土，亦耐旱瘠，耐酸，能耐约0℃的极端低温，但忌霜冻。树姿宽圆锥形，叶密深，亮绿色，为优良的行道树和遮阴树。红胶木抗大气污染能力较强，在城市交通繁忙地段常年生长良好。木材可供制车辆及家具等用途。

观赏地点 康乐园中目前种植有十几棵红胶木，主要分布在中东区的329栋东侧、模范村515栋西侧、西大球场西北区以及西区612栋西侧、618栋西侧、619栋东南角和648栋东侧等区域，观赏性极佳。

● 619栋东南角区域红胶木景观

● 模范村515栋西侧绿化区红胶木景观

红鳞蒲桃

学名：*Syzygium hancei* Merr. et Perry
别名：红鳞树、磨堆树、红车木
科属：桃金娘科蒲桃属

749栋南侧绿化区红鳞蒲桃景观

简介 灌木或中等乔木，高达20米。嫩枝圆形，干后变黑褐色。叶片革质，狭椭圆形至长圆形，或为倒卵形，先端钝或略尖，基部阔楔形或较狭窄，上面干后暗褐色，不发亮，有多数细小而下陷的腺点，下面同色。圆锥花序腋生，多花。无花梗。花蕾倒卵形，萼管倒圆锥形，萼齿不明显。花瓣4，分离，圆形，雄蕊比花瓣略短。果实球形。花期7~9月。

产于福建、广东、广西等省区。性喜暖热气候，属于热带树种，喜光，耐旱瘠，对土壤要求不严，以肥沃、深厚和湿润的土壤为最佳，根系发达，生长迅速，适应性强。红鳞蒲桃是东南亚原产的果树，可以作为防风植物栽培，果实可以食用，是湿润热带地区良好的果树、庭园绿化树。

红鳞蒲桃以根皮、果入药，具有凉血、收敛之功效。

植物文化 红鳞蒲桃的花语是庄重、含蓄。

观赏地点 康乐园中目前仅见陈寅恪故居西侧和749栋南侧区域各种植有1棵红鳞蒲桃。

陈寅恪故居西侧区域红鳞蒲桃景观

红鳞蒲桃的花和叶

红鳞蒲桃的果实

● 地环学院大楼内庭花园黄金香柳景观

黄金香柳

学名：*Melaleuca bracteata* F. Muell. 'Revolution Gold'
别名：千层金
科属：桃金娘科白千层属

● 黄金香柳的花序

简介 常绿乔木，树高可达6~8米。冠幅锥形，主干直立。树皮纵裂，枝条密集、细长、柔软，嫩枝红色。叶互生，金黄色，披针形至线形，无毛或偶有软毛，无叶柄，具芳香味。穗状花序，花序由少到多个尖状花组成，花轴被软毛，同一苞片内有1~3个白色花，花瓣近圆柱形，绿白色。果实为蒴果，近球形，萼片宿存。

原产于荷兰、新西兰等濒海国家。1999年首次引入我国广州，在广州全年生长很好，特别是在冬季长势非常旺盛，适宜在我国南方大部分地区种植。喜温暖湿润的气候，抗旱又抗涝，耐土壤贫瘠，但以肥沃、疏松、透气、保水的沙壤土最为适合。是视觉效果最好的色叶乔木新树种之一，可作为家庭盆栽、切花配叶、公园造景等。特别适合沿海地区城市绿化用。可作为湿地树种、海滨树种、绿化树种、造林树种等，可以净化空气。其新鲜枝叶可以提炼香精油。

植物文化 黄金香柳的花语是一半夏天一半秋天，寓意富贵发财。

观赏地点 康乐园中目前共种植有十几棵黄金香柳，其中图书馆东北区域有7棵、测试大楼内庭花园有2棵、地环学院大楼内庭花园有2棵、西区749栋南侧等区域有数棵。

● 黄金香柳的枝叶

● 图书馆东北区域黄金香柳景观

● 257栋产业集团楼东南区域柳叶桉景观

● 柳叶桉的枝叶

柳叶桉

学名：*Eucalyptus saligna* Smith
别名：无
科属：桃金娘科桉属

● 柳叶桉的花

简介 大乔木，树干挺直。树皮平滑，薄片状脱落，灰蓝色，基部稍粗糙。嫩枝多少有棱。幼态叶对生，叶片披针形至卵形，薄革质，有短柄，成熟叶片披针形。伞形花序腋生，有花3~9朵。蒴果钟形，果缘内藏，果瓣3~4，先端稍突出。花期5月，在广州生长尚良好，但少结果实。

原产地在澳大利亚东南部沿海地区，现我国广东、广西均有栽种。树姿优美，四季常青，生长异常迅速，抗旱能力强，宜作行道树、防风固沙林和园林绿化树种，还是疗养区、住宅区、医院和公共绿地的良好绿化树种。树叶含芳香油，有杀菌驱蚊作用，可提炼香油。木材大多既重又坚硬，抗腐能力强，可作为建筑、枕木、矿柱、桩木、家具、火柴、农具、电杆、围栏以及碳材等用材。

柳叶桉的枝叶可入药，有疏风解热、抑菌消炎、防腐、止痒的功用。

植物文化 澳大利亚科学家利用X光射线在柳叶桉的叶子中发现了微量黄金，据说这是人类首次在生物体内发现自然存在的黄金。

观赏地点 康乐园中目前仅种植有8棵柳叶桉，其中学生宿舍173栋东南角有4棵、英东体育馆西侧有1棵、257栋产业集团楼东南区域有3棵。

● 英东体育馆西侧区域柳叶桉景观

美花红千层

学名：*Callistemon citrinus* (Curtis) Skeels
别名：硬枝红千层
科属：桃金娘科红千层属

● 美花红千层的花序

● 美花红千层的枝叶

简介　常绿灌木或小乔木。树皮暗灰色，不易剥离。株形紧凑，树形优美，观赏效果极佳。树冠卵形或广卵形，枝条刚硬竖直，成熟枝条棕褐色，有白色相间的斑驳条纹，自然生长枝条紧密。叶互生，条形。穗状花序，花色鲜艳、醒目，整朵花均呈红色，簇生于枝条顶端，似瓶刷状，形态奇特美丽而醒目。果实为蒴果。花期长，可从初春开到秋季，一年多次开花。

原产于澳大利亚的昆士兰，我国南方地区均有引种栽培。喜温暖湿润气候，耐旱、耐贫瘠、耐水淹、耐低温，可作为花篱应用于道路列植，或于公园、庭院成片栽植或点缀配置，是城市绿化和美化的优秀树种。

美花红千层的枝叶具有祛风、化痰、消肿的药用价值；用其提取的精油可作调配化妆品、香皂、日用品、洗涤剂用的香精，也用于医药卫生。

植物文化　美花红千层的花语是英姿飒爽、风韵独特。

观赏地点　美花红千层在康乐园中目前仅种植有30多棵，主要分布在丰盛堂东侧道路两侧以及伍沾德堂西侧区域。

● 伍沾德堂西侧区域美花红千层景观

● 丰盛堂东侧道路两侧美花红千层景观

● 柠檬桉的果实

柠檬桉

学名：*Eucalyptus citriodora* Hook.f.
别名：油加利树
科属：桃金娘科桉属

● 柠檬桉的花

简介 大乔木，树干挺直。树皮光滑，灰白色或红灰色，大片状脱落。幼态叶片披针形，有腺毛，基部圆形，叶柄盾状着生。成熟叶片狭披针形，稍弯曲，两面有黑腺点，揉之有浓厚的柠檬气味。圆锥花序腋生。蒴果壶形，果瓣藏于萼管内。花期4～9月。

原产于澳大利亚，我国引种有近百年历史。目前我国华南及福建、浙江、云南、四川等地均有栽培。喜光，对气候、土壤适应性强，耐干旱，速生，出材率高，为华南地区重要造林树种，适宜南方低丘下部、沿海山地造林和四旁绿化。同时，其也是南方重要的速生用材树种和很好的芳香油树种，含有丰富的芳香类物质。

柠檬桉叶片入药，有消肿散毒之功效。

植物文化 桉树文化起源于生活在澳洲大陆的原始土著，在西方殖民者进入澳洲大陆后得到继承和发展。经过200余年的发展融合后，桉树在精神层面上体现出的能在艰苦条件下生长进化、不畏艰难困苦、勇往直前、奋力拼搏、顽强发展的精神，已成为澳大利亚人的精神追求和象征。

观赏地点 康乐园中目前柠檬桉的种植数量达260多棵，基本遍布校园各个区域，尤以学生公寓131～132栋南侧、广寒宫周边、图书馆东门道路两侧、康乐路沿线、陈寅恪故居东南侧、马丁堂南侧、小礼堂周边、梁銶琚堂东南侧以及模范村古建筑周边区域的景观最为壮观。

● 图书馆东门道路两侧柠檬桉景观

● 小礼堂西侧区域柠檬桉景观

水蒲桃

学名：*Syzygium jambos* (L.) Alston
别名：香果、风鼓、水葡桃、水石榴
科属：桃金娘科蒲桃属

● 水蒲桃的果实

● 水蒲桃的花序

简介 乔木，高10米。主干极短，广分枝，小枝圆形。叶片革质，披针形或长圆形，先端长渐尖，基部阔楔形。聚伞花序顶生，有花数朵，花白色。果实球形，果皮肉质，成熟时黄色，有油腺点。种子1~2颗，多胚。花期3~4月，果实5~6月成熟。

我国台湾、福建、广东、广西、贵州、云南、海南等地均有栽培。耐水湿，性喜暖热气候，属于热带树种，喜光，耐旱瘠，对土壤要求不严。树冠丰满浓郁，花、叶、果均可观赏，可作庭荫树和固堤防风树。

水蒲桃以根皮、果入药，具有凉血、收敛之功效。

观赏地点 康乐园中水蒲桃的种植数量目前有40多棵，其中中东区主要分布在梁銶琚堂东侧、第三教学楼西侧、英东体育馆北侧、曾宪梓楼西侧、266栋数学楼前、346栋北侧、模范村510栋西侧以及573栋配电房北侧等区域。此外，园西区以及蒲园区等部分楼宇周边也有少量栽培。

● 梁銶琚堂东侧绿化区水蒲桃景观

● 266栋数学楼前水蒲桃景观

● 水翁的果实

● 水翁的花序

水翁

学名：*Syzygium nervosum* Candolle
别名：水榕
科属：桃金娘科蒲桃属

简介 乔木，高15米。树皮灰褐色，颇厚，树干多分枝。嫩枝压扁，有沟。叶片薄革质，长圆形至椭圆形，先端急尖或渐尖，基部阔楔形或略圆，两面多透明腺点。圆锥花序生于无叶的老枝上。花无梗，2~3朵簇生。浆果阔卵圆形，成熟时紫黑色。花期5~6月。

原产于我国广东、广西、云南、海南。喜肥，耐湿性强，喜生于水边，一般土壤均可生长，有一定的抗污染能力，可作风景树，多植于湖堤边，花有香味。

水翁的皮、叶、花均可入药，具有祛风、解表、消食等功效。

植物文化 水翁是广东凉茶二十四味的一种成分。

观赏地点 康乐园中目前共种植有40多棵水翁，主要分布在广寒宫北侧、280栋工会楼东南侧、316栋东北区、第三教学楼西北区、岭南三堂南侧、415栋东南侧、517栋东侧以及激光楼北侧等区域，其中康乐路校医院路段、广寒宫北侧和地环学院大楼西北侧等区域的水翁，胸径已达80厘米以上，树干粗壮，树势雄伟，观赏性极佳。

● 康乐路校医院路段水翁景观

● 地环学院大楼西北侧绿化区水翁景观

卫矛蒲桃

学名：*Syzygium euonymifolium* (Metcalf) Merr. et Perry
别名：卫矛叶蒲桃
科属：桃金娘科蒲桃属

● 卫矛蒲桃的树干

简介 乔木，高达12米。嫩枝圆形或压扁，有微毛，干后灰色，老枝灰白色。叶片薄革质，阔椭圆形，先端渐尖，基部楔形，下延，干后上面灰绿色，无光泽，下面同色，两面多细小腺点，侧脉在上面明显，在下面稍突起，以60度开角斜向上，靠近边缘1毫米处结合成边脉。聚伞花序腋生，有花6~11朵。萼管倒圆锥形，萼齿4，短而钝。花瓣分离，圆形。花柱与雄蕊同长。果实球形。花期5~8月，果期6~10月。

产于广东、广西。喜光照充足、高温潮湿的环境，要求肥沃、疏松、潮湿的土壤，以微酸性沙质土为最适宜，微酸性至微碱性的沙壤或红壤均宜，忌霜冻，怕干旱。日夜温差大的条件利于果实品质的提高。树冠丰满浓郁，花、叶、果均可观赏，可作庭荫树和固堤防风树。

观赏地点 康乐园中目前仅有1棵卫矛蒲桃种植在西区629栋东侧区域，这棵珍贵的树木以其独特的形态和存在丰富了校园植物的多样性。

● 卫矛蒲桃的叶　　● 西区629栋东侧绿化区卫矛蒲桃景观

● 洋蒲桃的花序

● 洋蒲桃的果实

● 314栋西北角洋蒲桃景观

洋蒲桃

学名：*Syzygium samarangense* (Bl.) Merr. et Perry
别名：莲雾、天桃、爪哇蒲桃、水石榴
科属：桃金娘科蒲桃属

简介 常绿乔木，高12米。嫩枝压扁。叶片薄革质，椭圆形至长圆形，先端钝或稍尖，基部变狭，圆形或微心形。聚伞花序顶生或腋生，有花数朵。花白色。果实梨形或圆锥形，肉质，洋红色，发亮，顶部凹陷，有宿存的肉质萼片。种子1颗。花期3~4月，果实5~6月成熟。

原产于马来西亚及印度，我国广东、广西及台湾均有栽培。适应性强，粗生易长，性喜温暖，怕寒冷，喜好湿润的肥沃土壤，对土壤条件要求不严。一年多次开花、结果，果实色泽鲜艳，汁多味美，营养丰富，是著名的热带果树、庭园绿化树和蜜源树。

洋蒲桃的果实性味甘平，有润肺、止咳、除痰、凉血、收敛之功效。

植物文化 洋蒲桃的花语是富贵、鸿运。在台湾，洋蒲桃被誉为"水果皇帝"，畅销水果市场，深受消费者的青睐。著名传统小吃"四海同心"就是以洋蒲桃为主要材料。

观赏地点 康乐园中洋蒲桃的种植数量不多，目前仅见在314栋西北角区域有1棵、330栋东北角区域有1棵、第三教学楼西门口南侧区域有3棵。

● 第三教学楼西门口南侧绿化区洋蒲桃景观

三十九、藤黄科

福木

学名：*Garcinia subelliptica* Merr.
别名：福树、菲岛福木
科属：藤黄科藤黄属

● 博士后公寓171栋北边区域福木景观

简介 常绿乔木，高可达20米。小枝坚韧粗壮，具4~6棱。树冠圆锥形。叶片对生，椭圆形，全缘，厚革质，顶略钝、圆形或微凹，基部宽楔形至近圆形，上面深绿色，具光泽，下面黄绿色，中脉在下面隆起，网脉明显。叶柄粗壮。花杂性，乳黄色，夏季开花，雌雄异株，雄花具有特殊香味。核果球形，表面光滑，有臭味，几乎无柄，熟时金黄色。种子3~4粒，褐色，光滑。

原产于我国台湾南部，因为它的模式标本采自菲律宾而得名菲岛福木。我国热带地区有引入栽培。性喜高温，耐旱，生育适温为23~32℃，土质以中性土壤为佳，日照须充足，半日照亦可。树姿优美，枝叶茂密，且极易栽植，故常见于庭园、校园，为优良的园景树及防风、防音树种。树脂可供制作黄色染料。

福木的根可入药，有收敛之效。

植物文化 福木的花语是守护家园、保护弱小。

观赏地点 康乐园中种植的福木数量不是很多，目前仅见在博士后公寓171栋北边区域有6棵、马岗顶319栋东边区域有3棵，都是呈小乔木形式造景。

● 马岗顶319栋东边绿化区福木景观

● 福木的果实

● 福木的花

● 岭南山竹子的果实

● 岭南山竹子的花

岭南山竹子

学名：*Garcinia oblongifolia* Champ. ex Benth.
别名：金赏、罗蒙树、酸桐木、黄牙桔、竹节果（广东）、黄牙树（香港）
科属：藤黄科藤黄属

简介 常绿灌木或乔木，高5～15米。树皮深灰色。老枝通常具断环纹。叶片近革质，长圆形，倒卵状长圆形至倒披针形，顶端急尖或钝，基部楔形，干时边缘反卷，中脉在上面微隆起。花小，单性，异株，单生或呈伞形状聚伞花序，花瓣橙黄色或淡黄色，倒卵状长圆形。浆果卵球形或圆球形，基部萼片宿存，顶端承以隆起的柱头。花期4～5月，果期10～12月。

产于岭南以南的广东、广西、海南等地。喜光，幼龄树稍耐阴，喜暖热、湿润气候，对土壤肥力要求不苛刻，喜微酸性至酸性土壤。果可食，种子含油量极高，可作工业用油。木材可制家具和工艺品。树皮含单宁，供提制栲胶。

岭南山竹子的树皮可入药，有消炎止痛、收敛生肌之功效。

植物文化 岭南山竹子的浆果近球形，熟时青黄色，食后粘牙，牙染为黄色，故又称"黄牙果"。

观赏地点 康乐园中目前只有1棵岭南山竹子分布在模范村513栋古建筑的东北角位置。

● 模范村513栋古建筑东北角岭南山竹子景观

四十、无患子科

荔枝

学名：*Litchi chinensis* Sonn.
别名：丹荔、丽枝、离枝、火山荔、勒荔、荔支
科属：无患子科荔枝属

● 荔枝的花

简介　常绿乔木，高约10米。树皮灰黑色。小枝圆柱状，褐红色，密生白色皮孔。叶薄革质或革质，披针形或卵状披针形。花序顶生。果卵圆形至近球形，成熟时通常暗红色至鲜红色。种子全部被肉质假种皮包裹。花期春季，果期夏季。

分布于我国的西南部、南部和东南部，广东和福建南部栽培最盛。喜高温高湿，喜光向阳。荔枝木材坚实，纹理雅致，耐腐，历来为上等名材。荔枝味甘、酸，性温，入心、脾、肝经，可止呃逆、腹泻，是顽固性呃逆及五更泻者的食疗佳品，同时有补脑健身、开胃益脾、促进食欲之功效，因性热，多食易上火。

植物文化　荔枝的花语是富裕，象征着美好、富裕的生活。荔枝主要栽培品种有三月红、圆枝、黑叶、淮枝、桂味、糯米糍、元红、兰竹、陈紫、挂绿、水晶球、妃子笑、白糖罂等。其中桂味、糯米糍是上佳的品种，亦是鲜食之选，挂绿更是珍贵难求的品种。"萝岗桂味""毕村糯米糍"及"增城挂绿"有"荔枝三杰"之称。

观赏地点　康乐园中目前种植有30多棵荔枝，主要分布在图书馆西北侧、305栋南侧、312栋东侧、313栋南侧、黑石屋东南侧、316栋东侧、游泳池周边、338栋西南侧、347栋东侧等区域。

● 图书馆西北侧绿化区荔枝景观

● 313栋南侧绿化区荔枝景观

● 荔枝的果实

龙眼

学名：*Euphoria longan* (Lour.) Steud
别名：桂圆、福眼、羊眼
科属：无患子科龙眼属

● 龙眼的花

简介 常绿乔木。板状根较明显。树皮黄褐色，粗糙，薄片状脱落。偶数羽状复叶，互生，小叶薄革质，长圆形或长圆状披针形，先端急尖或稍钝。圆锥花序顶生和腋生，花杂性，簇生，黄白色。果核果状，球形，果皮干时脆壳质，不开裂。种子球形，褐黑色，有光泽，为肉质假种皮所包围。花期3~4月，果期7~8月。

产于福建东南近海地区，广东南部、云南东南部、广西南部、海南、贵州和四川均有栽培。属深根性树种，喜光，能在干旱、瘦瘠土壤上扎根生长。木材结构细致、坚重，极耐腐，不受虫蛀，为工业强材，适合作车、船、桥梁、水工、家具等用材。果实可食，龙眼为我国南方水果，与荔枝、香蕉、菠萝同为华南四大珍果。龙眼可作为观果植物种植在庭院内。

龙眼能入药，有壮阳益气、补益心脾、养血安神、润肤美容等多种功效。

植物文化 泉州是我国龙眼的主要产区之一，自古盛产龙眼。泉州人通称龙眼鲜果为龙眼，焙干后为桂圆。商户常把两者统称为"桂圆"。因龙眼果实的外形圆滚，去皮则晶莹剔透偏浆白，隐约可见内里红黑色果核，极似龙的眼珠，故以"龙眼"名之。

观赏地点 康乐园中目前共种植有60多棵龙眼，分布在校园各个区域，尤以模范村古建筑周边、马岗顶各建筑周边、园东湖北侧、校医院东侧等区域的分布数量最多。其中，329栋门口、爪哇堂南侧、马文辉堂门前等区域的龙眼观赏性最佳。

● 龙眼的果实
● 329栋门口龙眼景观

● 马文辉堂门前龙眼景观

栾树

学名：*Koelreuteria paniculata*
别名：木栾、栾华、乌拉、乌拉胶、黑色叶树、石栾树
科属：无患子科栾属

● 栾树的蒴果

简介 落叶乔木或灌木。树皮厚，灰褐色至灰黑色，老时纵裂，皮孔小，灰色至暗褐色。小枝具疣点，与叶轴、叶柄均被皱曲的短柔毛或无毛。叶丛生于当年生枝上，平展，一回、不完全二回或偶为二回羽状复叶。聚伞圆锥花序密被微柔毛。花淡黄色，稍芬芳，瓣片基部的鳞片初时黄色，开花时橙红色。蒴果圆锥形，具3棱，果瓣卵形。种子近球形。花期6~8月，果期9~10月。

产于我国北部及中部大部分地区，世界各地均有栽培。喜光，稍耐半阴，耐寒，但是不耐水淹，耐干旱和瘠薄，对环境的适应性强，喜欢生长于石灰质土壤中，耐盐渍及短期水涝。栾树适应性强、季相明显，是理想的绿化观叶树种，宜作庭荫树、行道树及园景树，也是工业污染区配植的好树种。木材黄白色，易加工，可制家具。叶可作蓝色染料。花供药用，亦可制黄色染料。

栾树的花、根和叶均可入药，有疏风清热、止咳杀虫之功效。

● 栾树的花

植物文化 栾树的花语是绚烂一生。

观赏地点 康乐园中栾树的种植数量目前不是很多，仅见马丁堂南侧草坪区域靠道路沿线有3棵、图书馆西边文化广场区域有6棵、地环学院大楼西北角区域有1棵、竹园荫棚东南侧区域有1棵。

● 文化广场先进技术研究院南侧栾树景观

● 马丁堂南侧草坪区域栾树景观

● 536栋陆达理堂南侧绿化区域无患子景观

无患子

学名：*Sapindus saponaria* Linnaeus
别名：木患子、油患子、苦患树、洗手果、搓目子、假龙眼、鬼见愁等
科属：无患子科无患子属

简介 落叶乔木。枝开展。叶互生，无托叶，有柄。圆锥花序，顶生及侧生。花杂性，花冠淡绿色，有短爪。花盘杯状。花丝有细毛，花药背部着生，两性花雄蕊小，花丝有软毛。核果球形，熟时黄色或棕黄色。种子球形，黑色。花期6~7月，果期9~10月。

原产于我国长江流域以南各地以及中南半岛各地、印度和日本。喜光，稍耐阴，耐寒能力较强，对土壤要求不严，深根性，抗风力强，不耐水湿，能耐干旱。萌芽力弱，不耐修剪，生长较快，寿命长，对二氧化硫抗性较强，是绿化的优良观叶、观果树种。果皮含有皂素，可代肥皂。木材可制箱板和木梳等。

无患子的花、根和叶均可入药，有疏风清热、止咳杀虫之功效。

植物文化 无患子的花语为保佑平安，此外，还有坚强的含义。相传以其木材制成的木棒可以驱魔杀鬼，因此名其为"无患子"。它那厚肉质状的果皮含有皂素，只要用水搓揉便会产生泡沫，可用于清洗，是古代主要的清洁剂之一。

观赏地点 康乐园中无患子的种植数量非常稀少，目前仅见2棵种植在536栋陆达理堂南侧三角绿化区域。

● 无患子的花序

● 无患子的核果

四十一、五加科

澳洲鸭脚木

学名： *Schefflera macrostachya* (Benth.) Harms
别名： 昆石兰遮树、昆士兰伞木、方式叶鹅掌柴、伞树、大叶伞
科属： 五加科南鹅掌柴属

● 澳洲鸭脚木的花序

简介 常绿乔木，高可达30~40米。叶为掌状复叶，小叶数随树木的年龄不同而异，幼年时3~5片，长大时5~7片，至乔木状时可多达16片。小叶片椭圆形，先端钝，有短突尖，叶缘波状，革质，有光泽，叶背淡绿色。浆果，圆球形，熟时紫红色。

原产于澳大利亚及太平洋中的一些岛屿，我国南部热带地区亦有分布。适生于温暖湿润及通风良好的环境，喜阳也耐阴，在疏松、肥沃、排水良好的土壤中生长良好。澳洲鸭脚木叶片阔大，柔软下垂，形似伞状，株形优雅轻盈，易于管理，是室内理想的观叶植物，也是园林中非常优良的造景树种。

植物文化 澳洲鸭脚木的花语是坚韧不拔。

观赏地点 康乐园中目前种植有30多棵澳洲鸭脚木，其中学生宿舍131栋西侧种植有1棵、173栋东南角（环校道围墙角）位置种植有5棵、南草坪餐厅东侧区域种植有2棵、梁銶琚堂北侧内庭花园种植有1棵、广寒宫西侧区域种植有2棵、竹园西北侧种植有2棵、西区629栋西侧区域种植有5棵、西区垃圾站堆放场围墙沿线区域种植有20多棵。

● 广寒宫西侧绿化区澳洲鸭脚木景观

● 梁銶琚堂北侧内庭花园澳洲鸭脚木景观

幌伞枫

学名: *Heteropanax fragrans* (Roxb.) Seem.
别名: 富贵树、大蛇药、五加通、凉伞木等
科属: 五加科幌伞枫属

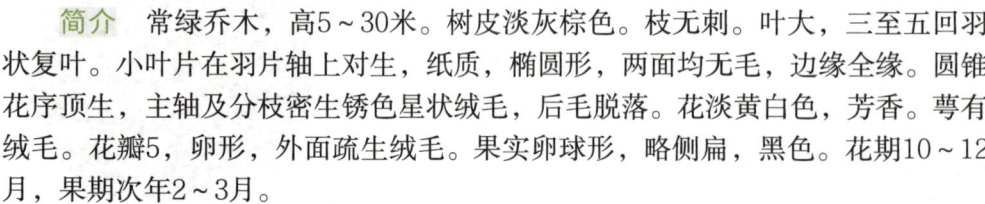
幌伞枫的花序

简介 常绿乔木,高5~30米。树皮淡灰棕色。枝无刺。叶大,三至五回羽状复叶。小叶片在羽片轴上对生,纸质,椭圆形,两面均无毛,边缘全缘。圆锥花序顶生,主轴及分枝密生锈色星状绒毛,后毛脱落。花淡黄白色,芳香。萼有绒毛。花瓣5,卵形,外面疏生绒毛。果实卵球形,略侧扁,黑色。花期10~12月,果期次年2~3月。

分布于我国云南、广西、广东、海南等地。幌伞枫是一种适应热带气候的植物,喜光,喜湿润的生长环境,忌寒冷,可耐阴,对贫瘠和干旱的环境有一定的抗性。在我国绝大部分地区只适宜盆栽,便于秋冬季节挪盆于室内生长。其树形端正,枝叶茂密,在庭院中既可孤植,也可片植。盆栽可作为室内的观赏树种,多用在庄重肃穆的场合。冬季圣诞节前后,可放置在饭店、宾馆和家庭中作圣诞树装饰。

幌伞枫的根、树皮均可入药,有清热解毒、消肿止痛之功效。

植物文化 幌伞枫的花语为生机、富贵,寓意着财运不断、年年好运。

观赏地点 康乐园中目前种植的幌伞枫有近百棵之多,分散在校园各个区域,其中以305栋西南侧、313栋南侧、园东湖南侧、逸夫楼东南侧、507栋北侧、马岗顶各建筑物周边以及模范村各古建筑物周边的景观最为壮观。

幌伞枫的叶

园东湖西南侧摇篮雕塑旁幌伞枫景观

逸夫楼东南侧区域幌伞枫景观

四十二、五桠果科

大花五桠果

学名：*Dillenia turbinata* Finet et Gagnep.
别名：大花第伦桃、假枇杷树
科属：五桠果科五桠果属

● 大花五桠果的花

● 大花五桠果的果实

简介 常绿乔木。嫩枝粗壮，有褐色绒毛；老枝秃净，干后暗褐色。叶革质，倒卵形或长倒卵形，先端圆形或钝，有时稍尖，基部楔形，不等侧，幼嫩时上下两面有柔毛，老叶上面变秃净，干后稍有光泽，下面被褐色柔毛。总状花序生枝顶，花大，有香气，花瓣薄，黄色，有时黄白色或浅红色，倒卵形，花药延长，线形，生于花丝侧面。果实近于圆球形，不开裂，暗红色，每个成熟心皮有种子1至多个。种子倒卵形，无毛也无假种皮。花期4～5月。

分布于我国广东、广西、海南和云南。性喜温暖湿润环境，喜光而耐半阴，土壤以土层深厚沃润、排水良好的沙质壤土或冲积土为佳。

大花五桠果树干通直，叶大浓密，树形美观，花果延续枝端，鲜艳夺目，为观花赏果的优良乡土树种，宜作行道树，也宜于庭园孤植、对植或丛植造景和招鸟。果实多汁微甜可食，也可制果酱。木材可作一般建筑、农具、家具等用。

大花五桠果的果和叶均可药用。果实有止咳、解热毒之效；叶汁洗发可治秃头。

观赏地点 康乐园目前共种植有16棵大花五桠果，其中1棵种植在竹园荫棚东边、1棵种植在324栋西南侧、1棵种植在410栋南侧、13棵种植在地环学院大楼东南角区域。

● 324栋西南侧区域大花五桠果景观

● 地环学院大楼东南角区域大花五桠果景观

四十三、杨柳科

垂柳

学名：*Salix babylonica*
别名：柳树、清明柳、吊杨柳、线柳、倒垂柳、青龙须、垂枝柳、倒挂柳
科属：杨柳科柳属

● 垂柳的花序

简介 乔木，高达12~18米。树冠开展而疏散。树皮灰黑色，不规则开裂。枝细，下垂，淡褐黄色、淡褐色或带紫色，无毛。叶狭披针形或线状披针形，上面绿色，下面色较淡。花序先叶开放，或与叶同时开放。蒴果带绿黄褐色。花期3~4月，果期4~5月。

产于我国长江流域与黄河流域，其他各地均有栽培，亚洲、欧洲、美洲各国均有引种。喜光，喜温暖湿润气候及潮湿深厚之酸性及中性土壤，较耐寒，特耐水湿，萌芽力强，根系发达，生长迅速。垂柳是园林绿化中常用的行道树种，观赏价值较高，深受各地绿化喜爱，可作庭荫树、行道树、公路树。亦适用于工厂绿化，还是固堤护岸的重要树种。木材可供制家具。枝条可编筐。树皮含鞣质，可提制栲胶。叶可作羊饲料。

垂柳枝具有祛风除湿、清热解毒、消肿止痛的功效。

植物文化 垂柳的花语是忧伤、愁伤。

观赏地点 康乐园中目前仅有1棵垂柳种植在394栋叶葆定堂门前广场东北侧区域。柔枝下垂，轻盈飘逸，见之则瞬间春色满园，雅静一片。

● 垂柳的叶

● 394栋叶葆定堂门前广场东北侧区域垂柳景观

● 长叶柞木的花序

● 长叶柞木的果实

● 长叶柞木的树皮

长叶柞木

学名：*Xylosma longifolium* Clos
别名：柞树、蒙子树根、蒙子刺根、葫芦刺、凿树、刺柞、鼠木
科属：杨柳科柞木属

简介 常绿小乔木，高4~7米。树皮灰褐色。小枝有刺，无毛。叶革质，长圆状披针形或披针形，先端渐尖，基部宽楔形，边缘有锯齿，两面无毛，上面深绿色，有光泽，下面淡绿色，干后灰褐色。花小，淡绿色，多数，总状花序。浆果球形，黑色，无毛。种子2~5粒。花期4~5月，果期6~10月。

原产于我国福建、广东、广西、贵州、云南等地，老挝、越南和印度也有分布。喜温暖湿润气候，也能耐一定的寒冷和干旱。对土壤要求不严，耐瘠薄，不耐水湿。根系发达，有很强的萌蘖性。树形婆娑，终年翠绿，叶色深绿有光泽，果熟期红果集生于枝顶，非常美观，可供庭院美化和观赏等用，也是营造防风林、水源涵养林及防火林的优良树种。木材材质坚实，纹理细密，材色棕红，可供家具、农具等用。种子含油。又为蜜源植物。

长叶柞木的叶、根皮、茎皮可入药，有清热利湿、散瘀止血、消肿止痛之功效。

植物文化 长叶柞木象征着力量和不屈不挠。

观赏地点 康乐园目前仅有1棵长叶柞木种植在贺丹青堂的东南边区域，基部发出双枝干，整体胸径超过1米，景观非常壮观。

● 贺丹青堂东南边区域长叶柞木景观

红花天料木

学名：*Homalium ceylanicum* (Gardn.) Benth.
别名：海南天料木、母生、山红罗、高根、红花母生
科属：杨柳科天料木属

● 红花天料木的花序

简介 乔木。树皮灰色，不裂。小枝圆柱形，无毛，有槽纹。叶革质，长圆形或椭圆状长圆形，先端短渐尖，基部楔形或宽楔形，边缘全缘或有极疏不明显钝齿，两面无毛，中脉在上面平坦，下面突起，在近边缘处网结。花外面淡红色，内面白色，多数，3~4朵簇生而排成总状。蒴果倒圆锥形。花期6月至次年2月，果期10~12月。

分布于我国海南、云南、广西、湖南、江西、福建等省区。喜光，幼树稍耐庇荫。根系发达，具抗风能力。喜肥沃、疏松、排水良好的土壤，在坡度较缓、土层深厚、腐殖质丰富的土壤中生长良好。木材优良，为海南著名木材，结构细密，纹理清晰，是供建筑、桥梁和家具的重要用材。红花天料木的树皮和叶等可入药，对糖尿病、风湿病、创伤等有功效。

植物文化 红花天料木被列入《海南省省级重点保护野生植物名录》。它被称为"母生"，是因为有强大的生命力。成材后的红花天料木被砍伐以后，还会有许多幼苗从树桩根部萌发出来，其中约3~6条能够长成大树。

观赏地点 康乐园目前仅有1棵红花天料木种植在394栋叶葆定堂岭南牛雕塑的北侧区域，为早年岭南校友捐赠。该树从基部发出多干，整体胸径超过1米，景观非常壮观，观赏性极佳。

● 394栋叶葆定堂岭南牛雕塑北侧红花天料木景观

● 红花天料木的叶

● 280栋工会楼东南侧区域锡兰莓景观

锡兰莓

学名：*Dovyalis hebecarpa* (Gardn.) Warb.
别名：酸味果、锡兰醋栗
科属：杨柳科锡兰莓属

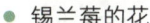

● 锡兰莓的花

● 锡兰莓的叶

简介　常绿小乔木，高3~10米。有长而锐利的刺，树皮灰褐色。幼枝有棕灰色柔毛，老枝有白色皮孔。叶薄革质，卵形、椭圆状卵形或卵状长圆形至长椭圆状披针形，先端渐尖，基部宽楔形，全缘或有稀疏钝锯齿，上面深绿色，有光泽，疏被灰色柔毛，下面淡绿色，有棕灰色长柔毛，侧脉3~4对，基部近三出脉。花单性，雌雄异株。浆果近球形。花期1~4月，果期秋季。

原产于斯里兰卡和热带南部非洲。我国台湾、广东（仅中山大学南校园）、福建（厦门大学校园）有引种栽培。果色红紫，供庭园栽培观赏。浆果味酸，可生食和制蜜饯。

植物文化　康乐园内现有的锡兰莓为岭南大学时期当局从巴西引入栽培，至今已有近百年的生长史，具有特殊的历史意义和人文价值。

观赏地点　康乐园目前只有3棵锡兰莓种植在280栋工会楼东南侧区域，为广东独有，是岭南大学时期从国外引入栽植，非常珍贵。

四十四、叶下珠科

秋枫

学名：*Bischofia javanica* Blume
别名：茄冬、秋风子、大秋枫、红桐、过冬梨、朱桐树
科属：叶下珠科秋枫属

● 秋枫的叶

简介 常绿或半常绿大乔木，高可达40米。树干圆满通直，老树皮粗糙，内皮纤维质，小枝无毛。三出复叶，倒卵形，小叶片纸质，卵形、椭圆形或椭圆状卵形，顶端急尖或短尾状渐尖，边缘有浅锯齿，托叶膜质，披针形。花雌雄异株，多朵组成腋生的圆锥花序。雄花萼片膜质，半圆形，花丝短。雌花萼片长圆状卵形，内面凹成勺状，边缘膜质。子房光滑无毛，果实浆果状，圆球形或近圆球形，淡褐色。种子长圆形，4~5月开花，8~10月结果。

产于我国南部，分布于陕西、江苏、安徽、浙江、江西、台湾、河南、湖北、湖南、广东、海南、广西、四川、贵州、云南、福建等地区。喜阳，稍耐阴，喜温暖而耐寒力较差，对土壤要求不严，能耐水湿，根系发达，抗风力强，在湿润、肥沃壤土上生长快速。树叶繁茂，树姿壮观，宜作庭园树和行道树。木材红褐色，坚硬耐用，可供建筑、桥梁、造船等用。果肉可酿酒，种子可食用。

秋枫的叶和根可入药，有祛风消肿的作用。

植物文化 秋枫的花语是坚毅，有着永恒爱情和回忆往事的含义。

观赏地点 康乐园中目前只剩下为数不多的十几棵秋枫，主要分布在马丁堂南侧、松园湖南侧、324栋东侧、329栋东侧、338栋西北侧、410栋南侧、572栋南侧、春晖园食堂北侧以及西区533栋东侧等区域。

● 西区533栋东侧区域秋枫景观

● 秋枫的果实

● 马丁堂南侧区域秋枫景观

土蜜树

学名：*Bridelia tomentosa* Bl.
别名：逼迫子、夹骨木、猪牙木
科属：叶下珠科土蜜树属

● 324栋南侧绿化区土蜜树景观

简介 直立灌木或小乔木，通常高2~5米。树皮深灰色，枝条细长。除幼枝、叶背、叶柄、托叶和雌花的萼片外面被柔毛或短柔毛外，其余均无毛。叶片纸质，长圆形、长椭圆形或倒卵状长圆形，托叶线状披针形，顶端刚毛状渐尖，常早落。花雌雄同株或异株，簇生于叶腋。花瓣倒卵形，膜质，顶端3~5齿裂。核果近圆球形，种子褐红色，长卵形，腹面压扁状，有纵槽，背面稍凸起，有纵条纹。花果期几乎全年。

产于我国福建、台湾、广东、海南、广西和云南，分布于亚洲东南部，经印度尼西亚、马来西亚至澳大利亚。喜高温高湿，全日照、半日照均能生长，但光照充足生长较旺盛。种植时以石灰质壤土或沙质壤土为佳，排水须良好。树皮可提取栲胶，含鞣质8.08%。

土蜜树的树叶可治外伤出血、跌打损伤，根治感冒、神经衰弱、月经不调等。

植物文化 土蜜树的拉丁名是为了纪念瑞典植物学家S.E.V.Brindel-Brideri，种加词"tomentosa"是"被绒毛的"之意，指的是它的叶背有绒毛。

观赏地点 康乐园中目前种植的土蜜树数量不是很多，仅见在316栋北侧、319栋南侧、324栋南侧、紫荆园餐厅东北角以及西区655栋东北角区域有种植，观赏性极佳。

● 土蜜树的花

● 土蜜树的果实

● 紫荆园餐厅东北角区域土蜜树景观

● 311栋东北角绿化区五月茶景观

五月茶

学名：*Antidesma bunius* (L.) Spreng.
别名：五味叶、酸味树、五味菜
科属：叶下珠科五月茶属

● 游泳池西南侧绿化区五月茶景观

简介 乔木，高可达10米。小枝有明显皮孔。叶片纸质，长椭圆形、倒卵形或长倒卵形，叶面深绿色，常有光泽，叶背绿色，侧脉每边7~11条。雄花序为顶生的穗状花序，雌花序为顶生的总状花序。核果近球形或椭圆形，成熟时红色。花期3~5月，果期6~11月。

广布于亚洲热带地区直至澳大利亚昆士兰。在我国分布于江西、福建、湖南、广东、海南、广西、贵州、云南和西藏等省区，生长于海拔200~1500米的山地疏林中。五月茶具有一定的抗风能力，喜阳光充足，喜排水良好、土层深厚肥沃的沙壤土。四季常绿，萌芽力强，花序成串，易招引昆虫和鸟类，为优良庭园观赏树和行道树，也是我国热带滨海城市台风防护林建设的重要树种之一。散孔材，木材淡棕红色，纹理直至斜，结构细，材质软，适于作箱板用料。果微酸，可供食用及制果酱。

五月茶的根、叶、果均可入药，有生津止渴、缓解咳嗽、抗氧化、改善腹胀的功效。

植物文化 五月茶的叶呈深绿色，红果累累，为美丽的观赏树。

观赏地点 康乐园中目前种植有10棵五月茶，1棵在311栋东北角区域，4棵在410栋南边区域，1棵在518栋东南区域，3棵在游泳池西南侧绿化区，1棵在551栋北侧绿化区。

● 五月茶的叶

● 五月茶的果实

余甘子

学名：*Phyllanthus emblica* L.
别名：油甘子、庵摩勒、米含、望果、木波、滇橄榄、余甘果
科属：叶下珠科叶下珠属

简介 乔木，高可达23米。树皮浅褐色。枝条具纵细条纹，被黄褐色短柔毛。叶片纸质至革质，2列，线状长圆形，顶端截平或钝圆，有锐尖头或微凹，基部浅心形而稍偏斜，上面绿色，下面浅绿色，干后带红色或淡褐色，边缘略背卷。托叶三角形，褐红色，边缘有睫毛。聚伞花序由多朵雄花和1朵雌花或全为雄花腋生组成。蒴果呈核果状，圆球形，外果皮肉质，绿白色或淡黄白色，内果皮硬壳质。种子略带红色。花期4～6月，果期7～9月。

在我国分布于江西、福建、台湾、广东、海南、广西、四川、贵州和云南等地。性喜温暖干热气候，能耐干旱和瘠薄的土壤。余甘子根系发达，可保持水土，可作庭园风景树。木材棕红褐色，坚硬细致，有弹性，耐水湿，可供农具和家具用材，又是优良的薪炭柴。

余甘子的树根和叶均可供药用，能清热解毒，治皮炎、湿疹、风湿痛等。

植物文化 余甘子的果实初食味酸涩，良久乃甘，故名"余甘子"。

观赏地点 康乐园目前仅有1棵余甘子种植在模范村513栋古建筑东北角绿化区域。其树姿优美，观赏性极佳，是校园珍贵的观赏类乔木植物资源。

● 模范村513栋古建筑东北角余甘子景观

● 余甘子的叶

● 余甘子的花序

● 余甘子的果实

四十五、榆科

榔榆

学名：*Ulmus parvifolia* Jacq.
别名：小叶榆
科属：榆科榆属

● 榔榆的花

● 榔榆的翅果

简介 落叶乔木。树冠广圆形。树干基部有时呈板状根。树皮灰色或灰褐色，裂成不规则鳞状薄片剥落，露出红褐色内皮，近平滑，微凹凸不平。叶质地厚，披针状卵形或窄椭圆形，叶面深绿色，有光泽。花秋季开放，3~6朵在叶脉簇生或排成簇状聚伞花序。翅果椭圆形或卵状椭圆形，果翅稍厚，两侧的翅较果核部分为窄，果核部分位于翅果的中上部，上端接近缺口。花果期8~10月。

　　我国华南地区、华中地区等省区都有分布。喜光，耐干旱，在酸性、中性及碱性土上均能生长，但以土壤肥沃、排水良好的中性土壤为最适宜。对有毒气体、烟尘抗性较强。树形优美，姿态潇洒，树皮斑驳，枝叶细密，在庭院中孤植、丛植，或与亭榭、山石配置都很合适。榔榆木材坚硬，可供工业用材。茎皮纤维强韧，可制绳索和人造纤维。

　　榔榆的根、皮、嫩叶可入药，有消肿止痛、解毒治热的功效，外敷治水火烫伤。叶可制土农药，可杀红蜘蛛。

植物文化 榔榆素有榆木疙瘩之称，也寓意家有榔榆，年年有余。

观赏地点 康乐园中目前共种植有16棵榔榆，分布于游泳池东侧人行道旁、英东网球场东南侧、保卫处西侧、英东田径场东侧、黑石屋西北侧绿化区、梁銶琚堂南侧内庭花园、幼儿园门口、教工住宅区603栋东北角以及西翠园等区域。

● 黑石屋西北侧绿化区榔榆景观

● 梁銶琚堂南侧内庭花园榔榆景观

朴树

学名：*Celtis sinensis*
别名：黄果朴、紫荆朴、小叶朴
科属：榆科朴属

● 朴树的果实

● 朴树的叶

简介 落叶乔木，高达16米。树皮平滑，灰色。一年生枝被密毛。叶互生，叶柄长，叶片革质，宽卵形至狭卵形，先端急尖至渐尖，基部圆形或阔楔形，偏斜，中部以上边缘有浅锯齿，三出脉，上面无毛，下面沿脉及脉腋疏被毛。花杂性同株。核果近球形，红褐色，果核表面有窝点和棱脊。花期5月，果期10月。

分布于我国秦岭以南至华南各省区。喜光，喜温暖湿润气候，适生于肥沃平坦之地。对土壤要求不严，有一定耐干旱能力，亦耐水湿及瘠薄土壤，适应力较强。树冠圆满宽广，树荫浓郁，适合于公园、庭园作庭荫树。茎皮为造纸和人造棉原料。果实可榨油。木材坚硬，可供工业用材。

朴树的根、皮、嫩叶均可入药，有消肿止痛、解毒治热的功效。

植物文化 朴树寓意着朴实、朴素，还有一种寓意是不忘故土。近年来因其特殊的寓意，在城市园林中被大量应用。

观赏地点 康乐园中目前种植有110多棵朴树，分布在各个区域，其中游泳池周边、234栋西北角、311栋东北区、康乐路校医院路段、378栋东北角、388栋东南角、505栋东南侧以及模范村古建筑群楼周边等区域的朴树景观最为壮观，与各古建筑一起营造出简朴厚重的人文景观。

● 234栋西北角区域朴树景观

● 505栋南侧区域朴树景观

四十六、芸香科

黄皮

学名：*Phellodendron sinii* Y. C. Wu
别名：黄弹、黄皮子、黄枇、王坛子
科属：芸香科黄檗属

● 黄皮的果实

● 234栋东北角绿化区黄皮景观

简介 小乔木，高达12米。小枝、叶轴、花序轴、未张开的小叶背脉上散生甚多明显凸起的细油点且密被短直毛。小叶卵形或卵状椭圆形，常一侧偏斜，基部近圆形或宽楔形，两侧不对称。圆锥花序顶生。果圆形、椭圆形或阔卵形，淡黄至暗黄色，被细毛，果肉乳白色，半透明，有种子1~4粒。花期4~5月，果期7~8月。

原产于我国南方地区，在我国已有1500多年的栽培历史。栽植在海南的黄皮花果期均提早1~2个月。性喜温暖湿润、阳光充足的环境，对土壤要求不严，以疏松、肥沃的壤土种植为佳。

黄皮的果皮及果核皆可入药，有消食化痰、理气的功效。

植物文化 黄皮的花语是一家人和和气气、百事顺遂。

观赏地点 康乐园中目前种植的黄皮数量不是很多，初步统计有10棵，分布在234栋东北角、314栋西南侧、316栋西南区、317栋东南区、324栋西北区、332栋西北区、黄传经堂东侧区域以及西区698栋东侧和753栋西北侧区域。

● 黄传经堂东侧绿化区黄皮景观

● 黄皮的花序

柠檬

学名：*Citrus limon* (L.) Burm. f.
别名：柠果、洋柠檬、益母果
科属：芸香科柑橘属

● 柠檬的花

● 柠檬的果实

● 332栋东侧区域柠檬景观

简介 小乔木。枝少刺或近于无刺。嫩叶及花芽暗紫红色，叶片厚纸质，卵形或椭圆形，顶部通常短尖，边缘有明显钝裂齿。单花腋生或少花簇生。花瓣外面淡紫红色，内面白色。果椭圆形或卵形，两端狭，顶部通常较狭长并有乳头状突尖，果皮厚，粗糙，难剥离，富含柠檬香气的油点。种子小，卵形，端尖。花期4～5月，果期9～11月。

原产于马来西亚，我国福建、广东、广西、四川等地均有栽培。性喜温暖，耐阴、不耐寒，也怕热，适宜栽植于温暖而土层深厚、排水良好的缓坡地。柠檬叶可用于提取香料。柠檬鲜果表皮可以生产柠檬香精油，果胚还可生产果胶，果渣可作饲料或肥料，种子可榨取高级食用油或者入药。

柠檬的果实、皮汁等均可入药，具有疏滞、健胃、止痛等功效，能治瘀滞腹痛、不思饮食。

植物文化 柠檬寓意青涩的爱情。因其味极酸，网络名句有言"柠檬树上柠檬果，柠檬树下你和我"，代表对情侣的嫉妒之情。

观赏地点 康乐园中柠檬的种植数量非常少，目前仅见在冼为坚堂内庭小花园、332栋东侧和652栋西侧区域有少量种植。

● 冼为坚堂内庭小花园柠檬景观

● 柚子的叶

● 柚子的花

● 测试大楼南侧绿化区沿线柚子景观

柚子

学名：*Citrus maxima*
别名：文旦、香栾、朱栾、内紫、雷柚、碌柚、胡柑等
科属：芸香科柚子属

● 柚子的果实

简介 乔木。单生复叶，叶质颇厚，色浓绿，阔卵形或椭圆形，顶端钝或圆，有时短尖，基部圆，个别品种的翼叶甚狭窄。总状花序，有时兼有腋生单花。花蕾淡紫红色，稀乳白色。果实圆球形、扁圆形、梨形或阔圆锥状，淡黄或黄绿色，杂交种有朱红色的，果皮甚厚或薄，瓤囊汁胞白色、粉红或鲜红色，少有带乳黄色。有红柚、普通柚等品种。花期4～5月，果期9～12月。

产于我国福建、江西、湖南、广东、广西、浙江、四川等地区。喜生长在温暖潮湿的地方，对土壤要求不严，只要土层深、排水好，均可栽植，但以沙壤土最好。在园林中常作为园景树和庭园树应用。柚子清香、酸甜、凉润，营养丰富，是医学界公认的具食疗效果的水果。

柚子果肉有止咳平喘、清热化痰、健脾消食、解酒除烦的医疗作用；柚皮有理气化痰、健脾消食、散寒燥湿的作用；柚的种子主治疝气；柚叶具有消炎、镇痛、利湿等功效。

植物文化 柚子花的花语是苦涩的爱。不过柚子的寓意很美好，寓意为团圆、早生贵子。在我国，柚子已有4000余年的栽培史，西汉时期，柚子通过"丝绸之路"传往伊朗、希腊、阿拉伯等国，现早已香飘世界了。

观赏地点 康乐园中目前仅见1棵柚子种植在曾宪梓堂南院北侧、1棵种植在304栋东北角、2棵种植在415栋旧生物楼西南侧、9棵种植在测试大楼南侧区域。

● 415栋旧生物楼西南侧绿化区柚子景观

四十七、玉蕊科

红花玉蕊

学名：*Barringtonia acutangula* (L.) Gaertn.
别名：淡水红树、印度橡树、痒痒树、杧果松
科属：玉蕊科玉蕊属

● 红花玉蕊的花　　● 红花玉蕊的果实

简介　常绿小乔木。具明显主干，树皮灰褐色至深褐色。叶集生枝顶，两面无毛，椭圆形至长倒卵形，先端圆，基部长楔形，叶缘具细锯齿。叶柄深褐色，略膨大。总状花序生于无叶老枝或枝顶，30~40朵疏生于花序轴上。萼筒形状，淡绿色，花后宿存。果实近球状，具4棱角。果实卵圆形，种子卵形。花期5~9月，果期7~12月。

原产于东南亚海滨地区，从阿富汗以东到菲律宾，至澳大利亚北部都有分布，我国有引种栽培。红花玉蕊株形美观，叶大常绿，花序下垂，花色深红，远观如一条条红绸带系于枝头，近看却似一挂挂喜庆的炮仗，可于公园和庭院孤植，尤适于河岸、湖畔装饰造景。树皮纤维可制绳索，木材可供建筑用材。

红花玉蕊的根可入药，有退热功用；果实入药可止咳。

植物文化　红花玉蕊通常下午4~5点开花，至翌日凌晨5~6点花落。花蕾从上往下依次绽放，常多朵花同时开放。单朵花暮开朝落，花期短暂，整棵树花期约一周至半个月，开花时散发特殊气味。被列入《世界自然保护联盟濒危物种红色名录》（2018年）。

观赏地点　康乐园中种植的红花玉蕊是在2022年校园景观提升改造时引入的，目前仅见在博士后公寓171栋北侧路边沿线种植了8棵。

● 171栋北侧路边沿线红花玉蕊景观

四十八、樟科

潺槁树

学名：*Litsea glutinosa* (Lour.) C.B.Rob.
别名：青胶木、树仲、油槁树、胶樟、青野槁、潺槁木
科属：樟科木姜子属

● 潺槁树的花序

● 潺槁树的果实

简介 常绿阔叶乔木，高可达15米。树皮光滑，呈灰色，内皮有黏质。叶互生，椭圆形，革质，叶面深绿色，有光泽，叶背淡绿色，边全缘。初夏时花繁满树，花细小，腋生，淡黄色。果实为球形浆果，成熟时深褐色至黑色。花期5~6月，果期9~10月。

分布于印度、缅甸、菲律宾以及我国云南、广西、广东、福建等地。喜光，喜温暖至高温湿润气候，耐干旱，耐瘠薄，不耐寒，对土质选择不严。树性强健，叶片厚实，抗风。木材可制家具。树皮和木材含胶质，可制黏合剂。

潺槁树的根、皮、叶均可入药，具有清湿热、消肿毒、止血、止痛的功效。

植物文化 潺槁树的根、皮、叶有黏性，常为丸药的黏合剂。

观赏地点 康乐园中目前有20多棵潺槁树，分布在261栋东北侧、278栋西侧、305栋东南角、311栋西北侧、344栋东侧、388栋东南角、马岗顶各古建筑周边、游泳池东南侧以及西区647栋南侧、671栋东南侧和682栋西侧等区域。

● 278栋西侧绿化区潺槁树景观

● 305栋东南角绿化区潺槁树景观

- 305栋西南侧区域大叶樟树景观
- 大叶樟树的花序
- 大叶樟树的叶
- 大叶樟树的果实

大叶樟树

学名：*Camphora septentrionalis*
别名：臭樟、大叶芳樟、牛睡树、蒲香树、香叶子树、油樟、猴樟
科属：樟科樟属

简介 常绿大乔木，高达50米。树冠广卵形。树皮幼时绿色，平滑，老时黄褐色或灰褐色，不规则纵裂。枝、叶及木材均有樟脑味。叶互生，薄革质，卵形或卵状椭圆形，先端急尖，或近尾尖，基部宽楔形至近圆形，全缘，微呈波状，两面无毛。果近卵圆形或近球形，熟时紫黑色。花期3~5月，果8~11月成熟。

产于我国南方及西南地区。喜光，稍耐阴，喜温暖湿润气候，耐寒性不强，对土壤要求不严，较耐水湿，但不耐干旱、瘠薄和盐碱土。枝叶茂密，冠大荫浓，观赏性较好，有极好的园林绿化价值，在南方园林中有广泛的使用。枝、叶及木材可提取樟脑和樟油，供医药及香料工业用。木材可为造船、橱箱和建筑等用材。民间多用樟木雕刻佛像以及制作根雕茶几、茶盘和木箱。

大叶樟树的叶子可以入药，具有清热解毒、祛湿止痒之功效。

植物文化 大叶樟树为亚热带常绿阔叶林的代表树种，是江南四大名木之一。

观赏地点 康乐园中目前仅种植有6棵大叶樟树，其中2棵种植在507栋东边区域、1棵在管理学院楼南边区域、1棵在地环学院大楼西边区域、1棵在261栋国际交流学院楼西边区域、1棵在305栋西南侧区域。

- 507栋东边绿化区大叶樟树景观

鳄梨

学名：*Persea americana* Mill.
别名：牛油果、油梨、樟梨、酪梨
科属：樟科鳄梨属

简介 常绿乔木，高约10米。树皮灰绿色，纵裂。叶互生，长椭圆形、卵形或倒卵形，先端极尖，基部楔形至近圆形，革质，上面绿色，下面通常稍苍白色。叶柄腹面略具沟槽，略被短柔毛。聚伞状圆锥花序，多数生于小枝的下部。花淡绿带黄色，密被黄褐色短柔毛。果大，通常梨形，有时卵形或球形，黄绿色或红棕色，外果皮木栓质，中果皮肉质，可食。花期2~3月，果期8~9月。

原产于墨西哥和中美洲，在我国广东、海南、福建、广西、云南等地都有少量栽培。鳄梨喜光，喜温暖湿润气候，不耐寒，需要年降雨量在1000毫米以上，根浅，枝条脆弱，不能耐强风，大风影响可导致减产，对土壤适应性较强。由于其属于常绿乔木，因此常被用作生态绿化树种，具有很高的园林种植价值。

鳄梨可以起到美容的作用，也可以润肠通便，同时还能够保护眼睛。

植物文化 鳄梨的花语是进取。鳄梨果实为一种营养价值很高的水果，含多种维生素、丰富的脂肪酸和蛋白质，钠、钾、镁、钙等含量也高，营养价值与奶油相当，有"森林奶油"的美誉。

观赏地点 康乐园中鳄梨的种植数量非常稀少，目前仅见在西区606栋南侧区域有2棵。

● 606栋南侧围墙区域鳄梨景观一

● 606栋南侧围墙区域鳄梨景观二

● 鳄梨的果实　　● 鳄梨的叶

假柿树

学名：*Litsea monopetala* (Roxb.) Pers.
别名：假柿木姜子、毛黄木、水冬瓜
科属：樟科木姜子属

● 假柿树的花　　● 假柿树的果实

简介　常绿乔木。树冠卵圆形。树干通直，树皮灰色或灰白色。小枝淡绿色，密被锈色短茸毛。深根性。叶互生，薄革质，宽卵形、倒卵形至卵状长圆形，先端钝或圆，偶有急尖。叶柄被锈色短柔毛。伞状花序簇生叶腋，每花序有花4~6朵，花黄白色。浆果长卵形。花期11月至翌年5~6月，果期6~7月。

产于我国广东、广西、贵州西南部、云南南部。幼年耐阴，成年喜光，喜温暖湿润气候，耐水湿，喜土层深厚、肥沃、排水良好的中性或酸性土壤。木材可作家具等用材。种仁含脂肪油，供工业用。其树形美观，高大挺拔，叶大荫浓，适宜作庭园树，可孤植于公园出入口、草地和林缘，也可作行道树。果子受鸟类喜爱。本种为紫胶虫的寄主植物之一。

假柿树的树皮、叶和种子油均可药用，有治疗腹泻、痢疾、风湿、关节炎、关节脱臼、跌打损伤等功效。

观赏地点　康乐园目前有20多棵假柿树种植在224栋配电房西南角、234栋东南侧、241栋南侧、311栋东北区、319栋东北区、338栋周边、马文辉堂东侧、415栋南侧及西区605栋西北侧、606栋南侧等区域。

● 234栋东南侧绿化区假柿树景观

● 马文辉堂东侧绿化区假柿树景观

肉桂

学名：*Cinnamomum cassia* Presl
别名：中国肉桂、玉桂、牡桂、菌桂
科属：樟科樟属

● 317栋门口肉桂景观

简介 中等大乔木。树皮灰褐色。叶互生或近对生，长椭圆形至近披针形，革质，边缘软骨质，内卷，绿色，有光泽，无毛，叶柄粗壮。圆锥花序腋生或近顶生。花白色，花被裂片卵状长圆形，花丝被柔毛，扁平，花药卵状长圆形，子房卵球形。果椭圆形，成熟时黑紫色，无毛，果托浅杯状。花期6～8月，果期10～12月。

原产于我国，印度、老挝、越南至印度尼西亚等地也有分布。喜温暖气候，喜湿润，忌积水，雨水过多会引起根腐叶烂。幼苗喜阴，成龄树在较多阳光下才能正常生长。要求土层深厚、质地疏松、排水良好、通透性强的微酸性或酸性沙壤土或壤土。繁殖方式有萌蘖繁殖、扦插繁殖和种子繁殖。能作为园林绿化树种。树皮常被用作香料、烹饪材料及药材。其木材可供制造家具。

肉桂的干燥树皮可入药，具有补火助阳、散寒止痛、温经通脉、引火归原的功效。

植物文化 肉桂中含有丰富的营养成分，具有很强的保健功效，历来都是中药学家用来治疗疾病的药引子之一。

观赏地点 康乐园中肉桂的种植数量不是很多，目前仅见在317栋门口种植有1棵、游泳池西南侧绿化区种植有2棵、西区606栋东侧和666栋北侧区域各种植有1棵。

● 西区666栋北侧区域肉桂景观

● 肉桂的花序

● 肉桂的果实

阴香

● 阴香的花序

学名：*Cinnamomum burmanni* (Nees et T.Nees) Blume
别名：阴草、胶桂、土肉桂、假桂枝、山桂、月桂
科属：樟科樟属

简介 乔木。树皮光滑，灰褐色至黑褐色，内皮红色，味似肉桂。枝条纤细，绿色或褐绿色，具纵向细条纹，无毛。叶互生或近对生，稀对生，卵圆形、长圆形至披针形。圆锥花序腋生或近顶生，少花，疏散，密被灰白微柔毛。花绿白色。果卵球形。花期主要在秋、冬季，果期主要在冬末及春季。

产于亚洲东南部，我国南部有分布。喜阳光，稍耐阴，喜暖热湿润气候及肥沃湿润土壤。自播力强，母株附近常有天然苗生长。树冠伞形或近圆球形，树态优美，清香自然，对氯气和二氧化硫均有较强的抗性，为理想的防污绿化园林树种。近年来作为庭荫树、行道树、风景林而遍布城乡。果核含脂肪，可榨油供工业用。本种也可提供木材。

阴香皮入药，可治风湿骨痛、寒湿泻痢、腹痛；根入药，有祛风、散寒、止泻的功效；叶入药能祛风。

植物文化 阴香又名广东桂皮。早年在广东道路等绿化中应用较多，近几年已被其他树种所替代。

观赏地点 康乐园各区域目前共种植有80多棵阴香，每年花开季节，清香满园，是校园非常优良的芳香类乔木资源。其中以熊德龙活动中心东南角、241栋北侧、378栋周边、493栋研究生院楼周边、模范村区域以及马岗顶各古建筑周边的阴香分布最多，与校园各古建筑一起，营造出特有的古朴雅致、醇厚馨香的景观，让每位来客游人都能深切感受到康乐园特有的历史底蕴和人文气息。

● 阴香的果实

● 493栋研究生院楼东北角区域阴香景观

● 熊德龙活动中心东南角区域阴香景观

樟树

学名：*Cinnamomum camphora* (L.) Presl
别名：木樟、乌樟、芳樟树、番樟、香蕊、樟木子、香樟
科属：樟科樟属

简介 常绿乔木，高可达10米左右，树龄成百上千年。树皮幼时绿色，平滑，老时渐变为黄褐色或灰褐色纵裂。叶薄革质，卵形或椭圆状卵形，背面微被白粉，脉腋有腺点。花黄绿色，春天开，圆锥花序腋出，又小又多。球形的小果实成熟后为黑紫色。花期3~5月，果期6~10月。

产于我国南方及西南各省区。喜光，稍耐阴，喜温暖湿润气候，耐寒性不强，对土壤要求不严，较耐水湿，但不耐干旱、瘠薄和盐碱土。枝叶茂密，冠大荫浓，树姿雄伟，能吸烟滞尘、涵养水源、固土防沙和美化环境，是城市绿化的优良树种，广泛用作庭荫树、行道树、防护林及风景林树种。其全体均有樟脑香气，可提制樟脑和提取樟油。木材坚硬美观，宜制家具、箱子。

樟树的叶入药，具有祛风、除湿、止痛、杀虫之功效；皮入药，具有行气、止痛、祛风湿之功效；果实入药，具有解表退热之功效；树根入药，具有理气活血、除风湿之功效。

植物文化 樟树的花语是纯真的友谊，代表友情永不变质。在民间，人们常把樟树看作景观树、风水树，寓意避邪、长寿、吉祥如意。我国杭州、义乌等城市均将其选为市树。

观赏地点 樟树是康乐园的主要景观树种之一，也是校园宝贵的植物财富，目前共种植有400棵左右，光胸径大于50厘米的樟树就达到200棵以上，其中有13棵已被广州市园林局认定为古树给予保护。一棵棵参天大树打造出校园一片片独特的风景，同时，它们也是中山大学校园景观历史发展的见证者。

● 岭南路两侧樟树景观

● 黑石屋西南角绿化区樟树（古树）景观

● 樟树的花序

● 樟树的果实

四十九、紫草科

厚壳树

学名： *Ehretia acuminata* R. Brown
别名： 大岗茶、松杨、大红茶、苦丁茶
科属： 紫草科厚壳树属

● 厚壳树的花序

● 厚壳树的果实

简介 落叶乔木，高达15米，具条裂的黑灰色树皮。枝淡褐色，平滑，小枝褐色，无毛，有明显的皮孔。叶椭圆形、倒卵形或长圆状倒卵形，先端尖，基部宽楔形。聚伞花序圆锥状，被短毛或近无毛。花多数，密集，小形，芳香。核果，近球形，橘红色，熟后黑褐色。花期4月，果熟7月。

主产于我国中部及西南地区。喜光也稍耐阴，喜温暖湿润的气候和深厚肥沃的土壤，耐寒，较耐瘠薄，根系发达，萌蘖性好，耐修剪。树冠紧凑圆满，枝叶繁茂，春季白花满枝，秋季红果遍树，是美丽的乔木树种。可观花、观果，也可观叶、观树姿，可作行道树和庭园树栽植，可群植和单植。木材供建筑及家具用。树皮作染料。嫩芽可供食用。

厚壳树的叶有清热解暑、去腐生肌之功效；心材有破瘀生新、止痛生肌之功效；树枝有收敛止血之功效。

植物文化 山东境内有棵独一无二的厚壳树，生长在枣庄市山亭区境内的抱犊崮国家森林公园内，这棵厚壳树具有独特的神奇功能，摘下它的一片叶子，用带尖的硬物或指甲稍加用力在上面写字，它就会像纸一样将字"显形"。更令人称奇的是，它还有预测年景的功能，如该树发芽较早，则风调雨顺；如发芽较晚，则有旱害等自然灾害。因此，它被当地老百姓称作"神树"。

观赏地点 康乐园中目前共种植有十几棵厚壳树，主要分布在304栋南北两侧、311栋东侧、316栋东北角、324栋西南角、563栋东北角、569栋东侧、572栋北侧及西区601栋北侧、603栋西北角、605栋西北角等区域。

● 563栋东北角区域厚壳树景观

● 304栋南侧区域厚壳树景观

五十、紫葳科

菜豆树

学名：*Radermachera sinica* (Hance) Hemsl.
别名：蛇树、豆角树、接骨凉伞、辣椒树、牛尾木、跌死猫树
科属：紫葳科菜豆树属

● 菜豆树的蒴果

简介 小乔木，高达10米。茎部黄褐色。叶柄、叶轴、花序均无毛。羽状复叶，小叶卵形至卵状披针形，顶端尾状渐尖，基部阔楔形，全缘，两面均无毛。顶生圆锥花序，直立，花冠钟状漏斗形，白色至淡黄色，具皱纹。蒴果细长，下垂，圆柱形，稍弯曲，多沟纹，渐尖，果皮薄革质，小皮孔极不明显。种子椭圆形。花期5～9月，果期10～12月。

分布在我国的热带地区如广东、台湾等地，在印度、菲律宾等国也有分布。性喜高温多湿、阳光充足的环境，耐高温，畏寒冷，宜湿润，忌干燥。成熟的菜豆树叶子茂密青翠，充满活力朝气，可以作为生旺的植物，有为人们带来幸福的寓意。菜豆树也是优良的中小型盆栽植物。其木材黄褐色，质略粗重，年轮明显，可供建筑用材。

菜豆树的根、叶、果均可入药，有凉血消肿之功效；枝、叶及根可治牛炭疽病。

植物文化 菜豆树的花语是幸福、平安。它在花卉市场上又被称为"幸福树""麒麟紫葳"等。

观赏地点 菜豆树在康乐园内的种植数量不是很多，目前仅见曾宪梓堂北院东南侧绿化区有4棵。

● 菜豆树的叶

● 菜豆树的花

● 曾宪梓堂北院东南侧绿化区菜豆树景观

吊瓜树的花

吊瓜树的果实

吊瓜树

学名：*Kigelia africana* (Lam.) Benth.
别名：炮弹树
科属：紫葳科吊灯树属

善衡堂南侧广场区域吊瓜树景观

简介 常绿乔木，高10～15米。奇数羽状复叶交互对生或轮生。小叶7～9枚，长圆形或倒卵形。圆锥花序生于小枝顶端，花序轴下垂。花萼钟状，革质。花冠橘黄色或褐红色，裂片卵圆形，花冠筒外面具凸起纵肋。果下垂，圆柱形，坚硬，肥硕，不开裂。种子多数，无翅，镶于木质的果肉内。

原产于热带非洲、马达加斯加。我国广东、海南、福建、台湾、云南西双版纳等地均有栽培。喜强光，耐干旱，耐瘠薄，粗生。引入我国主要用于庭园及行道绿化。其木材纹理细致，结构均匀，干后不裂、不变形，较耐腐，适作建筑、门、窗、农具、家具及板材等用材。

吊瓜树的树皮可入药，可治皮肤病。

植物文化 吊瓜树是分布在热带非洲的典型速生树种，其树姿婆婆婀娜，树冠广伞形，四季常青，开花成串下垂，花大艳丽，特别是一条条悬挂在细枝上的硕大果实酷似大型炮弹，经久不落，蔚为壮观，景观及遮光效果良好。

观赏地点 康乐园中目前共种植有11棵吊瓜树，其中保卫处东侧区域有3棵、校医院门诊部门口两侧有3棵、324栋南侧区域有1棵、善衡堂南侧广场区域有1棵、马岗顶338栋北侧区域有1棵、410栋南侧区域有1棵、563栋南侧有1棵。

校医院门诊部门口两侧吊瓜树景观

海南菜豆树

学名：*Radermachera hainanensis* Merr.
别名：大叶牛尾林、牛尾林、大叶牛尾连
科属：紫葳科菜豆树属

● 海南菜豆树的花

● 海南菜豆树的蒴果

● 海南菜豆树的叶

简介 常绿乔木，高达6～13米。茎上方分枝，枝条呈灰色。除花冠筒内面被柔毛外，全株无毛。小枝和老枝灰色，无毛，有皱纹。羽状复叶，小叶纸质，长圆状卵形或卵形，两面无毛。花序腋生或侧生，少花，为总状花序或少分枝的圆锥花序。花萼淡红色，筒状，不整齐。花冠淡黄色，钟状。蒴果长达40厘米。种子卵圆形，薄膜质。花期4月，果期9～11月。

分布于我国广西、广东等地。喜疏松土壤及温暖湿润环境，适生于石灰岩溶山区。因其树干通直，树姿优雅，花期长，花朵大，花香淡雅，花色美且花多，几乎每个枝条都有花序，具有极高的观赏价值，适合作庭院树、行道树等。其木材可制家具。

海南菜豆树的根、叶、果均可作药用，具有凉血、消肿、退烧的作用，可治跌打损伤、毒蛇咬伤等。

植物文化 成熟的海南菜豆树叶子茂密青翠，充满活力朝气，可以作为生旺的植物，有为人们带来幸福的寓意。

观赏地点 康乐园中目前仅见1棵海南菜豆树种植在278栋北边区域，是校园非常珍贵的物种资源。

● 278栋北边区域海南菜豆树景观

● 红花风铃木的花

红花风铃木

学名：*Tabebuia rosea* (Bertol.) DC.
别名：紫花风铃木、粉花风铃木
科属：紫葳科风铃木属

● 红花风铃木的蒴果

简介 落叶乔木，株高可达10米。掌状复叶对生，小叶5片。总状花序，花冠铃形，粉红或紫红，小花多数聚生成团，开花时尚有少许叶片，花团锦簇，极为壮观。果实为蓇葖果，长条形向下开裂。种子具翅。先花后叶，春季约3~4月间开花，花期较短，约10~15天。

原产于美洲墨西哥、阿根廷，是有名的观赏树木。现我国南方已大量引进栽培。性喜高温，以富含有机质之沙质壤土最佳，排水、日照须良好。在我国仅适合在热带、亚热带地区栽培。红花风铃木是优良行道树，可种植在庭园、校园、住宅区等，也适合在公园、绿地等路边、水岸边栽培。且因其抗风，根系发达，非常适合作沿海城市的绿化树种。

植物文化 红花风铃木的花语是感谢。

观赏地点 康乐园中的红花风铃木目前仅见在西区新建怡乐路教师公寓楼群周边绿化区种植有7棵，是校园引入种植的一种非常优良的春季观花类乔木树种。

● 西区新建怡乐路教师公寓楼D栋东侧红花风铃木景观

● 西区新建怡乐路教师公寓楼中心花园红花风铃木景观

● 415栋旧生物楼东北边区域黄花风铃木景观

● 模范村509栋北边区域黄花风铃木景观

黄花风铃木

学名：*Handroanthus chrysanthus* (Jacq.) S.O.Grose
别名：黄金风铃木、巴西风铃木、伊蓓树
科属：紫葳科风铃木属

● 黄花风铃木的蒴果

简介 落叶乔木，高4~5米。树皮有深刻裂纹。茎干枝条轻软纤细、纹路清晰。叶对生，纸质，有疏锯齿，掌状复叶，5叶轮生，卵状椭圆形，全叶被褐色细茸毛。圆锥花序顶生，花冠金黄色，漏斗形，也像风铃状，两侧对称花，甜香。果实为蓇葖果，长条形向下开裂。种子具翅。先花后叶，春季约3~4月间开花，花期较短，约10~15天。

原产于中美洲、南美洲，我国于1997年前自南美巴拉圭引进。喜高温，在我国仅适合在热带、亚热带地区栽培。黄花风铃木春天枝叶疏松，清明节前后会开漂亮的黄花；夏天长叶结果；秋天枝叶繁盛，一片绿油油的景象；冬天枯枝落叶，呈现凄凉之美。这就是黄花风铃木在春、夏、秋、冬所展现出的不同风采。

植物文化 黄花风铃木的花语是感谢。它是巴西的国花。春天时其风铃状黄花花团锦簇，是春天来临的指标花卉。

观赏地点 康乐园中的黄花风铃木最早是2010年前后引入校园的，目前主要分布在模范村509栋西边和北边区域、模范村510栋西侧区域、模范村523栋东边区域、图书馆内庭花园、415栋旧生物楼东北边区域、学生宿舍135~137栋东边区域、新建生命科学楼南侧道路沿线，以及西区新建怡乐路教师公寓楼群周边，是校园非常优良的观花类树种。

● 黄花风铃木的花

火烧花

学名：*Mayodendron igneum* (Kurz.) Kurz.
别名：缅木、火花树、炮仗花
科属：紫葳科火烧花属

简介 小乔木。树皮光滑。嫩枝具长椭圆形白色皮孔。小叶卵形至卵状披针形，两面无毛。总状花序着生于老茎或侧枝上。花萼佛焰苞状，外面密被微柔毛。花冠橙黄色至金黄色，筒状，常在树干或老枝上开放，如熊熊燃烧的火焰，故名"火烧花"。蒴果下垂，木栓质。种子卵圆形，具白色透明的膜质翅。花期2~5月，果期5~9月。

分布于我国台湾、广东、广西、云南南部。喜高温高湿和阳光充足的环境，能耐干热和半阴，不耐寒冷，忌霜冻。喜土层深厚、肥力中等、排水良好的中性至微酸性土壤，不耐盐碱，在干旱、贫瘠土壤上生长缓慢。火烧花是公园、庭园、街道、风景区的优良风景树种，可种植于草坪中、水塘边或主干道路旁作庇荫树或行道树，也适宜孤植或列植观赏。

火烧花的树皮、茎皮、根皮入药可治疗痢疾、腹泻等。

植物文化 火烧花的花语是用我的热情抚平你受伤的心。它开花时花形大，花色艳丽，远看就像燃烧的火焰，非常壮观，花瓣还有金黄色的一圈花纹，异常绚丽，观赏性极高。

观赏地点 康乐园中目前仅见在314栋西北侧区域种植有1棵火烧花。

● 314栋西北侧火烧花景观

● 火烧花的花

● 火烧花的树干

火焰木

● 火焰木的果实

学名：*Spathodea campanulata* Beauv.
别名：火焰树、苞萼木、火烧花、喷泉树
科属：紫葳科火焰树属

简介　常绿大乔木，株高10~20米。树干通直，灰白色，易分枝。叶对生，羽状复叶，小叶卵状椭圆形至卵状披针形，全缘。花顶生，圆锥花序，花自圆形花序外围依次绽放，红或橙红，浓艳如火。果为蒴果，长椭圆形状披针形，种子具翅。花期春末至冬初，北部少见开花，愈往南部花期愈长。

原产于热带非洲，现我国华南地区广泛栽培。阳性植物，需强光，耐热、耐旱、耐湿、耐瘠、抗风，对土壤要求不严。树形优美，叶形优雅，四季葱翠美观，花色艳丽，花量丰富，是一种相当好的观赏树种。

● 马岗顶345栋东边区域火焰木景观

火焰木的果入药，有消积止痢、活血止血之功效；根有清热凉血之功效；叶有清热解毒之功效。

植物文化　火焰木的花语是无忧无虑。

观赏地点　康乐园中目前共种植有21棵火焰木，其中校医院东边区域有5棵、曾宪梓堂北院东北区有2棵、341栋西南区有1棵、345栋东边区域有6棵、565栋陆佑堂北边区域有3棵、西区668栋西南区有1棵、园西湖东边区域有3棵，是康乐园非常优良的观花类乔木资源。

● 曾宪梓堂北院东北区火焰木景观

● 火焰木的花

● 西区新建怡乐路教师公寓中心花园蓝花楹景观

● 蓝花楹的花序

● 蓝花楹的蒴果

蓝花楹

学名：*Jacaranda mimosifolia* D. Don.
别名：含羞草叶蓝花楹、蓝雾树
科属：紫葳科蓝花楹属

简介 落叶乔木，高达15米。叶对生，二回羽状复叶，羽片通常在16对以上，每一羽片有小叶16~24对。小叶椭圆状披针形至椭圆状菱形，顶端急尖，基部楔形，全缘。花蓝色，花萼筒状，花冠筒细长，蓝色，下部微弯，上部膨大，花冠裂片圆形。蒴果木质，扁卵圆形，中部较厚，四周逐渐变薄。花期4~5月。

原产于南美洲巴西、玻利维亚、阿根廷。我国广东广州、海南、广西、福建、云南南部（西双版纳）等地近年来有引种栽培。蓝花楹好温暖气候，宜种植于阳光充足的地方，对土壤条件要求不严，在一般中性和微酸性的土壤中都能生长良好。蓝花楹是集观赏、观叶、观花等于一体的树种，在热带、亚热带地区广泛栽作行道树或供庭园观赏。木材黄白色至灰色，质软而轻，纹理通直，加工容易，可作家具用材。

植物文化 蓝花楹的花语是宁静、深远、忧郁。

观赏地点 蓝花楹在康乐园的种植目前仅见西区蒲园路745栋南侧绿化区靠近路边有2棵、西区新建怡乐路教师公寓中心花园区域有9棵。每年4月份开花，蔚蓝色的花朵盖满枝头，雅致美丽，为校园增添一抹靓丽的景色。

● 西区蒲园路745栋南侧绿化区蓝花楹景观

猫尾木

学名：*Markhamia stipulata* var. *kerrii Sprague*
别名：猫尾
科属：紫葳科猫尾木属

● 猫尾木的花

● 猫尾木的荚果

简介 落叶乔木，高可达10米。叶近于对生，奇数羽状复叶，小叶长椭圆形或卵形，全缘纸质。花大，组成顶生具数花的总状花序。花冠筒基部漏斗形，下部紫色，花冠外面具多数微凸起的纵肋，花冠裂片椭圆形，开展。蒴果极长，悬垂，密被褐黄色绒毛。种子长椭圆形，极薄，具膜质翅。花期10~11月，果期4~6月。

分布于我国南方地区。偏喜光树种，对土壤要求严格，抗寒力较强，耐高温，稍耐水湿，但不宜长期积水，干燥地区不宜种植。花大而美丽，蒴果圆柱状，悬垂且长，密被褐黄色绒毛，像猫尾巴，故名猫尾木，是优良的观赏植物，其木材还可供建筑、雕刻等用。

猫尾木的叶可入药，具有清热解毒、退热之药效。

植物文化 猫尾木的花语是悔悟。

观赏地点 康乐园中目前共种植有16棵猫尾木，其中311栋东边区域有1棵，336栋西北区有2棵，415栋旧生物楼东南角有4棵，488栋研究生楼西边有3棵、南边有2棵，493栋研究生院楼北边有1棵，507栋西边有1棵，教工住宅楼670栋北边有2棵。

● 493栋研究生院楼北边绿化区猫尾木景观

● 507栋西边绿化区猫尾木景观

参考资料

[1] 中国自然标本馆网站：https://www.cfh.ac.cn。

[2] 中国植物志网站：https://www.iplant.cn/frps。

[3] The Plant Lsit网站：http://plantlist.org。

[4] 中国百科网：https://www.baike100.cn。

[5] 中国科学院中国植物志编辑委员会，《中国植物志》，科学出版社，2004年9月。

后记

在漫长的岁月中，我们常常会发现，自然与人之间存在着千丝万缕的联系，这种联系是质朴的、纯洁的，也是自然的、和谐的，更是厚德的、博大的。而在中山大学的康乐园，这种联系在百年校庆之际以一种特殊的方式展现出来，那便是这本《中山大学康乐园景观植物彩色图鉴》所讲述的厚重植物文化和其承载的人文历史。康乐园的景观植物几乎完美地体现着自然与人文的结合，既见证着每一位中大学子的求学之路和师生们的成功之道，也见证了这所百年老校的发展历程。

《中山大学康乐园景观植物彩色图鉴》一书的出版，首先要感谢中山大学出版社社长王天琪老师，有道是"千里马常有，而伯乐不常有"，正是他的慧眼识才和鼎力支持，才让笔者克服重重困难、义无反顾地将这本纠结沉没了近20年的图鉴打磨成型，华丽推出；其次，要感谢在本书出版过程中，从不同角度给予大力支持和帮助的各级领导；再次，要感谢中山大学出版社副社长嵇春霞、编辑孔颖琪以及其他团队成员的数月努力和辛勤付出，尤其是美编的精心设计，让每一页都充满梦幻般的美丽，让大家能在百年校庆年拉开序幕的第一时间品味到这一独具一格的植物文化大餐。

同时，非常感谢校部领导的大力支持，尤其是校党办的立项资助。最后，笔者还要真诚地感谢中山大学生命科学学院植物学退休专家叶创兴教授在百忙之中拨冗写序，赋予本书更加厚重的人文和历史情怀。

笔者希望通过这本书，能够让更多的中大人了解康乐园植物背后的故事，感受到它们所蕴含的历史和文化价值；也希望让更多走出校门的求索之人，在人生的不同阶段能感受到美丽的大学校园在景观植物学领域的神奇和多彩；更希望通过这本书，激发更多人对植物和自然的兴趣和热爱，让更多人能够在领略景观植物的魅力和价值的同时，把热爱延伸向各自人生中的各个花园。

本书封面题字由笔者在中山大学生命科学学院的博士班同学，现任广东健尔圣医药科技有限公司董事长唐小江博士倾力完成。感谢他的优雅笔触，为本书增添了魅力和雅致。

正值中山大学喜迎百年校庆之际，谨以此书向母校献礼。

席嘉宾
中山大学百年华诞之际于康乐园